中国环境经济发展研究报告2019：助力蓝色经济发展

王舒鸿　宋马林　编著

中国海洋大学海洋发展研究院资助

科学出版社

北　京

内 容 简 介

当前，资源短缺已经成为世界性的难题。尤其对于中国来说，陆地资源已经严重制约着经济的发展。目前，中国对海洋资源需求的日益增大，海洋生态的破坏、海洋灾害的频发、海洋产业结构的单一都成为发展蓝色经济的桎梏。因此，如何维护海洋生态可持续发展，是海洋政策制定者面临的重要问题。本书首先分析中国海洋经济与环境现状，探讨适合中国海洋生态治理的有效方法；其次从整体上对中国海洋资源可持续利用现状进行概述，并建立系统动力学模型，从经济、资源、环境、科技与人口等角度全面阐述中国海洋治理政策的改革方向，从而得到海洋经济与环境协调发展的相关理念；最后以沿海省区市为例，探索海洋经济开发利用情况，提出科学合理的建议。

本书适用于从事资源和环境相关工作的政府部门管理人员、科研院所的研究人员，以及高等院校师生等阅读。

图书在版编目（CIP）数据

中国环境经济发展研究报告 2019：助力蓝色经济发展 / 王舒鸿，宋马林编著. —北京：科学出版社，2020.3

ISBN 978-7-03-061949-5

Ⅰ. ①中… Ⅱ. ①王… ②宋… Ⅲ. ①环境经济 – 经济发展 – 研究报告 – 中国 – 2019 ②海洋经济 – 研究报告 – 中国 – 2019 Ⅳ. ①X196 ②P74

中国版本图书馆 CIP 数据核字（2019）第 155339 号

责任编辑：陈会迎 / 责任校对：王 瑞
责任印制：霍 兵 / 封面设计：无极书装

科 学 出 版 社 出版
北京东黄城根北街 16 号
邮政编码：100717
http://www.sciencep.com

北京九天鸿程印刷有限责任公司 印刷
科学出版社发行 各地新华书店经销

*

2020 年 3 月第 一 版 开本：787×1092 1/16
2020 年 3 月第一次印刷 印张：14 1/2
字数：342 000

定价：152.00 元
（如有印装质量问题，我社负责调换）

前　言

随着科学技术的发展与人类活动范围的不断扩大,各国逐渐意识到海洋在资源、环境、空间和战略方面具有得天独厚的优势。海洋资源以其产生的生态价值与经济价值,成为人类生存和发展的动力源泉之一,并且随着社会、经济和技术的进步,所产生的价值也在不断增加。在开发利用的过程中,不能仅考虑经济目标,还要评估开发利用过程中对当地自然环境产生的影响。虽然海洋开发的广度和深度在不断增加,但我国海洋资源的基本形势仍然非常严峻,总体特征体现为资源总量丰富但人均占有量偏低,资源利用效率较差。另外,中国海洋经济安全监测预警是贯彻落实国家海洋发展战略的现实需要,2010年以后,中国南海到东海,围绕黄岩岛和钓鱼岛的危机事态相继爆发,使人们进一步意识到,加强海洋安全与经济安全的重要性。海洋经济需要稳定的海洋环境,而海洋经济的发展又要以不破坏海洋生态为前提。如何在人均资源相对短缺的情况下,更好地开发海洋资源、增强海洋承载力,是我们亟须解决的重要问题,也是促成本书写作的关键。

随着经济发展与社会进步,我国面临二元经济转型与经济环境可持续发展的双重局面,资源的刚性需求与能源短缺问题将在长时间内制约中国社会的发展。虽然我们对海洋资源的开发力度在不断加大,但仍难以满足日益增长的资源消费需求。我国传统的高污染、高消耗、高投入与低收益的经济增长模式,已然给环境带来了很大程度的破坏,而资源价格定价偏低,并不能反映稀缺的真实情况,这就造成了资源的过度开采与浪费。陆地环境恶化与资源短缺,使人们的目光逐渐由陆地转向海洋。但如果对于海洋资源的开发利用也像开发陆地资源那样粗放、无节制、不可持续,那么海洋资源终究也会遭到不可逆转的破坏。目前对海洋资源的开发利用还处在起步阶段,只有正确处理人与海洋的关系,加强海洋资源的协调与保护,未来才能在残酷的资源战中取胜。党的十九大指出,要"加快建设海洋强国",将海洋的地位提高到空前的高度。如何在保证海洋生态可持续发展与资源可持续利用的前提下,提高中国经济增长质量,已成为我国新时期的主要议题之一。

改革开放以后,国人越来越重视海洋产业建设,海洋蕴含的巨大食物供给能力吸引了越来越多的人投入到海洋产业的建设中来。在科技快速发展的现代,将高科技引入海洋渔业生产成为大势所趋。为了扩大生产规模,进一步拓展、完善海洋生产链,唐启升院士引入"蓝色粮仓"建设的构想,助力建设现代海洋渔业发展体系与蓝色海洋食物科技支撑体系。打造土地之外的第二粮仓,已经成为当下人们的共识和我国海洋经济发展的迫切需要。

中国对海洋资源的需求日益增大,但海洋生物多样性缺失、海洋污染和资源浪费是目前制约海洋经济发展的主要问题。

陆源污染是造成海洋环境污染最主要的因素,海洋中80%以上的污染物都来自陆地,使近 45%的领海水域受到污染。而在这些陆源污染物中又以废水(污水)为主,占比可达到 60%左右。2016 年的监测表明，有大量的入海排污口附近海域水质遭到严重的陆源污染物污染，排污口附近水体大面积水质劣于四类海水水质标准。排海污水中高浓度的营养盐导致海域水体富营养化及营养盐失衡，大面积的海域富营养化情况严重，并导致浙江中部海域、长江口外海域、渤海等地区暴发赤潮灾害。

本书基于海洋经济与环境及其影响因素的视角，采用定性、定量分析相结合的方式，通过介绍中国海洋经济、环境与生态现状，分析海洋资源管理所面临的挑战，具体包含以下几个方面的内容：第一，详细介绍中国海洋环境污染现状、海洋资源开发及面临的困境，提出海洋生态损害补偿、灾害监测预警及海洋金融支持等最新观点，然后梳理现有海洋生态环境综合治理的相关政策。第二，实证分析海洋产业多样化和专业化对海洋经济的影响，并进一步构建涉及海洋环境、经济、资源、科技与人口的系统动力学模型，模拟不同海洋政策会产生的作用效果，从经济学视角分析达到帕累托最优的状态，并提出一系列管理政策工具和评价方法。第三，针对海洋资源可持续利用问题进行研究，探讨海洋经济与环境协调发展的可行性，并进一步列举沿海省区市的相关数据，概述海洋利用与开发的具体情况。此外，本书还给出丰富的案例分析，包括剖析山东省、辽宁省、上海市、福建省等地区的海洋资源利用情况，分析黄海、东海、南海和渤海等海域的污染状况。

本书编著者王舒鸿为中国海洋大学副教授与博士生导师，多年来一直致力于中国环境经济和自然资源管理的研究；安徽财经大学宋马林教授是教育部哲学社会科学研究重大课题攻关项目"自然资源管理体制研究"（14JZD031）首席专家。其他参与人员均为来自中国海洋大学、安徽财经大学、青岛大学等高校生态环境研究领域的青年学者或研究生。本书将从海洋环境现状与损害、海洋生态预警与补偿、海洋资源开发与利用、海洋经济协调与发展等四个方面分别加以阐述。本书是在作者对海洋经济与环境多年研究的基础上撰写而成的。孙晓丽、崔欣、郭越、王倩莹、王译萍、滕硕、李洁、丛菡、韩天宇、陈康源等参与了本书的编写和案例数据收集工作，特别感谢孙晓丽在最终成书过程中所付出的工作，在此一并表示感谢。

书中若有不足之处，敬请读者批评、指正。

王舒鸿　宋马林

2018 年 6 月

目　录

第1章　中国海洋环境现状 ···················· 1

1.1　海水环境质量现状 ···················· 1

1.2　海洋生态现状 ···················· 9

1.3　海洋灾害现状 ···················· 15

1.4　海洋污染现状 ···················· 24

1.5　海洋资源现状 ···················· 28

第2章　海洋强国背景下的"蓝色粮仓"建设 ···················· 32

2.1　"蓝色粮仓"概述 ···················· 32

2.2　"蓝色粮仓"的建设基础 ···················· 36

2.3　他国建设经验 ···················· 39

2.4　"蓝色粮仓"的关联产业建设 ···················· 44

2.5　"蓝色粮仓"的发展策略及规划 ···················· 47

第3章　海洋产业与海洋经济 ···················· 51

3.1　研究设计 ···················· 52

3.2　海洋产业多样化、专业化与经济增长回归分析 ···················· 58

3.3　结论与建议 ···················· 62

第4章　海洋生态系统服务与节能减排 ···················· 63

4.1　海洋生态系统服务 ···················· 63

4.2　海洋生态系统服务与我国的可持续发展 ···················· 68

第5章　海洋生态损害补偿和监测预警 ···················· 78

5.1　海洋生态损害补偿 ···················· 78

5.2　海洋监测预警 ···················· 95

第6章　海洋金融支持与灾害管理 ···················· 99

6.1　海洋金融现状 ···················· 99

6.2　金融在海洋经济发展中的作用 ···················· 105

6.3　当前中国海洋金融发展的机遇与挑战 ···················· 110

6.4　促进海洋金融发展的措施 ···················· 113

6.5　金融工具在海洋灾害管理中的应用 ···················· 118

第7章　海洋生态环境综合治理政策 ···················· 124

7.1　海洋生态环境治理的法制建设 ···················· 125

7.2　海洋生态环境分区域治理情况 ···················· 137

7.3　海洋生态环境分领域治理情况 ···················· 141

第 8 章　海洋承载力与技术创新生态化 ……………………………… 149

　8.1　海洋承载力概述 …………………………………………………… 149

　8.2　我国海洋资源环境承载力状况分析 ……………………………… 153

　8.3　海洋技术创新生态化 ……………………………………………… 156

　8.4　海洋资源环境承载力与技术创新生态化 ………………………… 166

　8.5　结论与建议 ………………………………………………………… 169

第 9 章　海洋经济与环境协调发展 ……………………………………… 171

　9.1　我国海洋经济的发展状况 ………………………………………… 171

　9.2　环境保护与经济发展关系的理论分析 …………………………… 183

　9.3　海洋经济与海洋环境保护的系统动力学分析 …………………… 192

　9.4　协调海洋经济发展与海洋环境保护 ……………………………… 196

第 10 章　山东省海洋资源开发与利用的基本情况 …………………… 199

　10.1　山东省海洋资源与经济现状 ……………………………………… 199

　10.2　推动科研发展，提高创新能力 …………………………………… 211

　10.3　保障设施建设 ……………………………………………………… 217

　10.4　加强海洋生态文明建设 …………………………………………… 220

　10.5　出台法律法规，加大执法力度 …………………………………… 223

参考文献 …………………………………………………………………… 225

第1章 中国海洋环境现状

中国沿海城市依托天然的地理区位优势,其社会经济高速发展,但快速的城市工业化发展进程给中国的海洋环境造成了越来越大的压力,甚至在部分地区,海洋环境的恶化程度日益严重。从20世纪70年代末开始,中国海洋海水环境总体质量出现持续恶化的趋势,同时在四大海区及近岸海域频繁发生重大的生态灾害事件和污染事件,并且随着沿海城市逐步开放、改革与发展,中国海洋环境呈现出一个大趋势:海洋污染物种类和数量的增加,超过了海洋自我净化能力,原有生物陆续死亡,生物多样性结构被打破,生态环境遭到了一定的破坏。

1.1 海水环境质量现状

1.1.1 近岸海域水质

2014~2016年全国近岸海域海水水质类别如表1-1所示,一、二类水质海水面积占70%左右,并逐年增加。四类水质和劣四类水质海水面积所占比重呈现逐年下降的趋势。总体来看,全国近岸海域水质级别一般,总体水质稳中向好。2016年一类水质海水面积107 563平方千米,二类水质海水面积130 894平方千米,三类水质海水面积21 592平方千米,四类水质海水面积8023平方千米,劣四类水质海水面积35 531平方千米,优良点位比例达到70.7%。2017年夏季一类水质海域面积约占管辖海域面积的96%,劣四类水质的海域面积减少了3700平方千米。虽然近年来海洋生态稳中向好,但是近海海域的水质状况依然不容乐观,目前污染超标的近岸海域主要集中在经济较为发达的地区,如江苏省、浙江省及广东省的部分沿岸海区,以及拥有独特区位地理优势的辽东湾、渤海湾,坐落于上海市、南通市的长江口和流经滇、黔、桂、粤、湘、赣等地区的珠江口。

表 1-1 2014~2016 年全国近岸海域海水水质类别

水质类别	2014 年	2015 年	2016 年
一类水质	28.6%	33.6%	35.4%
二类水质	38.2%	36.9%	43.1%
三类水质	7.0%	7.6%	7.1%
四类水质	7.6%	3.7%	2.6%
劣四类水质	18.6%	18.3%	11.7%

注:小计比例之和可能不等于100%,是因为有些数据进行过舍入修约

资料来源:《中国海洋生态环境状况公报》(2014~2016 年)

从 2016 年四大海区近岸海域各类海水水质比例（表 1-2、图 1-1）来看，南海、黄海一类水质和二类水质海水总比例均在 80%以上，同时劣四类水质海水水域面积所占比例都比较小，总体水质较好。而东海一类水质海水仅占 12.4%，一类水质海水和二类水质海水共占比 44.3%，劣四类水质海水高达 37.2%，超过了一、二类水质海水面积，由此看来，东海水质较差，水质有待改善。

表 1-2 2016 年四大海区近岸海域各类海水水质比例

海域	点位数/个	一类水质	二类水质	三类水质	四类水质	劣四类水质
渤海	81	28.4%	44.4%	17.3%	4.9%	4.9%
黄海	91	38.5%	50.5%	4.4%	5.5%	1.1%
南海	132	47.7%	40.2%	6.1%	0	6.1%
东海	113	12.4%	31.9%	15.0%	3.5%	37.2%

注：小计比例之和可能不等于 100%，是因为有些数据进行过舍入修约
资料来源：《2017 年中国海洋生态环境状况公报》

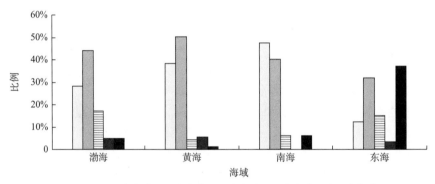

图 1-1 2016 年四大海区近岸海域各类海水水质比例
资料来源：《2016 年中国海洋生态环境状况公报》

1. 渤海

渤海是一个近封闭的内海，也是我国唯一的半封闭型内海，地处中国大陆东部北端。它一面临海，其余三面被大陆环绕。渤海是由辽东湾、渤海湾、莱州湾，以及位于渤海中部的特殊地质结构浅海盆地和渤海海峡构成的。与此同时，渤海与辽宁省、河北省及山东省相邻，与黄海直接连通，承接了黄河、辽河、海河等三大流域与多条入海河流，其独特的海洋地理区位优势为沿海省市的发展奠定了坚实的基础。

渤海拥有 2796 公里（1 公里=1 千米）的大陆海岸线，海域海水面积约为 7.8 万平方千米。目前渤海平均水深 18 米，在部分海域最大水深达到 85 米，约有超过 50%的海域面积水深处于 20 米以下。渤海还拥有广阔的河口湿地，这使得渤海在我国的近岸海域中拥有独特的生态系统，并在生态环境方面有着重要的作用与价值。但随着环渤海地区，特别是沿岸城市社会经济的快速发展,渤海的水质情况将面临巨大的压力,尤其是近岸海域。

由于沿岸的生产生活的影响，渤海近岸海域海水受到了较为严重的水体污染。

根据《2016 年北海区海洋环境公报》，2016 年渤海未达到一类水质标准的各类水质海域面积如表 1-3 和图 1-2 所示，春季时，渤海一、二类水质海域总面积达 65 756 平方千米，其中二类水质海域总面积达 11 660 平方千米；夏季时，渤海一、二类水质海域总面积达 64 017 平方千米，其中二类水质海域总面积达 9950 平方千米；秋季时，渤海一、二类水质海域总面积达 67 107 平方千米，其中二类水质海域总面积达 13 954 平方千米；冬季时，渤海一、二类水质海域总面积达 53 782 平方千米，其中二类水质海域总面积达 26 977 平方千米。渤海一、二类水质海域总面积在春季、夏季、秋季、冬季四季分别约占渤海海域总面积的 84.7%、82.5%、86.5% 和 69.3%。劣四类水质海域在春季、夏季、秋季和冬季的面积分别为 3050 平方千米、5000 平方千米、1421 平方千米和 7470 平方千米，四季平均面积为 4235 平方千米，约占渤海海域总面积的 5.5%，主要分布地区为辽东湾、渤海湾和莱州湾近岸海域。

表 1-3　2016 年渤海未达到一类水质标准的各类水质海域面积（单位：平方千米）

季节	二类水质	三类水质	四类水质	劣四类水质	合计
春季	11 660	6 670	2 340	3 050	23 720
夏季	9 950	5 690	3 130	5 000	23 770
秋季	13 954	6 476	2 648	1 421	24 499
冬季	26 977	10 864	5 537	7 470	50 848
平均	15 635	7 425	3 413	4 235	31 959

资料来源：《2016 年中国海洋生态环境状况公报》《2016 年北海区海洋环境公报》

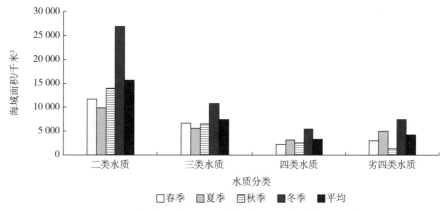

图 1-2　2016 年渤海未达到一类水质标准的各类水质海域面积

资料来源：《2016 年中国海洋生态环境状况公报》《2016 年北海区海洋环境公报》

辽东湾冬季、春季、夏季和秋季一类水质海域面积分别占 37.1%、75.3%、73.9% 和 68.3%，劣四类水质海域面积分别占 6.6%、4.7%、6.1% 和 2.7%。渤海湾冬季、春季、夏季和秋季一类水质海域面积分别占 7.0%、47.5%、46.9%和43.7%，劣四类水质海域面积分别占 26.5%、0.7%、10.5%和1.9%。莱州湾冬季、春季、夏季和秋季一类水质海域面积分别占 11.8%、8.5%、45.6%和33.8%，劣四类水质海域面积分别占 22.8%、20.8%、15.9%和2.9%。

2. 黄海

黄海西北面连接我国大陆，东面连接朝鲜半岛，是西北太平洋的边缘海，同时是一个近似南北向的半封闭浅海。黄海西北面与渤海相接，南面则与东海相接，海域海水总面积达 117 万平方千米，水深为 50~100 米。由于其特殊的地理位置，黄海受到多条暖流和沿岸流的影响，使得黄海拥有独特的海洋自然环境和海洋生态环境，不仅能与大型河流相接，还能与大洋水系进行物质交换，这也使得黄海成为极具代表性的陆架海区。黄海海底平缓，为东亚大陆架的一部分。黄海中北部海水环境质量总体良好。

如表 1-4 所示，2016 年春季时，黄海中北部低于二类海水水质标准的海域海水面积达到 2243 平方千米，而在夏季时，黄海中北部低于二类海水水质标准的海域海水面积为 1305 平方千米；二类水质海域面积分别为 2918 平方千米和 1782 平方千米；三类水质海域面积分别为 1113 平方千米和 680 平方千米；四类水质海域面积分别为 652 平方千米和 268 平方千米；劣四类水质海域面积分别为 478 平方千米和 357 平方千米。其中，四类水质海域和劣四类水质海域主要集中在胶州湾底部和辽东半岛近岸海域。

表 1-4　2016 年黄海中北部未达到一类水质标准的各类水质海域面积（单位：平方千米）

季节	二类水质	三类水质	四类水质	劣四类水质	合计
春季	2918	1113	652	478	5161
夏季	1782	680	268	357	3087
平均	2350	897	460	418	4124

资料来源：《2016 年中国海洋生态环境状况公报》《2016 年北海区海洋环境公报》

3. 东海

东海区管辖海域北起江苏赣榆，南至福建诏安，包含黄海南部和东海海域，岸线曲折漫长，港湾、岛屿众多，流系复杂，海洋资源丰富。东海北起中国长江口北岸到韩国济州岛一线，南面则直接与南海相连通。东海区与长江、钱塘江、珠江等入海流域相连，大部分海域海水深度不超过 200 米。东海区沿岸分布江苏、上海、浙江和福建三省一市，经济发达，人类活动和海洋开发利用强度高，海洋生态环境保护压力日益增加。目前，在各有关部门的努力下，东海区的海域海水质量总体保持在一个相对较好的状态。但与此同时，东海区的海域依旧受到海水污染的影响，东海区的近岸部分海域是受污染较为严重的地方，也是污染较为集中的海域。除去近岸部分海域，东海区近岸以外的海域海水质量均保持在高质量的状态，基本符合一类海水水质标准。

《2016 年东海区海洋环境公报》数据（表 1-5）显示，东海区春季时近岸以外海域超一类海水水质标准的海域海水面积达到 9465 平方千米，而在夏季时，超一类海水水质标准的海域海水面积达到 10 126 平方千米。而受到污染的近岸海域超一类海水水质标准的海域海水面积在冬季、春季、夏季和秋季时分别为 99 847 平方千米、86 728 平方千米、72 759 平方千米和 87 979 平方千米，占近岸海域面积的比例分别为 84%、73%、61% 和 74%；劣四类海水水质标准的海域面积分别为 38 114、33 658、24 229 和 36 119 平方千米，占近岸海域面积的比例分别为 32%、28%、20% 和 30%，主要分布在江苏近岸、杭州湾、长江口、浙江近岸及三沙湾、闽江口、厦门港等近岸海域。

表 1-5　2016 年东海区未达到一类水质标准的各类水质海域面积（单位：平方千米）

季节	海域	二类水质	三类水质	四类水质	劣四类水质	合计
春季	近岸海域	17 647	22 799	12 624	33 658	86 728
	近岸以外海域	6 108	2 843	369	145	9 465
	全海域	23 755	25 642	12 993	33 803	96 193
夏季	近岸海域	22 902	14 620	11 008	24 229	72 759
	近岸以外海域	10 071	53	2	0	10 126
	全海域	32 973	14 673	11 010	24 229	82 885
秋季	近岸海域	25 790	13 279	12 791	36 119	87 979
	近岸以外海域	—	—	—	—	—
	全海域	—	—	—	—	—
冬季	近岸海域	19 015	18 781	23 937	38 114	99 847
	近岸以外海域	—	—	—	—	—
	全海域	—	—	—	—	—

资料来源：《2016 年中国海洋生态环境状况公报》《2016 年东海区海洋环境公报》

4. 南海

南海位于中国南方，南北纵跨约 2000 公里，东西横越约 1000 公里，北起广东省南澳岛与台湾地区的台湾岛南端鹅銮鼻一线，南至加里曼丹岛、苏门答腊岛，西依中国大陆、中南半岛、马来半岛，东抵菲律宾，通过海峡或水道东与太平洋相连，西与印度洋相通，是一个东北-西南走向的半封闭海。南海拥有广阔的海域海水面积，总面积约为 350 万平方千米（刘祖惠等，1983）。根据中国的九段线划分方法，九段线以内为中国主权领海，面积约 210 万平方千米。由于优越的地理位置，以及横跨热带和亚热带气候区的独特优势，南海具有丰富的海洋资源、物种多样性、生态系统多样性及极具生态研究价值的遗传多样性。

南海区海水环境总体质量良好，近岸以外海域未受到严重的水体污染，均为清洁海域，对比于近岸以外海域，近岸局部海域受到了严重的污染。南海北部近岸以外海域，春季和夏季海水环境状况均保持良好，均为清洁海域。南海中南部中砂群岛及南沙群岛周边海域海水均符合一类海水水质标准，海水环境状况保持良好，均为清洁海域。

《2016 年南海区海洋环境状况公报》显示，冬季、春季、夏季和秋季不符合清洁海域的面积分别为 27 060 平方千米、22 540 平方千米、25 540 平方千米和 24 870 平方千米。

其中，严重污染海域的面积分别为 3970 平方千米、5190 平方千米、7940 平方千米和 4560 平方千米。各季节严重污染海域主要分布在广东省近岸的局部海域。2016 年夏季严重污染海域面积与上年同期相比，增加了 3330 平方千米。

1.1.2 主要污染物

无机氮是中国近岸海域最主要的污染物类型。无机氮是指植物、土壤和肥料中未与碳结合的含氮物质的总称，是劣四类水质海域的主要污染物。四大海区近岸海域中，渤海、黄海、东海和南海的主要超标因子都有无机氮。同时四大海区的无机氮超标率非常高，全国海域无机氮点位超标率为 23.3%；渤海无机氮点位超标率为 19.8%；黄海无机氮点位超标率为 9.9%；东海无机氮点位超标率为 55.8%；南海无机氮点位超标率为 6.8%。我国海洋无机氮污染有如下特点。

（1）污染面积大。除了黄海近岸海域和南海近岸海域，东海近岸海域和渤海近岸海域无机氮平均含量绝大多数都超过了国家一类海水水质标准（0.2 毫克/升）。

（2）平均含量年际变化较大，并且呈现不规律变化。2006～2016 年东海、黄海、渤海和南海每年无机氮平均含量均不相同。2006～2016 年除黄海无机氮平均含量相对稳定外，其余三个海区均呈现不规律的变化。这种变化一方面与无机氮污染物排海量每年的变化有关；另一方面也与海洋环境质量的监测有关。

（3）区域特点明显。如图 1-3 所示，对比于黄海、渤海和南海的无机氮平均含量，2006～2016 年东海的无机氮平均含量每年都远高于其他海域。无机氮主要集中在东海区。这种明显的区域特点与东海拥有上海、浙江、福建等发达沿海省（市）有很大关系。

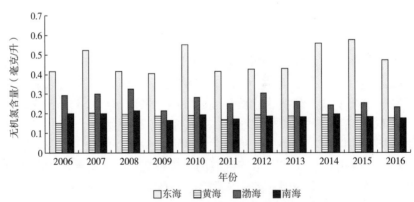

图 1-3　2006～2016 年四大海区无机氮平均含量

资料来源：《中国海洋生态环境状况公报》（2006～2016 年）

除了无机氮是我国海域主要的污染物类型之外，活性磷酸盐同样危害着我国近岸海域。活性磷酸盐是水体中一种限制性营养盐。全国活性磷酸盐超标率达 10.1%。四大海区中，渤海活性磷酸盐超标率为 1.2%；黄海活性磷酸盐超标率为 3.3%；东海活性磷酸盐超标率为 27.4%；南海活性磷酸盐超标率为 5.3%。我国近岸海域活性磷酸盐平均含量呈现如下特点。

（1）区域分布特点突出。黄海、渤海、南海三大海区活性磷酸盐平均含量基本低于国家一类海水水质标准（0.015 毫克/升），从图 1-4 可以看出，2006～2016 年东海每年活性磷酸盐平均含量均超国家一类海水水质标准。

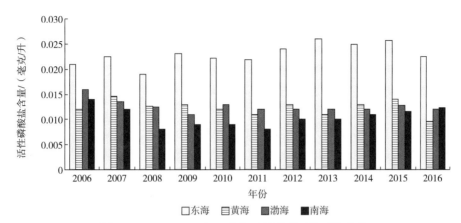

图 1-4 2006～2016 年四大海区活性磷酸盐平均含量

资料来源：《中国海洋生态环境状况公报》（2006～2016 年）

（2）活性磷酸盐污染程度年际变化大，而且呈不规律变化。这种波动是由活性磷酸盐排海量波动造成的，也与海洋环境监测能力的变化有关。

石油类污染会对海洋生物的生长和繁殖造成严重的威胁，破坏海洋生态系统的平衡。污染物中的毒性化合物可以改变海洋生物细胞活性，使得藻类等浮游生物中毒死亡。而且石油类污染物极易在海水中扩散，恶化海水水质和海洋环境。如果石油类污染物通过食物链最终在人体内富集，将对人类的健康造成极大的危害。

（1）四大海区的平均石油类含量均低于 0.05 毫克/升，符合国家一类水质标准。

（2）与无机氮和活性磷酸盐污染相比，四大海区石油类污染程度较小。

（3）石油类污染区域特征明显。我国的石油类含量最高的海域在渤海，黄海、东海、南海石油类含量较少。

（4）石油类污染程度年际变化大，而且呈现不规律的变化特征。

综上分析，中国海水环境质量及其变化有以下几个基本特征。

（1）无机氮、活性磷酸盐和石油类作为较为常见且危害较大的污染物对我国近岸海域造成的污染程度最大，在这三种污染物中，无机氮造成的污染最为严重，活性磷酸盐相较于无机氮污染程度排在第二位，石油类则是三种污染物中污染程度最轻的。东海的无机氮平均含量和活性磷酸盐平均含量大大超过国家海水水质标准，治理问题最为严重。

（2）从空间上看，渤海和东海近海污染相对于黄海和南海来说更为严重。由于陆源污染物的作用，河口已经成为污染最为严重的海洋区域。

（3）大部分近岸海域的无机氮、活性磷酸盐和石油类污染物平均含量的年际变化较大，而且存在一种特殊的现象：受污染严重海域的污染物平均含量年际变化较大，而污染程度较轻的海域污染物平均含量年际变化相对较小。这种波动部分是由污染物排海量变化引起的，同时与海洋环境监测能力有关。

1.1.3　沉积物

　　沿海城市人口快速增长、社会经济高速发展，但环保相关法律法规和监管体系明显滞后。我国沿岸入海排污口附近受到了较为严重的水体污染，海域海水环境质量不理想，总体情况较差。就目前统计来看，有至少 91%的近岸海域无法达到我国海域海洋功能区所设定的海域环境保护的相关要求。2016 年 8 月，《2016 年中国近岸海域环境质量公报》的数据显示，我国仍有相当一部分的海域沉积物质量不合格，依照我国关于海洋功能区沉积物质量的相关要求，81 个入海排污口中有 31%的入海排污口附近的海域沉积物质量不合格。造成沉积物质量不达标的主要原因是石油类、铜、汞和硫化物等物质的超标。相比于全国的总体情况，我国各个海区也有自己的情况。渤海有 29%的重点入海排污口的沉积物质量在监测中不合格，不满足有关规定，其主要的超标物质是汞和镉。黄海中北部有 31%的重点入海排污口无法达到关于我国海洋功能区沉积物质量的相关要求，主要超标物质为石油类，个别排污口附近海域海洋沉积物重金属、硫化物和有机碳有超标现象。东海整体情况较好，但是在重点入海排污口中仍有 14%的排污口附近海域海水不满足相关要求，在检测中表现为不合格，其主要超标污染物为铜、粪大肠菌群、滴滴涕、多氯联苯。在对南海区的检测中，南海区有相当一部分海域海水无法达到我国关于海洋功能区沉积物质量的相关要求，其比例达到 43%。由于受到的污染程度不同，南海区有部分海域海水沉积物质量在第三类海洋沉积物质量标准的监测中不合格，其中主要涉及的超标物为石油类、汞、硫化物和有机碳，其次为砷和镉等。

1.1.4　海水富营养化

　　人类生产和生活活动产生的无机营养盐过量输入近海后，会驱动近海生态环境发生变化，影响近海生态系统正常的结构和功能，导致近海富营养化问题的出现。在中国，早期的近海富营养化问题没有引起和得到应有的重视，以致问题不断加重。进入 21 世纪后，近海富营养化问题开始逐渐显现，具体表现在近海营养盐浓度增加和组成改变，有害赤潮、绿潮等藻华灾害频繁暴发，以及部分海域底层缺氧问题加剧等，这已经成为近海生态系统威胁的一个重要方面，直接危及近海环境及沿海地区社会和经济的绿色发展。

　　近海富营养化现象出现的主要原因是氮、磷营养盐过量排入造成的营养盐污染。向环境中排放的氮、磷等营养元素主要来自市政污水和工业废水排放、农业和养殖生产及化石燃料燃烧等人类经济活动。近海的富营养化与能源消耗、化肥施用、土地利用状况的改变直接相关，同时，也受到了人口增长、经济发展和农业生产等因素的间接影响。氮元素可以通过地表水、地下水或者大气等方式进入海洋，而磷元素主要通过河流输送进入海洋。

　　中国近岸海域营养盐污染特征如下。

　　1）营养盐污染海域较广

　　中国的近海海域多为封闭和半封闭的陆架浅海，容易受到沿海人类活动影响而出现富营养化问题。2016 年春季和夏季，我国近岸海域呈富营养化状态的海域面积分别为 72 490

平方千米和 70 970 平方千米，其中春季重度、中度和轻度富营养化海域面积分别为 16 380 平方千米、18 650 平方千米和 37 460 平方千米，夏季重度、中度和轻度富营养化海域面积分别为 16 580 平方千米、14 500 平方千米和 39 890 平方千米。

2）河口和海湾营养盐污染问题严重

中国近岸重度富营养化的海域主要集中在河口和海湾区域。杭州湾为严重富营养化区域；长江口、珠江口为重度富营养化区域；辽东湾、渤海湾为轻度富营养化区域。

3）营养盐污染的区域特征明显

从图 1-5 中可以看出，2012～2016 年的四大海区近岸海域富营养化指数变化，东海海域富营养化污染情况最为严重，渤海海域次之。东海拥有污染最为严重的杭州湾及长江口，这与杭州湾及长江口的沿海工业产业布局有关。渤海海域的污染情况具有从辽东湾、渤海湾和莱州湾向中央海盆水域递减的分布特征。

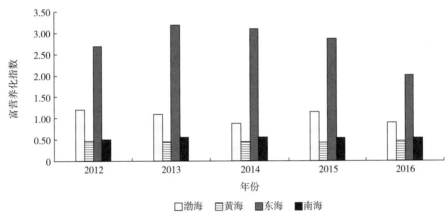

图 1-5　2012～2016 年四大海区近岸海域富营养化指数
资料来源：《中国海洋生态环境状况公报》（2012～2016 年）

1.2　海洋生态现状

1.2.1　物种多样性

渤海近岸海域主要典型生态系统生物多样性和群落结构基本稳定，根据检测结果，渤海目前共有 234 种浮游植物，浮游植物种类多样，但以甲藻和硅藻两大类群为主；浮游动物方面，在不包含幼虫幼体的情况下，渤海目前共有 89 种浮游动物，这些浮游动物主要以水母类和桡足类为主；在大型底栖生物方面，渤海目前拥有 349 种大型底栖生物，主要类群为软体动物、环节动物和节肢动物。2016 年渤海主要浮游植物优势种为冰河拟星杆藻、旋链角毛藻、扁面角毛藻、中肋骨条藻、拟扭链角毛藻、冕孢角毛藻、佛氏海线藻和具槽帕拉藻。

黄海包括大连湾及邻近海域、威海近岸海域、胶州湾等重点海域，其浮游植物、浮游动物及大型底栖生物多样性对于评估黄海海洋生物种类多样性起到了至关重要的作用。

2016 年黄海中北部主要浮游植物优势种是三角角藻、丹麦细柱藻、柔弱伪菱形藻和海洋角管藻。黄海中北部拥有 142 种浮游植物，浮游植物种类多样，但仍以硅藻和甲藻两大类群为主，与渤海相似；在不含幼虫幼体的情况下，黄海拥有 70 种浮游动物，水母类和桡足类浮游动物占到绝大多数；在大型底栖生物方面，黄海拥有 363 种大型底栖生物，其中占大多数的主要类群是环节动物、软体动物和节肢动物。从大连湾及邻近海域夏季所获样品中，鉴定出浮游植物 21 种，优势种为三角角藻和丹麦细柱藻；鉴定出浮游动物 19 种，优势种为洪氏纺锤水蚤和强壮滨箭虫；鉴定出大型底栖生物 29 种，优势种为副栉虫和烟树蛰虫。相较于大连湾，威海近岸海域生物的种类更加丰富。威海近岸海域夏季鉴定出浮游植物 73 种，不同于大连湾，威海近岸海域以旋链角毛藻和柔弱伪菱形藻为优势种；共 36 种浮游动物，主要以强壮滨箭虫和长尾类幼体为优势种；大型底栖生物方面，共有 27 种大型底栖生物，相比大连湾稍有减少，主要以沙蚕和锥头虫科为优势种。胶州湾及其邻近的海域在夏季检测中共发现了浮游植物 63 种，主要以高盒形藻和海洋角管藻为优势种；浮游动物方面，共发现 24 种，其主要优势种为强壮滨箭虫和太平洋纺锤水蚤；共 71 种大型底栖生物，优势种为寡鳃齿吻沙蚕和丝异须虫。春季鉴定出底栖动物 27 种，优势种为双斑蟳和鲜明鼓虾。

东海区近岸海域共鉴定出浮游植物 296 种，浮游动物 302 种，浅海大型底栖生物 489 种；浮游植物密度在福建近岸海域较高，多样性指数基本呈现由北向南升高的趋势。夏季，东海区海域共鉴定出浮游植物 324 种，浮游动物 425 种，浅海大型底栖生物 527 种，潮间带大型底栖生物 335 种。由于受到赤潮的影响，长江口-杭州湾附近海域浮游植物和浮游动物的密度很高，浅海大型底栖生物密度和多样性指数基本呈现由北向南升高的趋势，而潮间带大型底栖生物在浙江中南部种类较多。

南海区共鉴定出浮游植物 510 种，浮游动物 631 种，大型底栖生物和潮间带底栖生物 1211 种，造礁石珊瑚 81 种，红树植物 10 种和海草 6 种，具体生物种类情况如表 1-6 所示。

表 1-6　南海区生物种类情况

生物类群		春季	夏季					
		近岸海域	近岸海域	近岸以外（南海北部）	大亚湾		珠江口	
浮游植物	数量/（个细胞/米³）	7.46×10^7	2.72×10^7	2.56×10^6	9.40×10^7		5.62×10^7	
浮游动物	数量/（个/米³）	1 081	255	152	Ⅰ型网采	Ⅱ型网采	Ⅰ型网采	Ⅱ型网采
					182	17 489	228	12 098
	生物量/（毫克/米³）	364.04	226.12	54.67	217.71	—	225.68	—
大型底栖生物	数量/（个/米²）	221	180	28	51		55	
	生物量/（克/米²）	152.45	145.22	4.25	13.43		18.35	
潮间带底栖生物	数量/（个/米²）	—	—	—	岩石相	泥沙相	岩石相	泥沙相
					1 142	3.49	569	327
	生物量/（克/米²）	—	—	—	5 628.23	6.03	1 012.1	135.15

资料来源：《2016 年南海区海洋环境状况公报》

1.2.2　海洋生态系统现状

渤海近岸海域主要典型生态系统生物多样性和群落结构基本稳定,但有部分典型生态系统处于亚健康状态,如双台子河口、滦河口-北戴河、渤海湾、黄河口、莱州湾,而生态系统受到严重破坏的锦州湾典型生态系统处于不健康状态。目前有多种因素都会导致渤海典型生态系统处于不健康或亚健康的状态,但究其主要原因,是陆源化学物质超标排放造成的污染和对渔业资源的过度捕捞等人类生产经营活动。

双台子河口生态系统受无机氮和活性磷酸盐污染严重,超四类海水水质标准;局部海域化学需氧量、石油类等指标超一类海水水质标准;沉积物中砷、锌含量超一类海洋沉积物质量标准;生物体内重金属残留水平超一类海洋生物质量标准。2016 年双台子河口海水环境质量较 2015 年呈现下降态势。

滦河口-北戴河生态系统海水环境质量现状良好,绝大部分水域水质符合一类海水水质标准,仅有个别水域无机氮超一类海水水质标准。浮游植物密度较高,底栖生物与鱼卵和仔稚鱼密度偏低。生物体中砷、锌残留量超一类海洋生物质量标准。

渤海湾生态系统受无机氮污染情况较重,大部分水体超一类海水水质标准,部分水体超四类海水水质标准;部分海域化学需氧量超二类海水水质标准,活性磷酸盐超一类海水水质标准。底栖生物和浮游生物密度偏高,鱼卵和仔稚鱼密度偏低。

黄河口生态系统与渤海湾生态系统相似,都主要受到无机氮污染,但 2016 年黄河口生态系统水质较 2015 年有了明显好转。沉积物质量现状较好。浮游植物密度偏高,底栖生物与鱼卵和仔稚鱼密度偏低。部分潮间带泥螺体内的镉、铅、砷残留水平超一类海洋生物质量标准。

莱州湾生态系统受无机氮污染较为严重,部分水体无机氮超四类海水水质标准,2016年相较于 2015 年海水整体环境质量有所下降。总体上看,莱州湾海域沉积物质量基本符合我国关于沉积物质量的相关要求,但是仍有部分站位的海域海水汞含量超一类海洋沉积物质量标准。底栖生物和浮游植物密度偏高,浮游动物与鱼卵和仔稚鱼密度偏低。部分生物体内铅、锌、镉、砷的残留水平超一类海洋生物质量标准。

锦州湾目前的生态系统状态不容乐观,由于遭受严重污染,其生态系统状态已经成为6 个典型生态系统中最差的一个,为不健康状态。锦州湾生态系统海水环境受无机氮污染严重,超四类海水水质标准;石油类普遍超一类海水水质标准;2016 年整体海水水体环境质量相较于 2015 年呈下降趋势。部分地区海域沉积物中镉、锌、铜含量超二类海洋沉积物质量标准,铅、砷、硫化物、石油类含量超一类海洋沉积物质量标准。浮游植物密度偏高,浮游动物、底栖生物、鱼卵和仔稚鱼密度偏低。

东海区生态系统整体情况不容乐观,大量的生态系统处于亚健康或不健康状态,集中区域遍及海湾、河口及滨海湿地。目前的问题现状主要表现在富营养化问题日趋严重、营养盐失衡导致水体污染、生物群落结构被非自然因素破坏造成结构异常、水体环境遭到破坏导致的河口产卵场退化及鱼类等生物的生境丧失或改变。2016 年,针对东海区的滩涂湿地、河口、海湾生态系统健康状况的评价显示:东海区 5 个生态监控区中,4 个处于亚健康状态、1 个处于不健康状态。

苏北浅滩隶属江苏沿海经济区，处于亚健康状态。苏北浅滩的问题主要在于部分水体呈富营养化状态，同时浮游植物密度偏高、浅海大型底栖生物密度和生物量偏高。苏北浅滩的沉积环境总体情况是良好的。互花米草、碱蓬和芦苇是苏北浅滩湿地的主要植被，滩涂面积有下降的趋势。影响苏北浅滩湿地生态系统健康的主要因素是陆源排污、滩涂围垦和滩涂养殖。

长江口隶属长江三角洲经济区，处于亚健康状态。长江口的问题在于部分水体处于严重富营养化状态；浮游植物密度和浅海大型底栖生物密度偏高，鱼卵和仔稚鱼密度偏低。与苏北浅滩不同的是，长江口生物体内镉、铅、砷和石油烃残留水平较高。长江口沉积环境总体良好。影响长江口生态系统健康的主要因素是陆源排污和外来物种入侵。

乐清湾隶属浙江海洋经济发展示范区，处于亚健康状态。乐清湾的问题主要是大部分水体处于富营养化状态；浮游动物密度和浅海大型底栖生物密度偏高，浅海大型底栖生物生物量偏低，鱼卵和仔稚鱼密度偏低。乐清湾沉积物环境良好。影响乐清湾生态系统健康的主要因素是陆源排污、围填海、海水养殖和电厂温排水。

闽东沿岸隶属海峡西岸经济区，处于亚健康状态。闽东沿岸的问题主要在于部分水体处于富营养化状态；浮游植物密度、浮游动物密度和生物量偏高，鱼卵和仔稚鱼密度偏低。闽东沿岸的沉积环境良好。影响闽东沿岸生态系统健康的主要因素是陆源排污、围填海、资源过度开发和外来物种入侵。

杭州湾隶属长江三角洲经济区和浙江海洋经济发展示范区，处于不健康状态。杭州湾的问题主要是水体富营养化严重，无机氮含量劣于四类海水水质标准；浮游动物密度、鱼卵和仔稚鱼密度、浅海大型底栖生物密度与生物量偏低。杭州湾沉积环境良好。影响杭州湾生态系统健康的主要因素是陆源排污、滩涂围垦和各类海洋海岸工程建设。

2016 年，南海区监测的河口、海湾、珊瑚礁、红树林和海草床生态系统中，处于健康和亚健康状态的海洋生态系统各占 50%。

珠江口河口生态系统处于亚健康状态。珠江口海水无机氮和活性磷酸盐的含量偏高；浮游植物密度偏高，浮游动物密度、鱼卵和仔稚鱼密度及底栖生物栖息密度和生物量偏低。生物质量监测结果显示，珠江口局部区域存在重金属和油类污染风险。2011～2016 年，珠江口海水无机氮含量偏高，且略有上升趋势，生物指标波动较大。

大亚湾海湾生态系统处于亚健康状态。海水水质和沉积物质量状况总体良好；浮游植物密度、浮游动物密度及鱼卵和仔稚鱼密度偏低，底栖生物栖息密度和生物量偏低。2011～2016 年，大亚湾局部海域虽然受到了营养盐和石油类的污染，但沉积物质量状况保持良好，底栖生物栖息密度和生物量下降明显。

广东雷州半岛和广西北海涠洲岛珊瑚礁生态系统处于健康状态，海南东海岸和西沙珊瑚礁生态系统处于亚健康状态。2016 年广东雷州半岛活珊瑚覆盖度较上年有所增加；广西北海涠洲岛造礁石珊瑚种类数和活珊瑚覆盖度均较上年有所增加，珊瑚死亡率近年均保持较低水平；海南东海岸活珊瑚覆盖度较上年略有下降；西沙活珊瑚覆盖度较上年略有上升，鱼类密度有所下降。总体而言，2011～2016 年在各环境保护单位的努力下，广东雷州半岛、广西北海涠洲岛、海南东海岸和西沙珊瑚礁生态系统得到有效治理和保护，并基本保持稳定。

广西山口和北仑河口红树林生态系统均处于健康状态。红树林内群落类型和物种多样性保持稳定。2016 年广西山口和北仑河口红树林均发生较大面积的虫害，害虫为广州小斑螟和柚木驼蛾，受害树种为白骨壤。经防治，虫害得到有效控制，受害白骨壤已恢复生机。2011~2016 年，广西山口和北仑河口红树林面积维持稳定，红树群落和林相保持良好，部分区域幼苗增多。

2016 年广西北海海草床生态系统处于亚健康状态，海南东海岸海草床生态系统处于健康状态。2016 年广西北海海草床的海草覆盖度和密度较上年有所下降。2016 年海南东海岸海草生物量、密度和底栖生物量较上年明显增加，覆盖度略有下降。2011~2016 年，广西北海海草床呈退化趋势，海南东海岸海草床基本保持稳定。

1.2.3 海洋保护区

自从 1963 年我国建立了第一个自然保护区——渤海的蛇岛自然保护区，伴随着我国政府不断增强的生态保护意识，我国相关政府部门相继建立了一批又一批的国家级和地方级的海洋自然保护区。2016 年渤海国家级海洋自然保护区共 3 处；黄海中北部共有 14 处国家级海洋特别保护区；2016 年东海新增 3 个，总数达到 21 个海洋自然保护区；南海共有 9 个国家级海洋自然保护区。这些保护区有的以保护中国海域的珍稀物种为目标，如专门保护儒艮、海龟、金丝猴、丹顶鹤及文昌鱼等珍稀动物的保护区；有的以保护珊瑚礁、红树林、海岛、滩涂和海口等生态系统为目标。

南海的保护区主要是针对珊瑚、红树及鸟类的保护。从表 1-7 可以看出，对比于 2015 年的情况，2016 年大部分保护区的保护对象情况稳定。

表 1-7 2016 年南海区部分国家级海洋自然保护区主要保护对象变化状况

主要保护对象	自然保护区名称	变化状况
珊瑚	广东徐闻珊瑚礁国家级自然保护区	活珊瑚覆盖度保持稳定
		造礁石珊瑚种类数增加 4 种
	海南三亚珊瑚礁国家级自然保护区	活珊瑚覆盖度提高 3.9%
		造礁石珊瑚种类数不变
	海南万宁大洲岛国家级海洋生态自然保护区	活珊瑚覆盖度提高 2.3%
		造礁石珊瑚种类数不变
	广西涠洲岛珊瑚礁国家级海洋公园	活珊瑚覆盖度提高 7.0%
		造礁石珊瑚种类数增加 10 种
红树	广西北仑河口国家级自然保护区	平均密度保持稳定
		红树种类数保持稳定
	广西山口国家级红树林生态自然保护区	平均密度有所增加
		红树种类数保持稳定

续表

主要保护对象	自然保护区名称	变化状况
红树	广东特呈岛国家级海洋公园	平均密度略有下降
		红树种类数保持稳定
鸟类	广西北仑河口国家级自然保护区	种类数增加 16 种
	广西山口国家级红树林生态自然保护区	种类数增加 4 种

资料来源：《2016 年南海区海洋环境状况公报》

　　渤海的三处国家级自然保护区分别是昌黎黄金海岸国家级自然保护区、天津古海岸与湿地国家级自然保护区和滨州贝壳堤岛与湿地国家级自然保护区。昌黎黄金海岸国家级自然保护区内的生物群落结构基本正常，底栖生物栖息密度为 5～65 个/米^2，平均密度为 38.1 个/米^2，生物量变化范围为 0.034～7.56 克/米^2，平均为 1.94 克/米^2，优势种类为东方长眼虾和青岛文昌鱼。潮间带生物分布较为均匀，但群落结构较单一。值得注意的是自然保护区内海水无机氮浓度超一类海水水质标准。天津古海岸与湿地国家级自然保护区和滨州贝壳堤岛与湿地国家级自然保护区主要是针对鸟类监测和保护的自然保护区，目前两个自然保护区内鸟类记录数量大，各项环保指标都达到国家标准，保护区内水质状况也基本保持稳定。

　　黄海中北部的 14 处国家级海洋特别保护区内有 5 处国家级海洋特别保护区海水环境质量符合一类海水水质标准，12 处国家级海洋特别保护区沉积物质量均符合一类海洋沉积物质量标准。海岛生态系统保护区和河口生态系统保护区内的生态系统保护良好，基本稳定；生物种类保护区内的海洋生物物种资源基本稳定；特殊地质地貌类保护区内的特殊地质保护对象稳定；海洋公园内的滨海湿地、海岛、岛屿礁石群等海洋生态景观资源均能满足游客的游览观光需求。

　　东海区的海洋自然保护区有象山韭山列岛国家级自然保护区、南麂列岛国家级海洋自然保护区、福建厦门珍稀海洋物种国家级自然保护区、福建深沪湾海底古森林遗迹国家级自然保护区。海洋特别保护区有浙江嵊泗马鞍列岛国家级海洋特别保护区、浙江普陀中街山列岛国家级海洋特别保护区、浙江渔山列岛国家级海洋生态特别保护区、乐清市西门岛国家级海洋特别保护区。海洋保护区保护对象和水质状况基本保持稳定，水质主要超标因子是无机氮和活性磷酸盐。保护区沉积物质量状况良好，有机碳、硫化物和石油类均符合一类海洋沉积物质量标准。在海洋特别保护区中，部分保护区存在超水质标准的现象，但总体情况保持良好。无机氮、活性磷酸盐超一类海水水质标准是绝大多数海洋特别保护区都会存在的问题，四个海洋特别保护区都存在此类现象。而沉积物中的有机碳、硫化物和石油类物质均符合一类海洋沉积物质量标准。海洋公园方面，东海区内的海洋公园生态环境基本保持稳定，但仍存在无机氮、活性磷酸盐超一、二类水质标准的现象。

　　实践证明，建设海洋自然保护区、特别保护区及海洋公园是保护海洋生态的有效途径。但是，目前在海洋自然保护区和特别保护区的建设中面临着生态保护与经济发展的严重冲突，有关科研学术支持能力较弱，相关项目的投资经费投入不足，缺乏科学、正确、高效的管理经验与力量等现实问题,而且保护区的建设规模及种类等远不能适应海洋生态保护和促进经济建设与生态环境保护协调发展的要求。当务之急,是要通过各种途径和国家、地方政府的支持,扩大保护区的建设,强化保护区的管理。同时要协调好保护区建设与地方经济发展的矛盾,做到绿色发展,不能以牺牲环境来发展经济。

1.3　海洋灾害现状

1.3.1　我国海洋灾害的概况和特点

海洋灾害是指由于海水异常运动或海洋环境异常变化,在海洋或沿海地区造成人员伤亡和财产损失的自然灾害。海洋灾害的形式多样,往往都是突发性较强的灾害,比如风暴潮、赤潮、巨浪、海冰、海啸等,这类灾害往往难以预测,并且会造成非常严重的破坏。同时海洋灾害也包括如海平面上升这类缓发性灾害,这类灾害往往不会立刻造成危害,但是它很难被预防或被减弱,因为这类灾害一般是全球性的问题。海洋灾害主要威胁海上及海岸,有些还会自海岸向陆地的广大地区蔓延,威胁着沿海城镇居民的生命财产安全和政府的经济建设。我国是一个经济快速发展的国家,尤其在沿海地区聚集了大量的人员及发达的涉海生产、生活活动,这意味着一旦我国沿海地区遭受严重海洋灾害,将会造成严重的经济损失及人员伤亡。目前我国海洋灾害以风暴潮、海浪、海冰、马尾藻和海岸侵蚀等灾害为主,同时赤潮、绿潮、海平面变化、咸潮入侵、土壤盐渍化和海水入侵等灾害也对我国海洋经济和生态环境造成了不同程度的破坏。我国海洋灾害特点如下。

1. 种类多,分布广

中国是世界上海洋灾害最严重的的少数国家之一。由于中国海岸线漫长,涉及气候带多,多样的气候导致沿海地区受到了较多种类海洋灾害的侵扰。从总体上看,我国海洋灾害具有明显的高发地带分布特征,主要集中在渤海区、黄海区、东海区和南海区。受到灾害侵扰最为严重的地方是东海区,全海区有超过半数的灾害是风暴潮、赤潮、海浪、海啸;渤海区和黄海区由于其特殊的海洋地理位置,经常受到多种类的海洋灾害侵扰,如海冰等;南海海域最为广阔,海洋灾害约占全部海区灾害的28%。

2. 灾害频发,具有大破坏性

中国长期频繁遭受各类海洋灾害的侵扰。我国每年可能遭受多次风暴潮袭击,近岸海域海区一年有接近1/3的时间受到巨浪的袭击。近年来,我国赤潮灾害呈现出发生频率增加、暴发规模扩大、持续时间加长、有毒藻类增多的发展趋势。发生频率增加及破坏性增强的海洋灾害已成为我国沿海经济社会新的不可小觑的挑战。

3. 海洋灾害造成的损失严重

近几十年来沿海城市社会经济快速发展，依托丰富的海洋资源，渔业、海运业、旅游业等蓬勃发展。因此，一方面海洋灾害呈现频发、破坏力增强的趋势；另一方面，受到沿海居民生产、生活的影响，海洋环境及海洋污染现状相比过去出现了很大的变化，这也导致了海洋灾害的高发类型发生了明显的变化。从近几年的情况来看，由生物引发的海洋灾害逐渐增多，这在一定程度上受到了海洋水体环境剧烈变化的影响。从数据上看，2016 年，受海洋灾害影响，我国直接经济损失 50 亿元，死亡（含失踪）共 60 人。其中，风暴潮灾害造成直接经济损失 45.94 亿元；海浪灾害造成直接经济损失 0.37 亿元；海冰灾害造成直接经济损失 0.20 亿元；海岸侵蚀灾害造成直接经济损失 3.49 亿元。2017 年，我国海洋灾害造成直接经济损失 64 亿元，死亡（含失踪）17 人。如图 1-6 所示，2017 年的海洋灾害中，造成直接经济损失最严重的是风暴潮，造成的直接经济损失为 55.77 亿元，占比 87.17%。造成死亡（含失踪）人数最多的是海浪灾害，死亡（含失踪）11 人。马尾藻造成直接经济损失为 4.48 亿元，约占 7%。海浪灾害造成的直接经济损失为 0.27 亿元，海冰灾害造成的直接经济损失为 0.01 亿元，海岸侵蚀灾害造成的直接经济损失为 3.45 亿元。从表 1-8 及图 1-7 可以看出，2008 年及 2012～2014 年海洋灾害造成的直接经济损失较多，2015 年以来略有下降，死亡（含失踪）人数总体呈现下降趋势。

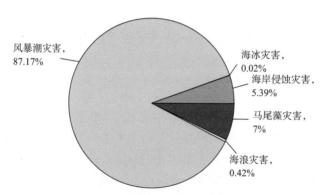

图 1-6　2017 年各类海洋灾害造成的直接经济损失所占比重

资料来源：《2017 年中国海洋灾害公报》

表 1-8　2008～2017 年海洋灾害造成的直接经济损失和死亡（含失踪）人口

海洋灾害造成的损失	2008 年	2009 年	2010 年	2011 年	2012 年	2013 年	2014 年	2015 年	2016 年	2017 年
直接经济损失/亿元	206	100	133	62	155	163	136	73	50	64
死亡（含失踪）人口/人	152	95	137	76	68	121	24	30	60	17

资料来源：《中国海洋灾害公报》（2008～2017 年）

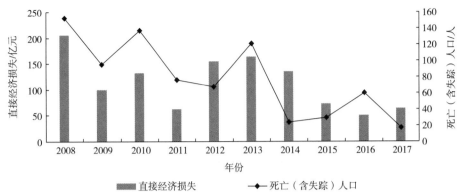

图 1-7　2008～2017 年海洋灾害造成的直接经济损失和死亡（含失踪）人口

资料来源:《中国海洋灾害公报》（2008～2017 年）

1.3.2　风暴潮

风暴潮是一种强烈大气扰动。我国大陆海岸线有 18 000 多千米, 南北横跨温带、热带, 风暴潮灾害遍布各个沿海地区, 但灾害的发生频率、严重程度在各个海区有着明显的差异。黄海和渤海海区是处于相对较高纬度的地区, 所以以温带风暴潮灾害为主, 偶尔会有台风风暴潮灾害发生, 而我们熟知的台风风暴潮灾害主要发生在我国的东南沿海地区。渤海湾至莱州湾沿岸、长江口、杭州湾、福建宁德至闽江口沿岸、广东汕头至珠江口沿岸、雷州半岛东岸、海南岛东北部沿海是风暴潮灾害比较严重且集中的区域。值得注意的是, 这些岸段包括了天津、上海、广州等沿海发达城市, 同时几大国家开发区如滨海新区、长江三角洲、海峡西区、珠江三角洲等都位于风暴潮灾害频发且破坏力大的岸段区域。

图 1-8 展示了 2012～2017 年风暴潮灾害造成的直接经济损失情况。其中, 2017 年我国沿海共计遭受到 16 次风暴潮袭击, 造成直接经济损失 55.77 亿元。根据《2017 年中国海洋灾害公报》统计, 2017 年因风暴潮导致的直接经济损失约为 2013～2017 年风暴潮直接经济损失平均值的 60%。2017 年的 16 次风暴潮侵扰中, 台风风暴潮 13 次, 其中有 8 次造成了灾害, 直接经济损失 55.58 亿元, 可以看出, 台风风暴潮是造成直接经济损失的主要原因。而温带风暴潮造成的直接经济损失较少, 为 0.19 亿元。从统计数据上看, 由风暴潮灾害造成的直接经济损失整体上呈现下降的趋势, 一方面是由于风暴潮灾害的强度存在一定的变化; 另一方面是由于近年来我国风暴潮灾害预警机制逐步完善, 在灾害来临之前, 地方政府及有关部门可以很快地做出应急响应, 及时转移群众及资产, 将风暴潮灾害所造成的直接经济损失降到最低。

从沿海各省区的风暴潮灾害损失（表 1-9）来看, 广东省是受到风暴潮灾害损失最严重的省份, 风暴潮造成的直接经济损失为 53.61 亿元, 约占我国风暴潮直接损失的 96%, 受灾人口 171.46 万人, 受灾农田面积 1.376 万公顷, 受灾水产养殖面积 2.442 万公顷。

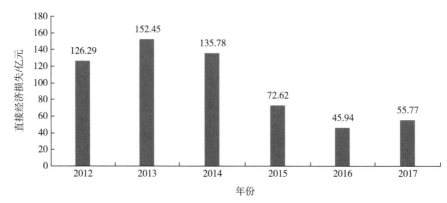

图 1-8　2012～2017 年风暴潮灾害造成的直接经济损失

资料来源：《中国海洋灾害公报》（2012～2017 年）

表 1-9　2017 年沿海各省（区）风暴潮灾害损失统计

省（区）	受灾人口/万人	受灾农田面积/万公顷	受灾水产养殖面积/万公顷	直接经济损失/亿元
山东	—	0	0	0.06
浙江	—	0.003	0.105	0.87
福建	—	0	0.261	1.21
广东	171.46	1.376	2.442	53.61
广西	—	0	0.001	0.02
合计	171.46	1.379	2.809	55.77

资料来源：《2017 年中国海洋灾害公报》

1.3.3　海浪灾害

海浪灾害是指 4 米以上海上巨浪引发的海洋灾害。这些海浪通常是由风产生的，其中包括风浪、涌浪和海洋近岸浪。不同强度的海浪会对人们的社会生产活动造成不同程度的影响与危害。一般来说，3 米以上的海浪叫作大浪，4 米以上的海浪叫作巨浪，大浪和巨浪都会对小型船舶造成威胁，而 6 米以上的海浪则能够摧毁大型船舶，破坏沿海城市的海上设施，对沿海城市的海上运输及海上生产活动等造成危害。我国的四大海区均有海浪灾害，且在某些特殊的海域由海浪灾害的频发造成了多次海上事故。

从表 1-10 可以看出，2017 年江苏省是海浪灾害损失最严重的省份，直接经济损失达到 875 万元，约占各省海浪灾害直接经济损失总值的 32%，受灾水产养殖面积 19 万公顷，死亡（含失踪）人口 7 人。2017 年，我国近海共出现有效波高 4 米以上的灾害性海浪共 34 次，比上年减少了 2 次，34 次海浪灾害中包含台风浪 21 次，冷空气浪和气旋浪 13 次。2017 年海浪灾害总体偏轻，因灾害造成的直接经济损失约为 0.27 亿元，死亡（含失踪）人口 11 人。从图 1-9 可以看出，2012 年和 2013 年海浪灾害总体偏重，2012 年因灾害导致的直接经济损失为 6.96 亿元，2013 年因灾害导致的直接经济损失为 6.30 亿元。由此可见，一方面近几年海浪灾害的强度发生了一定变化；另一方面，相关的应急单位通过有效的措施减少了海浪灾害造成的直接经济损失。

表 1-10　2017 年各省（区）海浪灾害损失统计

省份	死亡（含失踪）人口/人	受灾水产养殖面积/万公顷	直接经济损失/万元
辽宁	0	0	250.00
山东	0	3.00	433.00
江苏	7	19.00	875.00
浙江	4	0	515.00
福建	0	0	580.00
海南	0	0.01	30.30
广东	0	0	14.64
合计	11	22.01	2697.94

资料来源：《2017 年中国海洋灾害公报》

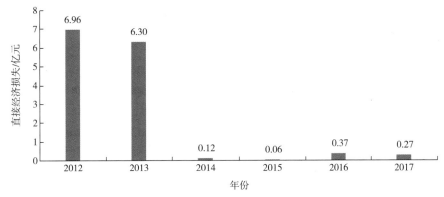

图 1-9　2012～2017 年海浪灾害造成的直接经济损失

资料来源：《中国海洋灾害公报》（2012～2017 年）

1.3.4　赤潮

　　沿海地区大量工农业废水、生活污水和养殖废水的排放入海，导致近岸海域富营养化日趋严重，赤潮频发。赤潮严重危害我国海洋渔业和养殖业的发展，造成海洋环境恶化、生态失衡，赤潮毒素还通过食物链导致人体中毒，危害人类身体健康。中国是赤潮灾害较为严重的国家。赤潮，特别是有毒赤潮将会通过在鱼类等生物内的毒素富集危害到沿海居民的身体健康。2017 年我国海域共发生赤潮 68 次，累计面积 3679 平方千米。通过对 2006～2017 年中国各海区赤潮发生频次和发生面积的统计发现，海洋赤潮发生的频次总体上呈现递减的态势，赤潮的规模及影响面积总体上也呈现递减态势。从历史数据看，我国赤潮发生频次急剧上升时期是 1996～2006 年，不仅赤潮灾害发生的次数激增，而且影响面积也快速扩大。但从 2006 年开始至今，我国的赤潮灾害情况出现了明显的好转。我国各海区在 2006～2017 年的赤潮发生频次及发生面积变化情况如表 1-11 所示。

表 1-11　2006～2017 年各海区赤潮发生频次和发生总面积

海区	2006 年	2007 年	2008 年	2009 年	2010 年	2011 年	2012 年	2013 年	2014 年	2015 年	2016 年	2017 年
渤海（频次）	11	7	1	4	7	13	—	—	—	7	10	12
黄海（频次）	2	5	12	13	9	8	—	—	—	1	4	3
东海（频次）	63	60	47	43	39	23	—	—	—	15	37	40
南海（频次）	17	10	8	8	14	11	—	—	—	12	17	13
发生总面积/千米²	19 840	11 610	13 738	14 102	10 892	6 076	7 971	4 070	7 290	2 809	7 484	3 679

注：根据各海区环境公报整理所得（部分数据缺失）

我国四大海区的赤潮灾害现状如下。

（1）2016 年渤海海域共发生 10 次赤潮灾害，赤潮发生的海域总面积约为 740 平方千米。渤海赤潮高发区域为秦皇岛附近和天津附近海域，高发期为夏季 7～9 月。目前渤海赤潮呈现形式多为复合型赤潮，即赤潮原因种类并非单一藻类。引发渤海赤潮的赤潮生物种类有明显增多的趋势，已记录的共计 21 种，绝大部分为甲藻，其中有毒藻种类包括塔玛亚历山大藻、古老卡盾藻、赤潮异弯藻、微小原甲藻、链状亚历山大藻、红色赤潮藻和链状裸甲藻。

（2）相较于其他海域，黄海中北部的赤潮灾害情况并不严重。2016 年全年，黄海中北部海域仅发生 4 次赤潮灾害，主要集中在大连附近海域，总面积约 61.5 平方千米。引发赤潮的生物种类为夜光藻、中肋骨条藻等。规模最大的一次赤潮发生在大连泊石湾-金石滩附近海域。

（3）2016 年东海区共发生赤潮 37 次，累计影响面积约 5714 平方千米，但未造成直接经济损失。东海区赤潮主要集中在浙江近岸及以外海域；其次是福建近岸海域；最后是上海近岸及以外海域。而 2016 年全年发生的 2 次有毒有害赤潮灾害分别位于浙江温州苍南海域和舟山朱家尖海域。通过检测，目前共有 12 种优势藻类引发东海区的赤潮，其中导致最多次东海海域赤潮灾害暴发的优势藻类是东海原甲藻，红色赤潮藻次之，其余的藻类分别为夜光藻、中肋骨条藻、多纹膝沟藻、扁面角毛藻、赤潮异弯藻、米氏凯伦藻、红色中缢虫、菱形藻属、球形棕囊藻和尖刺拟菱形藻。甲藻类和红色赤潮藻引发的赤潮次数约占 78%。

（4）2016 年南海区共发生赤潮 17 次，累计面积约 968 平方千米。引发赤潮的种类主要为甲藻，硅藻赤潮仅发生一起，主要种类为红色赤潮藻、夜光藻、中肋骨条藻、锥状斯克里普藻，均为无毒赤潮。

1.3.5　绿潮

绿潮是一种世界沿海各国普遍发生的海洋大型藻暴发性生长而聚集形成的藻华现象，大多数时候是由石莼属和浒苔属绿藻种类脱离固着基形成漂浮增殖群体所导致的。目前中国沿海分布着几十种可导致绿潮灾害的海藻种类。绿潮灾害暴发的更重要的原因是沿海城市居民将受到超标氮磷元素污染的污水直接排放入海，从而造成了水体的富营养化。如今绿潮灾害已成为一项世界性的生态问题,而绿潮灾害问题在中国也十分严重,如在 2008 年,名为浒苔的绿潮藻造成了青岛海域的大规模绿潮灾害,严重影响了青岛地区的经济社会发展。黄海目前是绿潮灾害的主要发生地,2007 年以来,黄海海域已经连续 8 年大规模暴发绿潮灾害。绿潮灾害出现时,水体中会形成大量绿潮藻的聚集漂浮,这对于海洋生态系统的健康造成了巨大的破坏。同时,漂浮聚集的藻体会对水体的质量及水面的景观造成影响,由此威胁到沿海地区的海洋旅游业、海洋渔业和海水养殖业的发展。绿潮灾害严重影响沿海发展,每次绿潮灾害的暴发都会对沿海地区造成严重的经济损失,甚至危及人们的生命安全。

我国绿潮灾害发生的主要海域集中在黄海。2012～2017 年黄海沿岸海域浒苔绿潮规模如图 1-10 所示,近年来黄海沿岸海域浒苔绿潮最大分布面积和最大覆盖面积均呈现先增加后减少的趋势,最大分布面积在 2016 年达到 57 500 平方千米,2017 年比上年减少了 27 978 平方千米,最大覆盖面积在 2013 年达到一个峰值,为 790 平方千米,之后总体呈减少趋势,2017 年减少到 281 平方千米,相比于 2013 年减少了 64%。

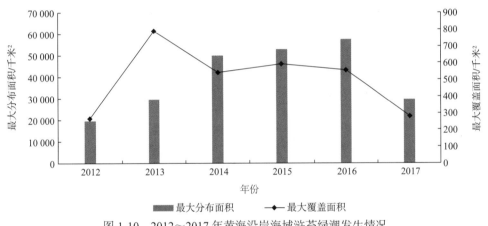

图 1-10 2012～2017 年黄海沿岸海域浒苔绿潮发生情况

资料来源:《中国海洋灾害公报》(2012～2017 年)

1.3.6 围填海工程的影响

新一轮的沿海经济高速发展,使城市、工业扩张与土地资源紧缺的矛盾更加突出。在这样的社会背景下,围填海成为向海洋拓展生存和发展空间、解决土地资源性短缺和结构性短缺问题的重要手段。为此,我国多地政府出台了指导性的文件,如《山东半岛蓝色经济区集中集约用海专项规划(2009—2020 年)》提出要实施集中集约用海。但如此快速发展围填海必将给沿海生态环境造成灾害性影响。

城市化程度提高,对土地的需求急剧增加,再加之填海造地的成本较低,不少地方政府海洋环境意识淡薄,只顾眼前短期的经济利益,因此中国部分地区在没有充分论证的情况下便开展了围填海项目,严重地破坏了沿海海水环境及生态环境。

中国围填海现状主要表现在以下几方面。

(1)围填海的利用方向向经济效益好的产业转移。围填海目前主要的利用方向从过去社会经济效益较低的盐业、农业转向了社会经济效益较高的交通业、工业和旅游娱乐产业。

（2）围填海面积逐渐扩大。据统计，1990～2008 年的 18 年间，围填海面积以每年 285 平方千米的速度迅速扩张，而 2009～2020 年的围填海需求面积增长速度甚至达到了平均每年 500 平方千米以上，从过去的零散围填海工程转向大规模集中用海，呈现出面积快速扩张、围填海工程开展速度越来越快的特点。目前，我国还有很多规划中的大型围填海项目，河北、天津、上海、江苏等地均有大型的围填海在建项目。

（3）围填海集中于沿海大中城市邻近的海湾和河口，对生态环境造成了严重破坏。出于交通、地理区位等因素的考虑，填海造地工程大多集中于沿海城市邻近的海湾和河口，造成了海湾面积缩小，海岸线缩短，河口湿地面积缩减，海湾污染加剧等问题。例如，钱塘江河口围垦、珠江口的围涂开发都属于河口围海工程。浙江的大塘港，武汉的江夏港，福建的西埔湾，广东的龟海，厦门的杏林海堤也属于河口围海工程。目前，环渤海重点开发海域的经济开发区集中于渤海湾、辽东湾和莱州湾。如果继续按现有的围填海工程速度开展下去，到 2020 年渤海的海域面积将减少 1/10。

大规模的围填海将破坏海岸带生态系统服务功能，对海岸带生态环境造成严重的不良影响，如滨海湿地减少和湿地生态服务价值下降；滨海湿地碳储存功能减弱，影响气候变化；鸟类栖息地和觅食地消失，湿地鸟类将受到严重影响；底栖生物的多样性降低；海岸自然景观被破坏，损害旅游产业；鱼类生境遭到破坏，影响渔业资源的可持续利用；水体净化功能降低，导致海域环境污染加剧；围填海速度过快，加剧近岸海域灾害发生的风险。

1.3.7 海平面现状

1. 海平面概况

中国沿海海平面总体呈现波动上升的趋势，受海平面上升影响最大的地区是环渤海地区、长江三角洲地区和珠江三角洲地区。1980～2016 年，中国沿海海平面以 32 毫米/年的速度上升，这一数据高于同期全球海平面上升速度的平均数值。2016 年，中国各海区海平面上升趋势明显，其中东海沿海海平面上升幅度最大，升幅高于其他海区。2017 年海平面比 2016 年低 24 毫米，渤海、黄海和东海海平面均下降，分别下降 32 毫米、43 毫米、49 毫米，南海海平面则上升了 28 毫米，与常年相比，渤海高 42 毫米，黄海高 23 毫米，东海高 66 毫米，南海高 100 毫米。

2. 各省区市沿海海平面变化情况

从各省区市沿海海平面变化情况来看，与常年相比，2017 年各省区市沿海海平面均高出常年。2017 年广东和海南沿海海平面上升幅度较大，比常年高出 102 毫米和 115 毫米；山东沿海海平面上升幅度最小，比常年高 25 毫米；天津、广西、浙江、福建沿海海平面比常年高出 58～74 毫米。与 2016 年相比，2017 年辽宁至福建沿海海平面下降，浙江和上海下降幅度明显，分别为 55 毫米、58 毫米；广东至海南沿海海平面上升，上升幅度约为 40 毫米。

2017 年辽东半岛东部沿海海平面波动较大，与常年同期相比，3 月和 4 月海平面分别高 75 毫米、88 毫米。与 2016 年同期相比，11 月下降最多，下降了 134 毫米，5 月和 12 月分别下降 99 毫米、115 毫米，8 月上升了 59 毫米。针对海平面的变化，在沿海天文大潮期，有关部门应密切关注，以及时应对发生的海洋灾害。

2017 年河北省沿海海平面比 2016 年下降了 35 毫米，与常年相比上升 35 毫米。与常年同期相比，河北北部沿海海平面 4 月上升 112 毫米，南部沿海海平面 3 月上升 121 毫米，10 月上升 135 毫米；与 2016 年同期相比，河北北部沿海海平面 1 月和 8 月上升，11 月下降，南部沿海海平面 9 月、11 月、12 月均上升，其中 11 月上升幅度最大，上升了 182 毫米。

2017 年天津市沿海海平面比 2016 年下降 37 毫米，比常年上升 58 毫米。与常年同期相比，1 月、3 月和 10 月均呈现上升状态，分别上升 116 毫米、115 毫米、122 毫米。

2017 年山东省沿海海平面比 2016 年下降 45 毫米，比常年上升 25 毫米。与常年同期相比，2017 年山东省北部沿海海平面 4 月高出同期，而 11 月和 12 月则低于同期。与 2016 年相比，2017 年 9 月、11 月和 12 月山东省沿海海平面下降，其中，11 月下降幅度最明显，下降了 143 毫米。

2017 年江苏省沿海海平面比 2016 年下降 48 毫米，比常年上升 30 毫米。与常年同期相比，2017 年江苏省北部沿海海平面 10 月高出同期 105 毫米，南部沿海海平面 1 月、3 月、10 月上升，并在 10 月达到 1980 年以来的同期最高值。与 2016 年相比，2017 年江苏省北部沿海海平面 4 月、5 月、6 月、7 月、9 月、11 月和 12 月均呈现下降状态，其中，12 月下降幅度最明显，下降了 151 毫米，南部沿海海平面 5 月、11 月和 12 月呈现下降状态。

2017 年上海市沿海海平面比 2016 年降低 42 毫米，比常年升高 60 毫米。与常年同期相比，2017 年 1 月和 10 月海平面上升 102 毫米和 171 毫米。与 2016 年同期相比，2017 年 5 月和 12 月分别下降 153 毫米和 157 毫米。

2017 年浙江省沿海海平面比 2016 年降低 55 毫米，比常年升高 70 毫米。与常年同期相比，1 月、3 月和 10 月海平面升高 121 毫米、115 毫米和 199 毫米。与 2016 年同期相比，12 月达到近 20 年期最低值。

2017 年福建省沿海海平面比 2016 年降低 38 毫米，比常年升高 62 毫米。与常年同期相比，2017 年 1 月、3 月和 10 月海平面上升 109 毫米、108 毫米和 212 毫米。与 2016 年同期相比，2017 年 9 月下降 129 毫米。

2017 年广东省沿海海平面比 2016 年高出 10 毫米，比常年升高 102 毫米。与常年同期相比，2017 年 1 月、2 月、3 月和 10 月海平面升高 112 毫米、122 毫米、118 毫米、188 毫米。与 2016 年同期相比，7 月和 10 月上升，5 月、8 月、11 月、12 月下降。

2017 年广西沿海海平面比 2016 年高出 40 毫米，比常年升高 74 毫米。与常年同期相比，2017 年除了 5 月以外，各月均高出同期。与 2016 年同期相比，2017 年 2 月和 10 月上升，5 月下降。

2017 年海南省沿海海平面比 2016 年高出 40 毫米，比常年升高 115 毫米。与常年同期相比，2017 年 1 月、2 月、10 月均达到 1980 年以来的同期最高值。与 2016 年同期相比，2017 年 7 月和 10 月分别上升了 129 毫米、103 毫米，8 月和 12 月呈现下降状态。

海平面上升如今已经是一个全球问题，各个国家都在寻求解决的方案，以及商讨如何减缓这一缓发性灾害的恶化速度。目前关于海平面为何上升的说法有很多，如全球气候变暖、极地的冰川融化及地面沉降等。由于海平面上升是一种缓发性的海洋灾害，其长期积累将对沿海地区造成多方面的、不可逆的严重影响。海平面上升会淹没一些地势较低的沿海地区或岛屿。同时它会加快海岸侵蚀的速度，对海岸带的自然环境及一些海岸带产业造成威胁。海平面上升也是导致风暴潮灾害暴发次数增加、强度增强的一大原因，而且海平面上升也会加快土地盐碱化，对沿岸百姓的生产活动造成危害。因此，国家和地方在制订发展规划时应将海平面上升工作提升至社会经济可持续发展的战略高度，提高防灾减灾能力，保证海洋经济的发展，开展海岸带生态保护与修复，促进海洋生态文明建设，加强国际合作，积极参与全球海洋治理。

1.4　海洋污染现状

1.4.1　陆源污染现状

陆源污染是造成海洋环境污染最主要的因素，目前一般认为海洋中 80%以上的污染物都来自陆地，而在这些陆源污染物中又以废水（污水）为主，占比可以达到 60%左右。陆源污染物排海量的持续增加导致中国近 45%的领海水域受到污染。在 2016 年的监测中，有大量的入海排污口附近海域水质遭到严重的陆源污染物污染，排污口附近水体大面积水质劣于四类海水水质标准。而造成这种严重污染的主要污染源是来自排污废水中的无机氮、活性磷酸盐、石油类和化学需氧量。与此同时，还有部分海域海水被超标的重金属、粪大肠杆菌所污染。根据统计，将近有九成的排污口附近海域的水质是不合格的。排海污水中高浓度的营养盐导致海域水体富营养化及营养盐失衡，大面积的海域富营养化情况严重，并由此导致浙江中部海域、长江口外海域、渤海等地区暴发赤潮灾害。

排污口附近海域底栖生物群落结构简单,种类单一,甚至在部分海区出现了"死亡区",超过 50%的监测海域无底栖生物，如某些经济类的贝类。目前，排污口的超标排放已经对海南东海岸、粤西海域、广西北海和北仑河口等原本健康的珊瑚礁、海草床及红树林生态系统构成了严重威胁。目前，我国污水排放有两个主要的途径：一是通过沿海城市的入海排污口直接把污水排放入海；二是把污水排入河流，通过河流把污染物带入海洋。从目前的情况来看，我国的陆源入海排污口仍呈现污染物入海量居高不下、排污口超标排放现象严重、持久性和剧毒类污染物常被检出、入海排污口设置不合理的总体现状。

沿海城市的入海排污口通常会受到海洋主管部门及环保有关部门的严密监测和监察，但在我国广大的农村地区还有数量众多但并未受到环保监察有关部门监控的排污口。虽然这类排污口单个所含的污染物不多，但是由于涉及地域宽广，数量巨大，又缺乏部门监管，其总排海污染物情况不容忽视。

除了入海排污口，入海河流是更为重要的污染物来源，而且减少通过河流携带的排海污染物关系到整个流域的污染物排放治理。从全国的数据来看,目前入海河流污染问题最为严重的是长江和珠江。

2012～2016 年长江和珠江入海污染物总量如表 1-12、表 1-13 所示。由于长江携带的大量污染物,长江口及其附近海域已经成为我国海洋污染最为严重的地方。珠江口相较于长江口污染相对较轻,但仍是中国海洋污染最为严重的海域之一。在经济发展和污染治理力度加大的双重作用下,珠江入海污染物数量波动很大,但是珠江口的海洋污染仍没有得到根治,生态环境依旧呈持续恶化的状态。

表 1-12　2012～2016 年长江入海污染物总量（单位：吨）

年份	化学需氧量	氨氮	硝酸盐氮	亚硝酸盐氮	总磷	石油类	重金属	砷
2012	7 769 810	153 710	1 504 277	9 234	150 734	56 331	36 245	2 516
2013	6 264 780	132 366	1 549 677	8 938	171 288	11 471	15 455	1 975
2014	7 332 015	140 359	1 548 760	1 1021	158 040	21 393	10 208	2 187
2015	6 658 663	131 744	1 402 836	7 792	122 643	35 990	12 061	2 093
2016	7 535 122	73 314	1 559 511	13 161	115 824	25 700	7 469	2 044

资料来源:《中国海洋生态环境公报》(2012～2016 年)

表 1-13　2012～2016 年珠江入海污染物总量（单位：吨）

年份	化学需氧量	氨氮	硝酸盐氮	亚硝酸盐氮	总磷	石油类	重金属	砷
2012	464 585	32 265	426 475	30 973	152 205	9 783	3 726	725
2013	536 180	15 069	318 886	25 652	20 149	11 288	2 888	452
2014	1 162 800	22 766	514 080	24 266	24 847	12 240	4 781	581
2015	1 913 316	38 379	423 300	26 724	18 823	12 699	2 923	621
2016	1 521 058	28 220	412 012	27 430	23 959	11 570	2 738	649

资料来源:《中国海洋生态环境公报》(2012～2016 年)

1.4.2　四大海区直排海污染物排海现状

沿海城市经济活动产生的各类污染物是通过直接排放、河流携带等陆源输送方式进入海洋的,如果污染物没有达标便直接排入海洋,将严重影响海洋生态环境现状。

2007～2016 年渤海直排污染源情况如表 1-14 所示。渤海废水排放量年际变化没有明显规律,从 2011 年开始,渤海的废水排放量有所上升,从 2011 年的 16 600 万吨上升至 2014 年的 29 900 万吨,2015 年和 2016 年又有所回落,2016 年废水排放量为 23 678 万吨。渤海化学需氧量总体波动较大,年际变化无明显规律,但对比 2007 年 4.8 万吨的排放量,渤海近几年治理取得了一定成效。石油类直排污染物整体呈现下降趋势,且降幅明显。氨氮类直排污染物近年变化较为平稳。总磷直排污染物总体呈现上升趋势,这与渤海沿海城市经济社会快速发展有一定联系。

表 1-14　2007～2016 年渤海直排污染源情况

污染源	2007 年	2008 年	2009 年	2010 年	2011 年	2012 年	2013 年	2014 年	2015 年	2016 年
废水量/万吨	28 000	13 200	16 200	18 100	16 600	18 100	20 600	29 900	21 900	23 678
化学需氧量/万吨	4.8	7.7	7.5	7.9	1	0.7	1.2	1.9	2.1	1.3
石油类/吨	135	166.3	77.5	74.7	59.0	35.8	36.2	29.3	19.3	10.7
氨氮/吨	6 600	800	1 400	1 100	1 000	1 000	2 000	2 000	4 000	2 800
总磷/吨	71	35.2	43.5	66.9	134.1	90.8	180.4	247.3	350.9	317.0

资料来源：《中国近岸海域环境质量公报》（2007～2016 年）

2007～2016 年黄海直排污染源情况如表 1-15 所示。2007～2016 年黄海废水直排量总体呈现上升趋势，从 2007 年的 7.7 亿吨上升至 2016 年的 11.92 亿吨。化学需氧量直排量总体呈现下降趋势。石油类直排量年际呈不规律变化。氨氮类直排量总体呈现下降趋势，但是在 2016 年出现上涨，从 2015 年的 0.3 万吨上升至 2016 年的 0.66 万吨。总磷直排量总体呈现下降趋势。

表 1-15　2007～2016 年黄海直排污染源情况

污染源	2007 年	2008 年	2009 年	2010 年	2011 年	2012 年	2013 年	2014 年	2015 年	2016 年
废水量/亿吨	7.7	8.29	8.97	8.78	9.09	10.51	11.04	10.58	10.47	11.92
化学需氧量/万吨	8.5	6.33	5.01	4.5	4.3	5.4	5.5	3.9	4.1	5.99
石油类/吨	501	215.1	86.4	81.5	58	102.5	235.8	85.1	82.8	122.9
氨氮/万吨	0.99	0.64	0.56	0.53	0.4	0.4	0.4	0.3	0.3	0.66
总磷/吨	1099	826	870	774	640	675	662	475	525	652

资料来源：《北海区海洋环境公报》（2007～2016 年）

2007～2016 年东海直排污染源情况如表 1-16 所示。东海废水直排量总体呈现上升趋势，从 2007 年的 20.4 亿吨上升到 2016 年的 40.9 亿吨。2007～2016 年东海的化学需氧量直排量相对稳定，年际波动不大。石油类直排量年际呈现不规律变化，但总体差距不大。氨氮直排量总体呈现明显下降趋势，且下降幅度大。总磷直排量年际呈现不规律变化，但年际差距不大。

表 1-16　2007～2016 年东海直排污染源情况

污染源	2007 年	2008 年	2009 年	2010 年	2011 年	2012 年	2013 年	2014 年	2015 年	2016 年
废水量/亿吨	20.4	26.32	27.27	29.78	27.02	34.03	37.45	38.37	39.61	40.9
化学需氧量/万吨	1.72	13.52	13.85	11.87	12.3	12.3	11.9	11.6	11.4	10.09
石油类/吨	1077	526	732	598	538	615	862	854	506	435
氨氮/万吨	1.9	1.8	1.27	1.12	1.07	0.9	0.8	0.6	0.5	0.41
总磷/吨	1556	1092	1333	1068	1274	1207	1047	1352	1388	1003

资料来源：《东海区海洋环境公报》（2007～2016 年）

2007～2016 年南海直排污染源情况如表 1-17 所示。南海废水直排量总体保持稳定，但年际仍有不规律的变化。化学需氧量直排量有明显的下降趋势，从 2007 年的 11 万吨下降到 2016 年的 2.44 万吨。石油类直排量总体呈现明显的下降趋势。氨氮直排量也呈现明显的下降趋势，从 2007 年的 1.52 万吨下降到 2016 年的 0.17 万吨。总磷直排量总体呈现下降趋势，从 2007 年的 2087 吨下降到 2016 年的 767 吨。

表 1-17　2007～2016 年南海直排污染源情况

污染源	2007 年	2008 年	2009 年	2010 年	2011 年	2012 年	2013 年	2014 年	2015 年	2016 年
废水量/亿吨	10.7	9.72	9.74	10.55	9.58	9.64	13.29	11.17	—	10.55
化学需氧量/万吨	11	10.66	7.64	4.77	3.5	3.4	3.5	3.7	—	2.44
石油类/吨	1129	956	517	461	253	273	502	230	—	219
氨氮/万吨	1.52	1.63	1.31	0.53	0.42	0.3	0.4	0.4	—	0.17
总磷/吨	2087	2260	1362	991	999	949	952	1052	—	767

资料来源：《南海区海洋环境状况公报》（2007～2016 年）（2015 年数据缺失）

从整体上看，不同类型污染源中，综合污染源排放污水量最多，其次为工业污染源，生活污染源最少。从 2016 年的数据来看，四大海区中，总体上东海废水排放量最多，渤海废水排放量最少，各主要污染物中化学需氧量、石油类、总磷氨氮排放量东海均较大。

1.4.3　海洋垃圾污染现状

我国对于海洋垃圾的重视时间较晚，所以海洋垃圾的污染问题已经开始影响我国沿海城市的社会经济发展。目前，塑料类及聚乙烯塑料泡沫类垃圾是中国近岸海域海漂垃圾的主要类型，其次是木制品类垃圾。海漂垃圾的主要来源为海岸娱乐活动，以及航运、捕鱼等人类活动。目前渤海的主要垃圾种类是塑料类，它来源广泛且量大，占目前渤海海洋垃圾总量的一半以上。

海滩垃圾主要有塑料、木块等，总密度达 65 千克/千米^2，其中塑料类的垃圾最多；其次是金属类垃圾。渤海漂浮垃圾主要是由聚苯乙烯泡沫类和塑料类垃圾构成的。在渤海海面上漂浮着大块及特大块的垃圾，平均密度为 2.9 千克/千米^2，其中塑料类的垃圾数量依然占绝大多数，比例高达 70%。在这些漂浮着的垃圾中有近 20% 是聚苯乙烯泡沫类的垃圾。对于长度小于 10 厘米的中小块垃圾来说，其总密度达到了 4 千克/千米^2，其中玻璃类垃圾密度最高。多地的监测表明，海域海底垃圾主要受养殖等生产活动影响，其中包括木块和塑料片等，平均密度为 24.2 千克/千米^2。黄海海洋垃圾主要集中在滨海旅游度假区、港口、入海河口等地区，垃圾以塑料为主，垃圾种类主要为海滩垃圾和漂浮垃圾。在对烟台和青岛的监测中，海滩垃圾主要为玻璃片、塑料等。海滩垃圾的总密度为 64.4 千克/千米^2，其中，玻璃类垃圾最多；其次为塑料类垃圾。漂浮垃圾主要为塑料片、聚苯乙烯泡沫等，其中，塑料类垃圾数量最多，占 67%；其次为聚苯乙烯泡沫类垃圾，占 20%。东海海滩垃圾中塑料类垃圾最多，占 55%；聚苯乙烯泡沫塑料类占 20%、木制品类占 7%；橡胶类、纸类、织物（布）类、金属类、玻璃类和其他人造物品类垃圾数量比例范围为

1%～4%，平均个数为 36 747 个/千米^2。海绵漂浮垃圾以聚苯乙烯泡沫类垃圾为主，占 64%，塑料类和木制品类分别占 25%和 9%。南海区海面漂浮垃圾以塑料类、聚苯乙烯泡沫类和木制品等为主。塑料类垃圾数量最多，占 56%。大块和特大块漂浮垃圾的平均密度为 60 千克/千米^2，其中塑料类垃圾数量最多，占 54%。来源统计结果显示，77%的海面漂浮垃圾来自陆地活动。海滩垃圾中塑料类最多，占 50%；海滩垃圾中木制品、塑料类和聚苯乙烯泡沫类垃圾密度最大，分别为 77 千克/千米^2、45 千克/千米^{2}和 24 千克/千米^2。来源统计结果显示，海滩垃圾中 89%来自陆地活动。海底垃圾以塑料为主，约占 50%。73%的海底垃圾来自陆地活动，27%来自海上活动。

1.5　海洋资源现状

我国海洋资源丰富，按照海洋资源属性可将海洋资源分为海洋生物资源、海洋矿产资源、海洋化学资源、海洋旅游资源、海洋可再生能源资源、海岸带土地资源共 6 类。

1.5.1　海洋生物资源

海洋生物资源或称海洋水产资源，主要是指海洋中具有经济价值的动物和植物，主要有鱼类、软体动物、甲壳动物、哺乳类动物及海藻等海洋植物。作为具有经济价值的资源，在人类的日常生产生活中，海洋生物资源的开发与利用主要通过捕捞、海水养殖、对特定物质的提取等途径来实现。目前，开发与利用最为广泛的途径是通过直接捕捞获得鱼虾、贝类等资源。中国近海海洋生物种类繁多，海洋植物近万种，其中藻类 1820 种；海洋动物 1.25 万余种，药用生物 700 余种，平均生物产量 3020 吨/千米^2。海洋生物种类呈现出由南向北、由海底向上的垂直方向递减（即海底生物鱼类多，中上层鱼类、虾蟹类和头足类少）的趋势；生物密度呈现出近岸、近海高，远海低的趋势。中国近海，包括潮间带和 15 米等深线浅海区是海洋生物种类多、密度大的海区。渔业资源是我国海洋生物资源的重要组成部分，是最早被沿海居民开发、利用的海洋资源。目前我国渔业发展的状况良好，2015 年全年水产品总产量为 6699.65 万吨，同比增长 3.69%；渔民人均纯收入为 15 594.83 元，同比增长 8.1%。2015 年水产养殖产量达 4937.90 万吨，国内捕捞产量达 1542.55 万吨。根据全国海洋主体功能区规划，全国主要的渔场有 52 个，其中渤海湾渔场、南海渔场、舟山群岛渔场、北部湾渔场四大渔场最为著名。我国渔场为沿岸百姓的生产生活及城市的发展做出了重要的贡献，也在中国沿海的发展史上留下了辉煌的一页。但随着时代的变迁，如今除了南海渔场外，其余近海渔场的渔业资源已经日益减少，甚至出现了部分渔场渔业资源枯竭的状况。目前，我国渔业发展的新方向正逐渐转变成远海捕捞和海水养殖。2014 年我国远洋捕捞产量达 2 027 318 吨，海水养殖产量达 18 126 481 吨。

海洋生物资源促进了海洋渔业的发展，2016 年我国水产品产量 6901 万吨，其中海水产品产量 3490 万吨，约占水产品总量的 51%；天然生产海水产品 1527 万吨，约占水产品总量的 22%。由图 1-11 可以看出，2007～2016 年，海水产品产量一直占水产品总产量的一半左右。

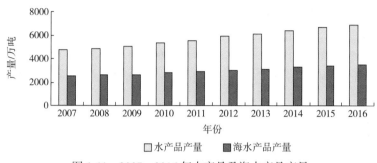

图 1-11　2007～2016 年水产品及海水产品产量

　　2007～2015 年中国沿海省区市中，浙江海水捕捞量最多且呈现明显的上升趋势，由 2007 年的 2 514 920 吨跃升至 2015 年的 3 936 966 吨，上升了约 57%；山东省海水捕捞量居第二位，2007～2013 年山东省、辽宁省、海南省捕捞量比较稳定，2013 年是个转折点，2013 年以后，捕捞量呈现上升趋势；福建省海水捕捞量居第三位，呈稳定上升趋势，其他省区市每年海水捕捞量变动幅度不明显，处于稳定阶段。

1.5.2　海洋矿产资源

　　我国海域具有丰富的矿产资源，中沙群岛南部深海盆地和东沙群岛南部陆坡区是多金属结核的富集区，富集区面积约 3200 平方千米；在东海冲绳海槽深海处存在着大规模的热液矿床，热液矿床中含有贵金属，具有极高的经济价值。另外，在我国海域，已经探明的具有经济价值和工业价值的砂矿有锡石、金红石、独居石、磁铁矿、沙金等十几种，我国拥有 106 处矿点和 208 个矿床。我国大陆架还蕴藏着丰富的石油和天然气资源，据有关部门估计我国深海区存在着约 200 亿吨石油资源及 8 万亿立方米天然气资源，我国近海海域拥有天然气可采储量 700 多亿立方米，石油可采储量 1 亿多吨。据国家统计局统计，2012 年我国海洋原油产量 4444.8 万吨，天然气资源 122.8 亿立方米，均呈现总体上升的趋势。由此看来，我国的海洋矿产资源具有良好的开发前景。

　　我国大陆架海域辽阔，大陆架属于陆缘的现代凹陷区。由于受到了太平洋板块和亚欧板块挤压的影响，在中生代、新生代形成了一系列东北向和东西向的断裂，形成了许多沉积盆地。伴随着构造运动而发生的岩浆活动，产生了大量热能，加速了有机物质转化为石油，并在圈闭中聚集和保存，形成了中国现今拥有的陆架油田。油气资源的开发是一个由陆地到海洋的发展过程。中国近海大陆架面积 130 万平方千米，拥有 10 个大型的沉积盆地，总面积约 89.6 万平方千米，有效的勘探面积约 60 万平方千米。《2014 年全国矿产资源储量通报》显示，我国累计探明技术可采的海洋石油储量为 12 958.1 万吨，剩余技术可采储量为 55 798.2 万吨；我国累计探明技术可采的海洋天然气储量为 5426.3 亿立方米，剩余技术可采海洋天然气储量为 4099.3 亿立方米。南海是世界四大海洋油气富集中心之一，其中 70% 的油气资源蕴藏在深水区。2014 年，我国深水钻井平台"海洋石油 981"

在南海北部深水区"陵水 17-2-1"井测试获得高产油气流，测试最高日产量达 160 万立方米。这是中国海洋石油深水自营勘探的里程碑。该井测试成功，创下了三项"第一"：我国海洋石油深水自营勘探获得了第一个高产大气田；"海洋石油 981"第一次进行深水测试获圆满成功；自主研发的深水模块化测试装置第一次成功运用。至此，我国已掌握了全套深水测试技术。根据 2015 年的《全国海洋主体功能区规划》，我国海洋石油和天然气资源量分别约 240 亿吨、16 万亿立方米，主要分布在渤海海域、东海大陆架海域、南海海域。

（1）渤海海域油气资源分布区。我国第一个海底油田开发区便位于渤海。由于渤海大陆架地处华北沉降堆积的中心地带，大部分的新生代沉积物厚度达到 4000 米，最深甚至能达到 7000 米，也正因为渤海区特殊的地质构造，形成了各种类型的油气层。渤海油田是陆上油田在海底的延伸，与我国陆上的大港油田、辽河油田、胜利油田属于同一个油气区。目前渤海探明的石油储量约 40 亿吨，天然气的储量为 1300 亿立方米，原油产量达到了 3600 万吨。《中国海洋石油总公司 2016 年可持续发展报告》显示，2016 年渤海油田以稳保基础产量为前提，加强了技术创新，扩大开发井和调整井规模，将老油田综合递减率有效控制在 10% 以内，创造了连续 7 年稳产超 3000 万立方米的生产新纪录。

（2）东海大陆架油气资源区。东海大陆架面积广阔，由于地壳的运动变化形成了一个狭长的东海盆地。大量的泥沙在此处沉积，形成了非常厚的堆积层，在部分地区其沉积厚度甚至达到 7000～9000 米。东海盆地是一个富含油气构造的圈闭盆地，其面积约为 46 万平方千米。东海大陆架油气资源区可能是世界上最为丰富的油气资源区之一，但由于涉及中日钓鱼岛争端，有许多极具油气储量潜力的地区暂时还未能获得有效的开发和利用。

（3）南海海域油气区。南海东部、西部、北部都具有独特的地质构造，油气勘探开采的潜力巨大。南海海域面积广阔，目前我国对南海海域实施勘探的面积仅 16 万平方千米，但已经发现的石油储量已达 52.2 亿吨。《中国海洋石油总公司 2016 年可持续发展报告》显示，2016 年南海东部恩平油田群，依托"恩平 24-2"平台已有生产设施实施区域联合开发，实现"恩平 18-1"和"恩平 23-1"等油田相继顺利投产，油田群高效运行、安全运转，实现了持续高产、稳产。"恩平 24-2"油田连续两年成为南海东部海域单油田产量最高的油田，2015 年和 2016 年生产时率分别高达 99.01% 和 98.04%。据估算，整个南海海域石油储量在 230 亿～300 亿吨，占我国总体资源量的 1/3。南海油气资源的开发利用价值将超过 20 亿万元，如果在未来对南海油气资源实现有效的开采与利用，将对我国的经济社会发展产生不可估量的效益。

1.5.3　海洋化学资源

海洋化学资源包括化学元素资源和水资源。我国拥有大量含盐量较高的海水资源，可用来制盐，海水中含有 80 多种化学元素和矿物质，从海水中提取的氯化钾、氯化镁等化学元素都对人类有很大的作用，还可以将海水淡化成淡水供人类使用，能够缓解淡水资源不足的处境。

1.5.4　海洋旅游资源

我国沿海地区旅游资源丰富，种类繁多，拥有 1500 多处旅游景点，其中包括历史文化名城 16 处、国家重点风景名胜区 25 处、全国重点文物保护单位 130 处及海洋海岸带自然保护区 5 处。沿海地区旅游资源数量丰富，吸引了大量游客，2013 年沿海地区旅游人数达到 131 226 万人次，比上年增长了近 20 000 万人次，从而拉动了沿海地区的经济增长。

1.5.5　海洋可再生能源资源

潮汐能、海流能、温差能、盐差能等都属于海洋可再生能源。经调查发现，我国约有 1.1 亿千瓦潮汐能资源，利用潮汐能每年可发电 2750 亿千瓦每小时；我国约有 0.18 亿千瓦可开发的潮流能，每年发电量可达 270 亿千瓦每小时；我国约有 1.5 亿千瓦温差能和 1.1 亿千瓦盐差能。我国约有海洋可再生能源总量 4.31 亿千瓦，海洋资源不可低估。

1.5.6　海岸带土地资源

海岸带土地资源是海洋资源的一个重要组成部分。海岸带土地类型包括 17 个土类和 50 多个亚类，其中海滨盐土占土壤总面积的 27.44%，水稻土占 17.34%，另外潮土和棕壤的面积占比均超过了 10%。海滨盐土成分以氯化钠为主，含盐量较高，可用来制盐。潮土主要用于水产养殖、生长红树林、种植大米草等，能够有效缓解耕地不足的难题，是我国珍贵的海洋资源。

第2章 海洋强国背景下的"蓝色粮仓"建设

2.1 "蓝色粮仓"概述

2.1.1 "蓝色粮仓"的内涵

狭义上,"蓝色"指代的是海洋,包含从近岸滩涂到远洋的广阔水体,"粮仓"根据《现代汉语词典》,可以解释为储存粮食的仓库和盛产粮食的地域,"蓝色粮仓"可以认为是储存各类海产品的仓库或者生产海产品的地区。广义上,"蓝色"还应指代丰富的海洋生物资源和加工类海产品,"蓝色粮仓"则可以认为是人们为了将海洋动植物作为营养来源,依托海洋生物资源,进行捕捞、人工增养殖、后续加工等一系列生产活动的沿海乃至远洋的广大海域空间。

类似"蓝色粮仓"的理念多年前在我国就已出现。改革开放以后,国人越来越重视海洋产业建设,海洋蕴藏巨大的食物供给能力吸引了一些国内学者,越来越多的人投入到海洋相关产业建设的研究中来。当然,我国渔业也并非从零开始,但是过去基本上还是以传统的捕捞业、养殖业为主,生产分散、规模小、生产率低,已经渐渐不能满足海洋经济发展和人们生活的需要。在科技快速发展的现代,将高科技引入海洋渔业生产成为大势所趋,1986年包建中指出"蓝色农业"建设应当受到重视。之后为扩大生产规模,进一步拓展、完善海洋生产链,唐启升院士引入"蓝色粮仓"建设的构想,助力建设现代海洋渔业发展体系与蓝色海洋食物科技支撑体系,其他很多学者也开始探究"蓝色粮仓"的现实意义、建设措施等。打造土地之外的第二粮仓,已经是当下人们的共识和我国海洋经济发展的迫切需要。

2.1.2 "蓝色粮仓"的特征

(1)从产品角度来看,海产品具有多样化、营养丰富的特点。"蓝色粮仓"中"粮食"的食用价值高于陆地粮食,并且海洋生物多样性远高于陆生生物,可提供人体所必需的各种营养物质,可以说是人体营养物质的宝库。海洋"粮食"中的营养更有利于人体健康,是我国国民优质动物蛋白的主要来源;脂肪含量占比较少,主要为高度不饱和脂肪酸,更易被人体氧化。当下,海产品已经成为我国国民追求健康饮食的重要选择。

(2)多数海洋初级产品具有易腐性。海洋初级产品尤其是鲜活的海产品品质下降快,保存、运送成本高,内陆地区较难获得高品质海产品,从而阻碍了"蓝色粮仓"开拓市场。

(3)从生产活动角度看,相比传统的渔业生产模式,"蓝色粮仓"的产业活动具有规模化、集约化的特点,这也是区别于一般渔业生产的重要特征。"蓝色粮仓"建设,包括其重要组成部分海洋牧场的建设,都对资金、技术、资源有着很高的要求。因此,"蓝色粮仓"建设、运营需要多方合作，汇集各方优势资源，形成生产的规模效应，并维持对于渔业技术研发的投入。

（4）海洋有关产业具有立体化特征。陆域生产活动以土地为载体，以平面化为主，而海洋空间与陆地不同，生物资源在海洋中除了水平差异还具有显著的垂直差异，因此相关海洋产业尤其是海洋捕捞业，会根据不同水层的差异，呈现出多样化、立体化生产的特点。

（5）从生产载体——海水角度看，"蓝色粮仓"具有开放性和生物资源的流动性，有效库存具有不稳定性和周期性。区别于陆域土地的固定与封闭性，海域天然存在划分的困难，海域之间没有边界，水体自身的流动性也导致了海洋生物资源的流动，这对海水增养殖业的生产活动带来了一定的困难。

（6）"蓝色粮仓"具有生态脆弱性。一是海洋产业活动受海洋洋流、气候、海洋地质活动等自然因素影响巨大，海洋生态灾害时有发生，赤潮、绿潮、物种入侵等都对海水养殖业、海洋捕捞业等带来了极大损失。二是受人类活动的影响大，人类对海洋自然环境的改变和破坏，如向海洋倾倒垃圾与废水、石油泄漏、填海造陆等，都对海洋原本的生态环境造成了难以修复的破坏，对海洋捕捞业、海洋增养殖业等带来了负面影响。

2.1.3 "蓝色粮仓"的功能定位

"蓝色粮仓"作为海洋强国战略中的重要一环，起到了保障国家粮食安全、促进海洋经济发展、有利于实施"一带一路"①倡议等作用。

1. "蓝色粮仓"建设是粮食安全的重要保障

自古以来我国便是一个农业大国，国家的粮食供给大多来自农牧业，有限的土地却养育了世界上 1/5 的人口，但近些年来我国土地面积缩减、生态环境问题频发，仅依靠土地生产已经远远无法满足我国国民对于健康、高质量食物的需求。"蓝色粮仓"建设作为现代化海洋渔业的重要一步，必将起到维护国家粮食安全、丰富国民营养结构、提供高质量蛋白质等营养物质的作用。

随着科技的不断进步、渔业管理模式的改革及对于更广、更深海域的开发，我国的海洋渔业产量增速早已高于陆地，在未来，"蓝色粮仓"将在我国的粮食体系中占据越来越重要的地位。

2. "蓝色粮仓"建设是经济增长的新动力

虽然第一产业在我国国内生产总值（gross domestic product，GDP）中占比逐渐降低，但是"蓝色粮仓"建设作为现代化的海洋粮食产业发展新方向，在海洋经济发展中，具有重要的带动作用。首先，相比于传统渔业生产，其在很大程度上降低了成本，提高了产量，不仅提高了渔业的生产效率，还可以带动中下游的加工业、海洋旅游业等快速发展。其次，

---

① "丝绸之路经济带"和"21 世纪海上丝绸之路"简称"一带一路"。

在区位上，"蓝色粮仓"有很强的联动效应。"蓝色粮仓"凭借良好的海洋区位，在生产上进行集聚，在科研上进行合作，从而产生了规模效应，同时创造了就业岗位，并且与邻近地区形成联动，各自发挥区位优势，带动了整个地区的经济协同发展。最后，从市场角度考虑，我国国民消费水平提升，对于高质量的海洋水产品的需求增大，建设"蓝色粮仓"可以进一步满足市场的需求。

3. "蓝色粮仓"建设助力"一带一路"倡议

"一带一路"倡议本就是旨在加强陆上丝绸之路、海上丝绸之路沿线国家的合作，是本着互利共赢的原则出发的，海洋经济交流是其中的一部分。在"蓝色粮仓"建设过程中，我国可以吸取外国的教训、获得外国的先进经验，为己所用。也可以借"一带一路"之风，在增进各个国家或地区间贸易、合作的同时，将我国的海产品"带出去"，开拓国外市场。

2.1.4 "蓝色粮仓"建设的时代背景

1. 海洋强国战略

在陆地已经被开发较为充分的现代社会，土地已越来越不堪重负，人们不得不将目光更多地投向海洋。海洋已然成为经济全球化、区域经济一体化的主要纽带，同时成为各国提升综合国力和国际影响力的必争之地。为了达成国家一系列战略目标，当今各沿海国家不断加大对于海洋的重视程度，从战略高度关注海洋权益，调整和制定海洋政策，综合规划并完善其海洋产业结构，加大对于海洋的经济投入。而"蓝色粮仓"建设是海洋强国战略的重要一环，随着经济水平的大幅提高，人口总量的持续上升，充分利用我国丰富的海洋资源已经成为迫切的需求。

党的十八大报告指出："提高海洋资源开发能力，发展海洋经济，保护海洋生态环境，坚决维护国家海洋权益，建设海洋强国。"[1]报告中将海洋资源开发能力放在了首位，充分表明了当下我国开发海洋资源的紧迫性、重要性。可以看出，我们党已经认识到海洋经济发展、海洋产业体系建设的重大意义，不仅在战略层面做出重要决策，对于各个海洋产业的发展还给出了系统化的建议、规划。相信在未来更长远的发展中，我国海洋产业必将取得长足进步。

"提高海洋资源开发能力"[1]也是报告中特别指出的一点，我国海洋渔业资源尤其是近海渔业资源已经出现了明显的缺口，在海洋渔业捕捞量经历了十余年的高速增长期后，近海渔业资源甚至接近枯竭，我国不得不增强自身开发能力，迈向远海、潜入深海，将渔业资源利用范围拓展出去，以缓解当下的渔业生产压力。

2. 海洋经济"十三五"发展规划

根据 2017 年印发的《全国海洋经济发展"十三五"规划》（以下简称《规划》）可以

---

① 《十八大报告（全文）》，http://pr.whiov.cas.cn/xxyd/201312/t20131225_148938.html〔2019-10-20〕。

看出，我国已经开始更加重视对于"蓝色粮仓"有关产业的发展。《规划》中明确提出了优化升级海洋传统产业的战略目标，不仅对海洋传统的捕捞业提出了十分具体的要求，而且对于"蓝色粮仓"相关的产业也做出了规划。

针对当前近海渔业资源过度利用的情况，《规划》提出应控制捕捞量，执行伏季休渔期制，并对捕捞业设定门槛。为鼓励渔民转产，将对渔业油价补贴进行改革。而后《规划》中明确提出进行区域性综合开发，海洋牧场建设便是其中的主要形式，并建设人工鱼礁区进行增殖。对于远洋渔业，《规划》提出延长产业链，提高整体水平，支持远洋渔业进行扩张。海水养殖业着力发展深水抗风浪网箱技术及工厂化循环水养殖模式，这两者也是未来海水养殖业发展方向。另外，《规划》对于育种研究、质量检测、水产品加工、冷链物流、水产品交易市场、期货市场、休闲渔业等后向第二、第三产业都提出了发展要求，并倡导加快基础设施建设，结合"互联网+"打造渔业信息化。

实施种业提升工程，支持海洋渔业育种研究，构建现代化良种繁育体系；完善水产疫病防控体系，规范养殖饲料和药物的生产与使用，建设水产品质量检测中心，创建出口水产品质量安全示范区；提升水产品精深加工能力，建设水产品仓储、运输等冷链物流；在有条件的滨海城市发展水产品期货市场，从而扩展水产品交易市场，提高国际大宗水产品定价权；大力发展多元化休闲渔业；加强渔政渔港等基础设施建设，推动渔港经济区与渔区城镇融合发展；开展"互联网+"现代渔业行动，提升海洋渔业信息化水平。

除了对"蓝色粮仓"所涉及产业做出了直接的规划、要求外，其他多个方面的规划也间接地为"蓝色粮仓"的建设打下了坚实基础。

《规划》做出了促进产业集群化发展的重要规划，针对渔业特别提出了集群化的要求，逐渐摆脱之前散户养殖、打渔等较为低效的生产模式，打破渔业生产、加工、运输、销售零散的局面，将上下游产业进行聚集，发挥企业规模效应和科研能力，提高生产效率，并增强我国远洋渔业实力。

在海洋渔业方面，支持大连、威海、烟台、青岛等沿海适宜地区建设海洋牧场，依托大连、威海、舟山、福建、广西等发展水产品加工业等产业集群，依托大连、舟山、福州、北海等发展远洋渔业集群。

加强海洋生态文明建设也是发展我国海洋事业的必要一环，而生态环境也是"蓝色粮仓"建设发展过程中的一大限制因素。《规划》从多个方面对此做出了要求。例如，制定了生态保护的主基调，即以节约海洋自然资源和保护海洋原有生态环境为先，主要依靠生态系统的自我修复能力修复原有生态环境。另外，主要依靠自然修复的同时相关部门也要行动起来，完善相关法律法规、加大投入力度。在海洋产业方面，倡导海洋产业进一步实现节能减排，节约运用海洋资源。针对海洋灾害，为了尽可能减轻海洋灾害带来的损失，要增强应对灾害的能力。总之，目前我国在发展海洋经济的同时要注重海洋生态文明的建设，这将在很大程度上保障"蓝色粮仓"的建设。

总之，在这份《规划》中，可以看出"蓝色粮仓"建设是我国"十三五"乃至未来海洋强国战略中的重要乃至核心的一环，对我国的粮食安全保障和海洋产业发展都具有重大意义。

2.2 "蓝色粮仓"的建设基础

2.2.1 我国渔业现状

虽然我国现代化海洋产业起步较晚，发展水平不如一些海洋型国家，但是我国仍然具备打造"蓝色粮仓"的先天条件和一定的产业基础。我国东部临海，海岸线总长度达 3.2 万多千米，居世界第六位，拥有 300 万平方千米的海洋国土面积，拥有渤海渔场、南海近海渔场、舟山渔场和北部湾渔场，海洋水产品生产量更是居世界首位，根据 2017 年的统计数据，全国海洋生产总值（gross ocean product，GOP）较 2016 年实现了 6.9%的增长，达到 77 611 亿元，占 GDP 的 9.4%。

从增长速度上看，我国海洋水产品的生产增速高，远高于陆地农业的增速。我国海洋产业在 1985～2000 年 15 年的高速发展期，年均增长率高达 13%，海洋资源呈现出紧张态势，2016 年全国海水产品总量 3411.11 万吨，比上年增长 3%。而在农业方面，粮食总产量近几年呈下滑趋势，2017 年仅比上年增产 0.3%。陆地耕地面积不断减少，2017 年粮食种植面积比 2016 年减少 81 万公顷，仅为 11 222 万公顷，如今也只是勉强维持在"红线"以上。在我国人口不断增长、营养需求日益提高的背景下，开发海洋水产品、建设"蓝色粮仓"来缓解"人多地少粮少"的矛盾势在必行。

从需求端来看，主要表现在以下几方面：一是我国国民对于海洋水产品的需求不断增加。随着我国经济的不断发展，居民生活水平大幅提高，居民尤其是非沿海地区居民的消费结构、饮食结构发生了很大变化，开始追求更高营养价值的食物。海洋水产品因其具有更优质的蛋白质和丰富的营养，在我国居民饮食结构中比重逐渐增大。二是我国人口近些年保持着约 0.5%的增长率，对于粮食有着越来越大的需求。耕地面积受限，即使农业生产率提高也可能无法避免粮食安全问题的出现。由此看来，除了保护耕地，开发海洋这一"蓝色农田"已成为必然选择。

由此可以看出，供给量和需求量均呈上升态势，打造现代化海洋产业链，大力发展海洋经济，建立海洋粮食供应体系必然是未来一大发展方向。

2.2.2 "蓝色粮仓"的优缺点及建设方式分析——基于 SWOT 模型

"蓝色粮仓"建设是我国未来粮食安全的关键保障，也是未来粮食安全建设的必要环节。建设"蓝色粮仓"有着许多的现实意义，当然也存在着一些问题，认清了优势与劣势，找出发展机遇和潜在威胁，才能更好地投入建设。

1. 现实意义与优点

（1）"蓝色粮仓"中"粮食"的营养价值高于陆地粮食，且海洋生物资源总量远大于陆地资源，海洋生物多样性远高于陆地生物。海洋水产品含有丰富的蛋白质、脂肪和维生素等成分。海洋水产品蛋白质含量占比平均为 15%～22%，且更易被人体吸收，是我国国民优质动物蛋白的主要来源；脂肪含量占比较少，为 1%～10%，主要为高度不饱和脂肪酸，更易被人体氧化。此外，海洋水产品含有丰富的维生素和矿物质，非常有利于人体健康。

（2）起到节约资源的作用，受土地、淡水因素限制小。海洋产业特别是海水养殖业、海洋捕捞业，相比于传统农业、林业、牧业，可以节约宝贵的土地和淡水资源。海洋不仅为其提供了广阔的空间，还提供了充足的水分，打破了农业中土地资源和淡水资源因素的限制。另外，海洋中拥有完善而复杂的食物网，能量转换主要由海洋生态系统自身完成，人为因素较少，传统种植业饲料的使用量大大减少。因此，打造"蓝色粮仓"可以完善农业结构，更高效地利用土地和淡水资源。

假设增产 1000 万吨海洋鱼类产品来替代陆地动物肉类的供给，大约可以减少使用5000 亿吨饲料，不仅有助于解决我国粮食紧缺问题，同时可以减轻陆地资源和生态环境负担。

（3）对生态环境有一定程度的积极影响。首先，海洋水产品对传统食物的替代作用很大程度上缓解了陆域农牧业生产的压力，缓解了陆地生态系统过度的承载压力。其次，降低了农业生产中化肥的使用量。2012 年的统计数据显示，我国当年消耗化肥超过 5800 万吨（纯养分），占全球化肥消耗量的 1/3。国内单位面积使用化肥量更是达到世界平均量的4 倍，达到每公顷 430 千克。化肥的大量使用对土地造成了难以逆转的污染，对生态系统带来了危害，建设"蓝色粮仓"则可以避开这一缺陷，缓解土地使用压力。据估算，如果要保证居民动物性蛋白质消耗量不变，在没有海洋产业仅依赖陆地产业的情况下，每年需要大幅增加对于生产饲料的投入，仅化肥就需要增加 800 多万吨。

2. 存在的问题与缺点

我国具有建设"蓝色粮仓"的基础和动力，但同时不能忽视的是，我国"蓝色粮仓"关联产业的发展过程中存在着一些难以避免的问题，这里所列举的问题主要集中于经济活动对环境、自然资源等带来的不利影响，以及当下"蓝色粮仓"建设或者海洋渔业发展中的不足之处。

（1）盲目、无计划地生产、捕捞现象时有发生。由于缺少合理的生产规划和强有力的管理，加上我国当下渔业生产较为零散，个体户占比较大，本就难以管理，从而容易导致资源的过度开发。虽然海洋资源总量十分丰富，但近些年来渔业资源尤其是近海渔业资源逐渐枯竭，海洋渔业的产量已远远达不到之前的增速，尤其是海洋捕捞业的产量出现了下降。经历了 20 世纪 80 年代后十余年的高速增长期，当下人们不得不面对繁荣后的落寞。

（2）人类活动难免会对海洋原本的生态环境带来影响，这种影响多为负面影响甚至永久性的、不可逆转的影响。以渤海为例，渤海湾拥有天津港、大连港等多个港口，海上贸易频繁，海洋运输业发达。同时，渤海依托华北地区，周边人口聚集，在经济飞速发展的背后，大量的人类活动对渤海湾造成了难以挽回的污染。突发性的灾难主要是石油泄漏，中国最大的一起海上漏油事件就发生在渤海湾，造成的经济和生态损失难以估量。另外，对海洋持续性的污染更加致命，如工业污水排放、垃圾倾倒等。沿渤海的一些工业企业，违规将工业废水私自排入海洋，对于近海海水、海域生态造成了极大破坏。生物资源锐减，生态平衡被严重破坏，而后引起的赤潮等又严重影响了海洋渔业的发展。曾经的渤海湾是我国最重要的渔产品产地之一，而如今这里的海洋捕捞业已经衰落。

（3）我国国民整体海洋意识不强，对于海洋产业重视程度、扶持力度有待提高。我国曾提出过"三渔"问题，但重视程度不及"三农"问题，相比农业，我国在海洋捕捞业、海洋增养殖业等的投入较少。对于海洋污染的法律法规仍有待完善，监管力度同样有待进一步加大。近几年，各地虽出台了一系列措施，矫正了之前一些不合理的做法，弥补了管理上的部分空缺，但若想建设可持续发展的"蓝色粮仓"，还有很长的路要走，我国国民海洋意识的增强也需要一个漫长的过程。

3. 我国"蓝色粮仓"建设发展潜力分析

即使当下我国具有很高的渔业产品产量，但依然无法达到建设现代化"蓝色粮仓"的要求，也不能保证实现海产品长期、可持续供给，而且相比一些渔业较为发达的国家，我国"蓝色粮仓"建设在生产模式、生产空间、管理、技术等多方面还有很大差距，当然这说明了我国"蓝色粮仓"建设有很大发展空间，当下了解了前进方向，有助于未来更快、更好地建设。

（1）生产模式有待进一步优化。从生产模式上看，现有生产模式仍以粗放型为主，个体生产仍然占据很大比例，海水养殖业、捕捞业有待进一步向集约化方向发展。推动产业内集约化、产业间集聚生产，从而凝聚各方力量完成之前很多难以完成的活动。集约化的产业将有助于渔业技术的研发和生产模式的创新，也更方便有关部门进行监督管理，可以使其推行较为统一的生产标准等。从近年来从事传统渔业的人口数可以看出，我国渔业已经具有了集约化的趋势。2016 年，渔业人口 2016.96 万人，比上年减少 18.08 万人，降低 0.89%，渔业人口中，传统渔民为 678.46 万人，比上年减少 7.94 万人，降低 1.16%。

（2）部分海水增养殖空间仍未被充分利用。从空间布局上看，由于航行能力、开发能力、产业规模等的限制，我国海水养殖业主要作业区域依然集中在沿岸滩涂、浅海、港湾，不足我国管辖海域的 1%，广阔的海洋深水域尚未得到充分开发。另外，我国拥有 300 万平方千米的可管辖海域，15 米等深线以内海域面积 12 万平方千米，目前开发面积却不到 1/5。随着我国渔业技术水平的进步，对较深海域的开发能力逐渐提升，因此渔业未来将有很大的发展空间。

（3）远洋丰富资源有待开发，远洋渔业未来发展潜力大。近海渔业资源逐渐枯竭的背景下，远洋渔业成为新的发展方向。远洋渔业资源充裕，尤其是南极磷虾等深海生物资源十分丰富，是我国未来重点开发的对象。以近些年备受瞩目的南极磷虾资源为例，预计每年的产量可以达到 1 亿吨，仅这一项就已经超过了世界总的渔获量。目前，我国在远洋航行、南极科考等方面取得了很大进展，并且具备了一定的开发能力。

（4）技术尚有很大进步空间。在"科学技术就是第一生产力"的号召下，我国近些年不断加大对于科技创新的投入，新设备、新方法、新品种、新平台等不断涌现，为建设现代化"蓝色粮仓"提供了坚实基础，为海洋粮食生产带来了更多可能。

海水养殖业中，过去由于技术的限制，海水养殖主要利用浅海、滩涂、港湾、围塘等海域饲养和繁殖海产经济动植物，随着深海探测、深潜等技术的进步，深水设施养殖具备了广阔前景。例如，当下被越来越多运用的深海抗风浪网箱，是设置水深在 15 米以上、沿海开放性水域的大型海上养殖设施，相对于传统的小型网箱，其凭借着高集约度、高养殖密度和半开放养殖的特点，不仅能产生更大的养殖量，而且抗风浪能力更强。半开放养殖引入海流，网箱内鱼类食物可直接取自海洋，生长速度加快，肉质更加纯正，海流流出，又带走了鱼类的排泄物，使养殖区更加清洁，养殖鱼类患病率显著降低，从而获得更高质量的产品和更大产量。大型网箱技术也体现了未来海洋渔业走向集约化、规模化的重要性，其他很多技术也如此。

另外，海洋捕捞业中，开发海洋饲料生物的新生产方式，在很大程度上解决了我国动物性食物生产饲料增加引起的粮食安全问题。我国海洋捕捞业当前捕捞对象主要是鱼类、甲壳类、头足类等，这些类别的海洋生物大多可以直接被人类食用。与陆地饲养生物食物链相比，海洋食物链长得多，可达 4～5 级，获取同样重量的海洋生物所需的能量比陆生生物多很多，能量利用率很低，饲料需求量也就偏高。海洋饲料生物的开发就是在原有生产模式的基础上，将养殖动物饲料作为主要产品，以生产海洋食物链中第 2 或第 3 级生物为作业对象。运用这种新的资源开发模式，使海洋提供的生物资源主要营养级别上升了1 级，使海洋空间成为我国动物性食品生产的重要饲料来源。

4. 我国"蓝色粮仓"建设潜在威胁

建设"蓝色粮仓"的过程一定不是一帆风顺的，除了建设中存在的问题，还有许多对"蓝色粮仓"建设产生潜在威胁的因素。

（1）生态环境的限制，海洋灾害的侵袭。一方面，由于大量的人类活动，沿海海域生态已经受到了严重的破坏，部分生态恢复力较为脆弱的河口、海湾地带遭受了难以恢复的损害，在这种情况下，"蓝色粮仓"建设举步维艰；另一方面，海水富营养化导致赤潮频发，带来很大经济损失和生态损失，一些无法避免的海洋灾害，如海啸、台风等也给海洋渔业发展带来了很大困扰。

（2）大量沿海渔业用地被挤占，渔业可拓展空间缩减。城市空间逐渐向沿海地带拓展，城市建设使得原有海洋产业受到很大程度影响。沿海滩涂、近岸海域是发展"蓝色粮仓"的黄金地带，也是过去渔业活动的主要空间，但是随着城镇化、工业化进程加快，如今第二、第三产业也争相涌向海边，大量的滩涂、沿海港湾被占用，部分适合底播增殖的浅海海域甚至被围填海造地占用。海洋水产业面临着多重挤压，渔业活动越来越受限制，沿海浅海地带可拓展的渔业空间很小，给未来"蓝色粮仓"建设带来了很大阻力。

2.3　他国建设经验

相对于一些发达国家，我国海洋产业发展较晚，发展水平还相对较低，我国距离建设成为海洋强国还有一定距离。但是一些国家的建设经验可以成为我国很好的学习样本，通过了解他国的有关政策、措施，可以为我国"蓝色粮仓"建设带来一些启示。

2.3.1　日本

说到沿海发达国家，就不得不提与我国一海之隔的岛国日本。日本是典型的陆地面积小、海洋面积大的国家，其领海及专属经济区的面积排在美国、澳大利亚等国家之后的第六位，居于中国之前。日本是世界上渔业最发达的国家之一，自然条件优越，多股寒暖流交汇于此。其中，日本暖流和千岛寒流的交汇作用带来了充足的海洋生物资源，使日本北海道渔场成为世界最重要的渔场之一。从数据中可以看出海洋水产品在日本国民饮食中的地位之重，自 20 世纪 60 年代开始，其食用鱼类的国民人均年供给量就超过了 50 千克，2011 年为 53.7 千克，远高于世界平均水平 18.9 千克，而我国 2011 年的数据为 32.8 千克。

日本的渔业在近现代的发展中经历了高速发展期、高峰期、衰退期三个时期，虽然出现了各种各样的问题，但很多成功的政策、先进的管理经验可以供我国参考。

1. 根据实际情况制定并完善政策，加强监管与监督

政府政策往往是指导一个行业发展的核心支柱与方向，政策制定合理与否，直接关系到一个行业是否能够健康、快速发展。日本作为一个岛国，对于渔业的政策制定有着丰富的经验，并顺应着行业变化而不断完善，其中的一些政策对我国很有借鉴价值。

20 世纪 90 年代之前，日本渔业产量高速增长，其近海渔业管理主要施行渔业权制度，1983 年日本着力打造"资源管理型渔业"，在管理方式上，鉴于各个渔业地区的资源状况存在差异，实施较为灵活的自主资源管理。在经历了几十年的高速发展后，日本出现了近海渔业资源大幅减少、产量增速下降甚至大幅下滑的局面，为解决这一问题，20 世纪 90 年代，日本开始加大对远洋渔业的投入力度，渔业经营方式变得多样化，渔业管理体制不断完善。

日本开展远洋渔业较早，20 世纪 90 年代开始实行更为积极、开放的渔业政策，加大对远洋渔业开发活动的投入，积极参与国际开发合作。在近海渔业产量出现衰退的背景下，为限制近海渔业资源的过度捕捞，日本于 20 世纪 90 年代末实行总可捕量制度，即通过设定渔获量上限来保护 7 种主要经济鱼种。在此之前，日本渔业实行的是较为宽松的渔场自主利用的管理模式，此后日本政府加大了资源管理力度，实行现代化的管理模式。2002 年日本政府开展了"资源恢复计划"，旨在解决渔业资源问题。之后，日本政府开始追求渔业的可持续发展，维护渔业资源稳定，于 2012 年开始实施"资源管理指针"，进一步加强国家对于渔业资源的管理、协调，不仅如此，除了国家渔业管理部门外，还吸纳相关科研机构、渔业从业者共同加入，从政、学、商等多角度入手，不仅提升了管理能力，还提供了一个很好的协调渠道。

2. 突破传统放流模式，建设现代化海洋牧场

传统放流苗种的方式主要是直接放流，但是直接放流缺少渔业技术的辅助，如果没有

先进的管理模式，则放流后由于海流作用、幼鱼成熟率低等，产量低且很不稳定。为了满足国民的营养需求，只能进一步提升海洋渔业生产效率，建设现代化海洋牧场，将分散式、自由式的直接放流转变为集约化的、技术水平较高的栽培渔业。20 世纪 70 年代，日本就已经出现了建设海洋牧场的理念。1978 年，日本开展了栽培渔业计划并推行到全国，建成了日本黑潮牧场，这也是世界上第一个海洋牧场。海洋牧场便是通过类似放牧的方法，对鱼苗进行放流、放牧再回捕，这种方式下，鱼苗流失量大大减少。一些渔业技术和现代化模式得到运用，如在沿海投放人工鱼礁。到目前，日本沿岸至少 20%的海床已改造成为人工鱼礁区，大大提高了生产效率。

3. 控制产量，注重环境保护

一方面，为了使养殖量达到供需平衡，且在不过度生产的条件下，保证海水养殖企业的利益，2014 年日本成立了养殖业供需委员会，其职能就在于协调渔业企业，规划出合理的、可持续的养殖量。该委员会对渔业生产量起到了重要的指导性作用，起到了将养殖产量控制在合理区间内，减少过度生产、防止过度养殖的作用，同时对养殖渔场环境的保护发挥了重要作用。

另一方面，注重渔场环境的保护、改善。陆地放牧业需要良好的草场，海水养殖业则需环保的、优良的海洋环境，一是可以降低鱼类疾病的发病率，二是可以大大地提高产量，再者也保证了海产品的品质。为改善传统海水养殖状况，化零为整，便于管理，日本最早提出了"海洋牧场"的构想并成功实施，将很多地区海床改造为人工鱼礁。但是，即使这样也会出现一些负面作用。打造人工鱼礁时，需要向海洋投放一些人工物体，这些投放物虽有利于鱼类的活动，但也会对原有环境带来一定的影响。

4. 促进科技进步，完善科研、技术推广体系

科技永远是生产力发展的不竭动力，建设现代化"蓝色粮仓"，科技进步是重要保障。日本为了集中力量进行渔业科研，建立了濑户内海文化和渔业中心来进行一系列专门的渔业技术开发活动。同时，新技术的推广需要一定时间，为更快、更好地推行新苗种、新技术、新模式，日本在各个渔业区分别设立专门的渔业中心及承担推广任务的推介会等，建立较为完备、覆盖面广的推广体系，不仅加快了新技术成果的实际应用，提高了生产率，也为渔业从业者（包括渔民和渔业企业等）带来了诸多便利。在这一模式中，科研机构、政府、渔业从业者相互配合，各司其职，各得其所。科研机构起到科技创新的作用，政府发挥统筹管理作用，助力成果推广，而渔民不仅起到了实践、推广的作用，还从中获益。

（1）封闭式循环水养殖技术。为了在当下的渔业生态环境条件下追求更高产量和低污染，开发封闭式循环水养殖技术成了日本海水养殖业近年来发展的一个方向。通过过滤、消毒等步骤净化海水再循环利用的封闭式循环水养殖技术，在很大程度上打破了对于生态环境的要求和限制，这种模式也更加便于管理，对渔业技术的要求也不算太高，所以成为当下渔业的一个研究重点。

（2）近海养殖。沿岸水域水深较浅、风浪较小，而近海水深远超沿岸，海流汹涌，因此海水养殖大多集中于沿岸。但是沿岸渔业资源趋向枯竭，沿岸水域的原有生态环境均遭

到不同程度破坏，生产率增速大不如从前，这使得人们开始考虑将养殖业活动区域拓展至近海。在近海海域进行养殖也有一些好处，利用海水潮流清洗半封闭养殖箱内的鱼类排泄物、食物残渣等，可以有效地降低鱼类发病率，减少对环境的干扰。同时，为了应对近海更为强劲的波浪，日本将着重研发抗波浪的渔业养殖设备；为了解决近岸海域操作困难的问题，日本开发了自动给饵系统。

5. 大力发展远洋捕捞

日本在 20 世纪 30 年代就已经开始进行远洋捕捞，并且海洋捕捞业已具有了一定规模，在其辉煌的高速发展时期，拥有 300 余艘远洋捕捞船。虽然之后《联合国海洋法公约》对日本此类渔业大国的远洋捕捞行为加以限制，但是日本已经拥有了世界领先的远洋渔业。近些年，日本正在以开放、积极的姿态参与到国际渔业资源的开发合作中。

2.3.2 美国

美国西接太平洋，东接大西洋，南接墨西哥湾，海岸线约 2 万千米，拥有丰富的渔业资源，是一个著名的渔业大国。美国渔业中，海洋捕捞业占主要地位，自 20 世纪 50 年代以来，美国海洋捕捞业的发展并非一帆风顺，经历了从稳定、快速增长到稳步下降的发展过程。随着渔业的不断发展，美国不断完善其自身制度、健全渔业管理体系。

1. 强化管理——美国国家渔业管理计划

美国同样着重加大了渔业管理力度，制定了一系列详细的规定、制度，美国渔业管理的关键措施是开展美国国家渔业管理计划。该计划以美国重要海洋渔业物种数量为基础，以鱼类资源稳定、渔业可持续发展为目标，对几百种重要的海洋鱼类的捕捞量加以限制，并对各个海洋渔业区施行了一系列管理措施，有效限制了过度捕捞，促进了各地区渔业长远、健康地发展。

2. 配额限制——捕捞配额制度

为限制过度捕捞行为，保护渔业资源，美国实行了海洋渔业捕捞配额制度，对各个渔业区制进行严格的管理，区域渔业管理委员会每年根据当时资源条件，设定明确的限制，合理分配捕捞配额。配额制度的首要任务是实现渔业资源可持续利用，有了稳定的渔业基础之后，进一步发展第二、第三产业，如水产品加工业乃至海洋旅游业、休闲业。可以说，海洋生物资源是海洋渔业的根本，而海洋渔业又是海洋其他很多产业的基础，因此保护好海洋资源意义重大。在推行配额制度的情况下，很多渔业从业者的收益会大大降低，为了弥补这部分损失，美国允许他们通过配额转让来获得一定的收益。

3. 准确评估——渔业资源的评估和管理

制定配额制度的一个重要基础是要对本国的渔业资源量有较为准确的把握，由此才能进一步制订明确的计划、分配配额。通过渔业调查、科学研究、采集生物数据等方法，准确估计最新渔业资源量、渔业发展情况是美国渔业管理的关键一环，并借此进行后续一系列的管理。到 2015 年底，美国渔业资源可持续性指数达到 758，比 2000 年的 382.5 上升 98%，根据美国国会在 2016 年 4 月公布的《美国渔业资源状况年度报告》，2015 年有两种渔业资源"恢复和复建"；关于"过度捕捞状况"的渔业资源评估显示，313 种渔业资源中有 285 种（91%）鱼类没有处于过度捕捞状态，28 种（9%）鱼类种群处于过度捕捞状态。

2.3.3　挪威

位于欧洲北部被称为"万岛国"的挪威，面积 32.4 万平方千米，人口仅 513.6 万人（2014年），却是世界渔业最发达的国家之一，海岸线长 2.1 万千米（包括峡湾），多天然良港。凭借天然的地理优势，挪威渔业发展迅速，在制度、管理上也处于先进地位。世界上首个渔业部于 1946 年在挪威成立，渔业养殖开始由分散式的小规模生产走向集约化、规模化生产。拥有深厚渔业发展史的挪威，在全球渔业市场上具有极高地位，其渔业产品远销全世界 100 多个国家。一直以来，挪威并没有满足于天然的、充裕的渔业资源，始终重视对于渔业科技的创新，积极研发新的渔业技术，探索高产出的渔业养殖模式，建立完备的渔业资源评估体系，并且树立了海洋生态环境保护、可持续发展的观念。政府也着力加强对于渔业生产的宏观调控和管理，保护渔业资源。

1. 科技驱动发展

科学技术始终是产业发展最有力的武器。挪威坚持对科研的高投入，自主开发的多项技术居于世界前列，如封闭循环养殖、大型深海网箱，以及对于鱼苗的孵化、繁殖和鱼类健康的研究。突出的海洋生态条件、高质量的饵料、健康的鱼苗、先进的基因工程技术、完善的防疾病措施等为挪威海洋水产品生产量的提高创造了有利条件。

2. 工业化养殖，规模化降低成本

在过去的 10 年中，挪威每千克渔业养殖产品的培养成本下降了约 70%。除了渔业科学技术的进步，工业化养殖和规模化是成本降低的主要因素。

一方面，工业化养殖运用循环水系统，形成了规模效应，而且在技术上加大投入不断创新，带动生产率逐渐提升的同时，反过来又推动了工业化养殖规模的扩大，从而形成了良性循环。

另一方面，挪威是世界上网箱养殖技术的领先者，挪威网箱养殖年产值高达 30 亿美元，为支持技术创新，每年拿出产值的 5% 用于进一步技术研发。在过去的 20 年里，每 5 年挪威的网箱在体积方面就会有一个很大进步。以挪威的高密度聚乙烯网箱为例，从最初的 0.1×10^4 立方米容积开始，到目前其最大容积已扩展到 2.3×10^4 立方米；而张力腿网箱的容积也达到了 1×10^4 立方米，单个网箱产量可达 25 吨。网箱大型化更有利于规范管理，大大降低了单位体积水域养殖成本，提高了经济效益。此外，网箱还有多种功能特质，如材料轻质、抗风浪、抗老化能力强，可以减少对周边环境的影响，便于安装；有利于拓展

养殖海域，改善养殖条件，改善沿岸浅海和内湾养殖过密、环境恶化的情况。

可以看出，科技创新是挪威渔业发展真正的驱动力，而规模化、工业化生产则将渔业资源和科技要素以更高边际效用加以利用。挪威并没有满足于富足的自然资源，而是保持了对科技的大力投入和生产模式的不断创新，从而实现了渔业长期、可持续的发展。

2.4 "蓝色粮仓"的关联产业建设

延续 2.1.1 小节的概念，"蓝色粮仓"是人们为了开发利用海洋动植物作为营养来源，依托海洋生物资源，采用现代化的技术、方式，进行捕捞、人工增养殖、后续加工等一系列生产活动的沿海乃至远洋的广大空间。生产上包含海洋捕捞业、海水增养殖业、海水灌溉农业、海水种苗业，中下游关联产业主要有海产品加工业、冷链物流业、水产品仓储业、海洋休闲渔业等。其中，根据"蓝色粮仓"的定义和特征可以看出，海水养殖业、海洋捕捞业、海产品加工业的建设构成了"蓝色粮仓"建设的基础，属于"蓝色粮仓"建设的直接关联项。

2.4.1　海水养殖业

如果把海水养殖业与陆域农业做比较，可以说二者的本质内涵是相同的，把海水养殖业说成是"第二农业"也不足为过。二者不同之处只是在于生产空间和生产内容，一个在水体，一个在土地；一个生产海洋食品，一个生产陆地粮食。若将海水养殖业与其他生产部门相比较，则海水养殖业具有如下几个重要特征。

（1）养殖量有一定限制。海水养殖业所依赖的海域虽十分广大，但同样不能过度利用，为了维护生态平衡、保护生态环境，海水养殖业放养的种苗量应控制在合理的区间内，能使种群保持高增长率而又不给生态环境造成过多压力。

（2）周期性。这一点主要是由于海水养殖的鱼苗从放养到收获成品需要一定的时间，其生产活动也有较为规律的周期。

（3）受海洋生态因素影响较大，并存在生态灾害风险。由于海洋自身的一些特点，海洋中洋流流动、大气变化等都会在很大程度上影响开放式的海水养殖。尤其当遭遇海啸、台风等海洋生态灾害时，海水养殖业会受到严重损失。

（4）海水养殖对产地水体环境的要求较高，需要较为自然、清洁的水体。然而实际生产中，一方面，养殖海域及滩涂大多存在着外源性污染。最主要的污染来自周边居民、工业企业等直接排放的污水和垃圾，石油泄漏、填海造陆等活动也对水体造成了很大污染；另一方面还存在着内源性污染，海水养殖饵料投放、养殖用药和养殖种苗排泄物的累积等都是重要因素。内部和外部的污染不仅影响了养殖生产活动，而且危害了生态环境，对其造成了长期的负面影响。

（5）海水养殖业的技术要素十分关键。在海水养殖业中，科学技术进步主要包括养殖方式的创新和新型养殖产品的研发。首先，养殖方式的变革，使海水养殖业从浅海扩展到深海，从沿海滩涂扩展到近海，从平面走向立体，从开放式走向封闭式，从分散逐渐走向集约。海水养殖业的活动空间大大扩展，环境适应能力也有了极大提升，当然，海水养殖业产量也随之不断提高。其次，海水养殖业生产资料的创新也很关键。当下海水养殖业产量的提高往往来自新型渔业品种的出现，新型渔业品种往往代表着对某一环境更好的适应性和更高的产率。相比于养殖方式的变革，这种养殖产品的创新更加频繁，推广时间也较短。

2.4.2　海洋捕捞业

一般而言，海洋捕捞业可以视为依托海洋水域空间，运用一定的物质技术装备，通过捕捞海洋鱼类、其他海洋动物，以及海藻类等水生植物获得海产品的社会生产部门。海洋捕捞业具有以下几个显著特征。

（1）依托于海洋鱼类资源。海洋捕捞业主要是直接从海洋中获取自然资源，海洋中鱼类资源直接决定了海洋捕捞业的产业活动，资源多寡即预示着捕捞业的产量多寡，资源的特性也决定着捕捞业的作业方式，鱼类资源生活的地点即为捕捞业的作业区域。也正是因为这个特征，人们需要大力维护鱼类资源的可持续发展，一旦资源枯竭，海洋捕捞将无从谈起。

（2）海洋捕捞业产量不确定性大。首先，开放海域中海水的流动性和自然条件的改变，致使部分鱼类具有了很大流动性，加之鱼类自身具有洄游等迁徙行为，捕捞业难以收获稳定的收益。如果出现一些海洋灾害，如赤潮、风暴潮等，海洋捕捞活动更是难以开展。其次，我国海洋捕捞业包含渔民较多，其作业地点分散，缺少统一的指挥、协调，容易出现"公有地的悲剧"，而且很可能出现过度捕捞的现象。

（3）海洋捕捞业产量同样具有季节性、周期性。鱼类生长本就具有一定的生长周期，因此海洋捕捞活动需要符合鱼类生长周期，顺应鱼汛，但是鱼类种类繁多，生长周期差异性大，鱼汛周期等也不同，这给海洋捕捞带来了一定困难，令海洋捕捞在不同季节的渔获量存在很大差异。同时，我国自 20 世纪 70 年代就开始实行定期休渔制度，如当下正实行的伏季休渔制，更令海洋捕捞业呈现出季节性、周期性的特点。

2.4.3　海产品加工业

海产品加工业主要是指以海水养殖业和海洋捕捞业有效产出（包括海洋鱼类、虾类、贝类、蟹类和藻类海产品）为主要原料，通过简单或精深加工，生产具有较高经济附加值海产品的社会生产部门。根据加工工艺的不同，海产品加工业可划分为冷冻海产品加工业、干制海产品加工业、腌制海产品加工业、海洋鱼糜及鱼糜制品加工业及其他海产品加工业。相比于其他生产活动，海产品加工业具有以下特点。

（1）海产品加工业十分依赖其上游产业，即海水养殖业和海洋捕捞业。海水养殖业和海洋捕捞业的渔业初级产品是海产品加工业的加工对象，而且两者产量均有不确定性，因此，海产品加工业的产量也不稳定。

（2）不同于养殖业与捕捞业，海产品加工业产业活动方法多、技术含量高，因此，海产品加工业对资本投入的需求更大，对技术水平的要求更高。虽然很多工艺并不复杂，但海产品加工企业的市场占有率与其资本力量、加工工艺水平直接相关。海产品加工企业获取超额收益的重要增长点，即生产效率的提升、生产成本的下降，除了管理外，主要依赖于海产品加工工艺的创新。

（3）由于海产品易腐的特点，海产品加工业离不开健全、快捷的冷链物流业。渔业产品的品质与冷链物流的效率直接相关，这一点与陆地农作物有很大差异，所以打造更高水平的海产品加工业就必须完善冷链物流业。通过一系列措施，如增强冷链物流管理、加大对冷藏设施的投入、设立冷藏仓库等，最大程度上保证海产品加工业产品的质量，保证经济效益。

（4）海产品加工业产品附加值较高，可利用空间大。海产品加工业在对初级渔业产品进行加工制成加工品后，初级渔业产品的很多部分并未被充分利用，并不会直接被作为垃圾丢弃，随着技术的进步，其中可利用的价值不断被发掘。制成鱼粉用作饲料是最常见的一种利用手段，而且很多研究发现，鱼粉这类生产剩余物蕴含着一些元素和营养物质，可以被进一步制成药物，变废为宝，从而带来一定的经济效益。当然，海产品加工业产品附加价值的利用手段是多样的，越来越多的利用技术正相继被发现并推广，在未来，这一方面技术的完善必将大大推动海产品加工业整体的发展。

分析过三大海洋产业的特点，再进一步去探究当下我国渔业产业发展现状，同时，这也在很大程度上代表了我国"蓝色粮仓"的建设现状。

（1）近海捕捞业遭遇资源瓶颈，远洋捕捞业发展缓慢。我国捕捞业曾凭借丰富的近海渔业资源迅速扩张，但多年粗放型的开发导致近海渔业资源逐渐枯竭，增速大大放缓甚至为负，沿海很多渔民开始转行。不过，捕捞业集约化趋势正在凸显，捕捞业作业海域也在加深、拓展。

现如今我国的远洋捕捞业发展速度受限，限制因素主要包括资本投入、政策支持、规模壁垒、下游产业承接能力。进行远洋捕捞要求具有规模较大、科技水平较高的捕捞船，且全球远洋捕捞业发展历史不长，仍在摸索中前行。冷链物流业发展不够充分，新鲜渔产品无法被及时输送，大大影响了产品质量。另外，该行业目前准入门槛较高，并且存在风险，因此需要更多的资金支持和政策推动来鼓励更多企业向远洋进发。

（2）海水种苗业发展不充分，在一定程度上限制了海水养殖业的发展。海水种苗业是海水养殖业的上游产业，更是海水养殖业的基础。海水种苗业的产业活动直接影响其后续产业产品的品质和产率，其发展情况也直接牵动着后续产业的发展。然而，目前海水种苗业对于后续产业尤其是海水养殖业发展的带动作用并未得到明显体现，其在整个产业链中的占比较小、地位较低。很多养殖业企业在选择鱼苗等生产资料时，会倾向于从外国进口。这些都说明海水种苗业的产业水平不高，我国对于海水种苗业的投入力度有待进一步加大。

（3）冷链物流业有待进一步发展。冷链物流业可以说是连接第一产业和第二产业的纽带。例如，海洋捕捞业的初级渔业产品需要依靠冷链物流运输至海产品加工企业进行加工，很多次级产品也需要通过冷链物流运送。而由于海产品的易腐性，冷链物流的运输效率在产业生产中显得格外重要。

除了运输的作用，冷链物流通过对产品的冷藏，可以在淡季为人们提供海产品，起到了降低淡季与旺季价格差的作用，在一定程度上也使海产品具有了更多的附加值。同时，冷链物流也是保障海产品安全的重要环节，意义重大。虽然近些年来冷链物流业取得了较大进步，但与其他产业相比，仍略逊一筹，对其他产业的贡献度也不是很高。因此，打造完整、高效的冷链物流体系，完善、加强冷链物流业的功能势在必行。

2.5　"蓝色粮仓"的发展策略及规划

海洋强国背景下，"蓝色粮仓"建设势在必行，机遇与挑战并存，必须优化建设策略，遵循经济发展规律，因势而进，提高海洋科技创新能力，促使海洋资源为粮食安全做出更大贡献。因此，必须完善政策支持体系，遵循现代科学管理原理，合理规划，保障海产品有效供给，推进"蓝色粮仓"建设健康、有序发展。

我国的曾呈奎院士就曾提出，要变革渔业粗放型生产模式，提高集约化水平，加强管理，打造类似于陆地农牧业的有计划、管理下的"海水农牧化"生产模式。但是近些年来，我国的海洋牧场建设速度缓慢，仍以建造人工鱼礁为主，且资金投放规模较小，不足以满足建设海洋牧场、大幅度提升渔业产率的要求，底播增殖技术的推广应用还不够充分。然而，建设海洋牧场、打造"蓝色粮仓"还需要付出巨大的努力，且迫在眉睫，无论是政府、企业还是个体从业者，都肩负着这项使命。以下将结合"蓝色粮仓"的特征及国外相关的一些建设经验，从不同角度对如何建设"蓝色粮仓"进行总结。

1. 坚持创新驱动策略，完善科技推广体系

科学技术永远是第一生产力。我国经济发展已经步入了"新常态"，原先的人口红利、资源禀赋优势已经大大减弱，生态环境出现了种种问题，限制了产业的发展，在未来，真正能驱动各个产业继续向前发展的动力仍将是科学技术。建设现代化"蓝色粮仓"，创新无疑是重中之重。这种创新不仅包含对渔业科学技术的研发和对渔业生产模式的变革，还应包括对于渔业管理体制的改革、发展理念的更新，乃至对整个海洋产业链之间产业关系整合方式的创新。

另外，对于从业人员的培训也十分必要，新技术、新模式等一旦出现，能推广的应该尽快推广，以便让更多人使用，这就要求从业人员必须具备一定的专业素质。目前我国很多渔业地区，都有专门负责培训、传播渔业技术的部门、委员会等，在未来要继续完善这一体系。

2. 坚持可持续发展原则，保护海洋生态环境

海洋生态环境是"蓝色粮仓"依托的根本载体，保护海洋生态环境和海洋生物资源是"蓝色粮仓"建设中的重要保障。有了前些年的经验，如今我国发展蓝色产业更应贯彻可持续发展的原则。为实现可持续发展，不仅要加大海洋产业管理力度，还应限制其他沿海产业尤其是工业对于沿海海水的污染，尽量减少人类活动对海洋带来的负面影响。建立海

洋资源保护区，禁止其他产业挤占，加快建设人工鱼礁区等，逐渐恢复海洋尤其是沿海的海洋资源，提高海洋生物多样性，形成良性的、长远的可持续发展局面。尽量减少渔业产业自身对海洋环境的负面影响，科学合理地制定渔业目标，保护生物多样性，恢复、提升海洋生态环境承载力。

3. 空间拓展策略

建设现代化"蓝色粮仓"，除了需要不断推动高水平渔业科技的发展，还需要通过一系列高水平科技，如深潜技术、远洋航行、抗风浪网箱等，不断拓展产业活动区域，将海洋渔业从沿海扩展至近海乃至远洋，从沿岸浅海扩展至更深水域。要做到这一点，就要加大对远洋渔业、深海渔业技术的重视程度和投入力度。另外，也应对从业者进行专业化培训，培养出一批有技能、有知识、有经验的从业人才，增强其开发能力，大大推动各地区渔业的发展。

4. 强化政府管理职能，统筹规划

"蓝色粮仓"建设中最基础的产业便是海水养殖业和海洋捕捞业，二者都依赖于海洋生物资源，然而过去松散的渔业管理模式无法解决过度捕捞、生产效率低等问题。在未来，无论是"蓝色粮仓"建设，还是海洋渔业发展，都应逐渐减少对小规模、分散、自由式生产模式的使用，要发挥政府有关部门的管理职能，化零为整，对渔业从业者的行为进行约束与引导。例如，设立渔民渔业合作社，可帮助部分渔民转业；设立渔业企业委员会则有利于凝聚各方力量。此外，对捕捞网密度和渔获量分别加以限制，规定伏季休渔期等都有助于缓解过度捕捞的压力，推动海洋渔业可持续发展。

建设"蓝色粮仓"除了利用企业的力量，必然离不开政府的管理，没有政府严格的管理控制，没有对企业、渔民的正确引导，海洋渔业资源量将很难保持稳定，各方力量也将难以汇聚，"蓝色粮仓"建设更难以成型。这一建设之路仍需要走很长时间，需要更多的社会力量参与其中，这一项长期工程，在当下必然需要政府主导，进行长期的、多方面的统筹规划。从"蓝色粮仓"建设的宏观调控、政策制定，到中观的各个渔业区的产业布局、产业规划，再到微观的企业扶持、渔业生产力整合，彻底告别粗放式的模式，推动蓝色产业向精细化、规范化、集约化方向发展。

5. 建立健全融资机制，完善补贴政策

"蓝色粮仓"建设的一大特点是集约化、规模化，且需要具备较高技术水平，如远洋捕捞业需要大型捕捞船及很高的沉没成本；深水抗风浪网箱制造成本高，且需要很高的维护费用。这就说明"蓝色粮仓"建设存在一个较高的门槛，在建设过程中需要大量资金，建立健全融资机制则可以为其融资提供有效保障，补贴政策的实施则可鼓励企业积极参与，为其长期发展助力。

融资机制应向多元化发展，即拓宽融资渠道，提供多方融资支持，从政府、金融机构、企业、社会资本等多方面筹资。首先，政府财政支持是渔业企业开展大规模生产方式变革的主要保障，财政支持力度也直接影响相关产业的发展速度。其次，一些政策性金融机构

也应该作为一个重要的融资来源。通过企业间的合作经营来代替单个企业的"单打独斗"，通过吸引国内外较为领先的企业的投资合作或引入先进技术、管理经验来凝聚力量，从而形成一定规模。此外，为方便融资、保障融资安全，还应该完善信用评估体系和信用担保机制。

制定一系列补贴制度也是鼓励相关产业发展的必要条件。助推企业采用一些新技术、新模式，如封闭式循环水养殖技术、深水抗风浪网箱等。通过对环保规范企业免收环保税，对循环水技术按节水、环保的一些标准进行补贴等，推动相关产业发展。

6. 参与国际合作，学习交流相关经验

以更加积极、主动的姿态参与到国际渔业合作中，搭建国际渔业合作、交流平台，鼓励国内先进企业"走出去"参与国际渔业合作与竞争，将国外领先企业的技术和管理经验"引进来"，取彼之长补己之短。国际上很多国家也都在积极开发远洋渔业等发展潜力巨大的朝阳产业，相关国际渔业规定、管理方法的制定尚不完善，我国应主动加入其中。通过积极的国际合作，不仅可以借鉴国外"蓝色粮仓"建设的先进经验，引入先进技术和设备，还可以掌握更多全球渔业发展动态，了解世界渔业发展状况。

7. 不断完善相关产业政策及法律法规

产业政策始终是一个产业甚至整个经济发展的风向标，法律法规则对产业活动起到强制性的约束作用，在"蓝色粮仓"建设中同样如此。

首先，针对我国长期以来渔业生产以小规模、分散式生产为主的局面，即渔民分散生产，从零散转向集约，仅依靠市场、企业是不够的，政府应通过一系列渔业政策的导向，鼓励企业进行渔业资源整合，助推企业形成规模效应，保障渔民平稳转业，为建设"蓝色粮仓"奠定基础。其次，在逐渐实现规模化的同时，要完善、统一相关产业生产标准，提升海产品的品质，保证海产品质量。推行标准化生产模式，制定好产品的检测标准，对合格企业进行补贴，对不合格企业进行处罚。除此之外，还应通过政策引导产业结构转型。"蓝色粮仓"建设中，要以海水养殖业和海洋捕捞业为基础，但同时要加大力度引导海产品加工业、冷链物流业、海洋旅游休闲业等产业的发展，提高第二、第三产业尤其是第三产业比重，增加海产品的附加值，从中谋取更大的经济效益。

政策鼓励固然重要，法律法规的强制性约束也必不可少。完善海洋产业方面的法律法规，对于违规违法的从业者进行坚决的处罚，提高从业者的守法意识，从而使政府的政策制度更高效地执行。

8. 完善渔业监测、评估体系，合理制订发展计划

我国"蓝色粮仓"的建设起步较晚，在摸索中不断前进，相关管理水平在逐渐提升，法律法规在不断完善，此时为了把握好未来发展的方向，就必须认识到建设渔业监测、评估体系的重要意义。通过对我国目前海洋资源量和种类的评估，对生物种群的存活率等因素的评估，可以为我国制订渔业生产计划提供可靠依据，为今后政策的制定指明方向。通过对海洋水域环境监测、生物种群生长状况监测等，可以探究水域生态承载力，及时发现

生产中潜在的威胁，从而可以更好地应对多变的海洋环境等。

另外，还可以通过预测未来海洋渔业产品的市场需求，本着可持续发展的原则，制定合理的发展目标。也可以重点选出部分渔业品种加以保护、利用，对不同渔业区域的实际情况制定配额。过去我国的监测技术水平较低，在未来应继续完善监测、评估体系，把握好未来发展方向，避免过度捕捞、过度养殖等现象的出现。

9. 利用信息科技助推，打造各方合作交流平台

要做到创新驱动，就应继续加大对科技的重视程度和投入力度，加强政府、产业从业者、科研机构、社会居民等多方面的交流、协作，整合各方优势资源，凝聚力量，实现产业的快速发展。在 21 世纪这个网络时代，结合"互联网+"，不仅可以推动渔业科技更快、更好地进行推广，还方便搭建合作交流平台，有利于加强对于渔业产业的管理。

合作交流平台对于我国渔业发展的意义十分重大。以"企研合作""校企合作"为例，企业提供研发所需的必要资金，研发机构、学校提供人才和专业知识，我国近些年很多新型种苗的研发、渔业新技术的创新都是"企研合作"和"校企合作"的成果。除了"企研合作""校企合作"之外，"政企合作"也有利于渔业企业良好、健康地发展，以一些龙头企业为主要合作、扶持对象，政府的支持让龙头企业拥有了更高的发展能力和更大的发展潜力，也便于政府的监管。龙头企业获得快速发展之后，再带动其他企业的协同发展，将有力带动整个产业的进步。

10. 完善产业链建设，统筹兼顾，协调发展

"蓝色粮仓"中包含许多产业，形成了一条完整的产业链，为建设更高效的产业链，需要产业链中各个环节协同发展，尽量避免出现短板。例如，目前海水种苗业、冷链物流业的短板，在很大程度上限制了海水养殖业和海洋捕捞业的发展，对其他下游产业也有不同程度的影响。在未来，应更多关注弱势产业，给予弱势产业更多政策扶持和资金投入，统筹兼顾，做到各产业协同发展。同时，注重挖掘海产品的附加值，在海洋渔业资源可持续发展的基础上，通过对各个产业的提升、对整个产业链的整合，使海产品可以创造出更高的边际效益，从而促进我国海洋经济又好又快地发展。

第3章　海洋产业与海洋经济

21世纪是海洋的世纪，随着陆域资源的日益短缺，许多国家和地区纷纷将目光转向海洋，海洋经济已成为国民经济新的增长点。2001年以来，我国GOP占GDP的比重呈上升趋势，2011年，国家先后推出了山东、浙江、广东三个地区的国家海洋经济区发展规划，2012年党的十八大明确提出"建设海洋强国"，海洋产业进入快速发展时期。海洋产业是典型的以资源的开发利用为主要特点的产业，产业集聚特征明显。已经有许多学者对海洋产业集聚进行了识别和测度（Doloreux and Melançon，2008；Monteiro et al.，2013；Morrissey and Cummins，2016），然而不同地区海洋产业的发展往往存在差异，如2014年广东省的地区海洋生产总值为13 229.8亿元，占GOP的21.8%，山东省的地区海洋生产总值占GOP的比重达18.6%，仅这两个省的地区海洋生产总值就占到了GOP的40.4%，而福建省的地区海洋生产总值仅为5980.2亿元，辽宁省仅为3917.0亿元，对于这种地区差异形成的原因，以往研究更多关注的是地区间的要素投入、发展政策、地理区位、外商投资等差别，而地区间海洋产业增长的差异也可能源于地区间海洋产业内部结构的不同。

地区产业结构对地区产业增长具有重要影响，由于所选取的样本范围不同，目前学者们关于产业结构对产业增长的影响方式，即对于一个地区是产业多样化还是产业专业化更有利于产业增长并没有形成一致的看法。一种观点认为同一产业的企业在某个地区的集中，也就是产业专业化能够促进分工，并且由于地理与功能相近的企业之间更易于进行学习与创新，从而可促进知识溢出，降低供给成本，进而促进区域经济增长（Marshall，1920；Arrow，1962；Romer，1990），这种观点被称为Marshall-Arrow-Romer（MAR）外部性；另一种观点认为一个地区众多产业并存比某一个产业的集中更能给地区带来活力（Jacobs，1969），这种观点是以Jacobs为代表的"Jacobs外部性"。值得注意的是，在早期的文献中，多样化与专业化被看作完全对立的，然而随着研究的不断深入，越来越多的学者认为多样化与专业化并不完全负相关（Malizia and Ke，1993；Galliano et al.，2015）。

海洋产业结构是海洋经济的基本结构，反映了海洋资源开发中各产业构成的比例关系，海洋产业结构与海洋经济增长有非常密切的关系，不同的海洋产业结构会对海洋经济增长产生不同的影响。由于我国对于海洋产业集聚的研究起步较晚，目前关于海洋产业内部结构与海洋经济增长关系的文献还比较少。在海洋产业结构转型升级的关键时期，海洋产业集聚形成的产业结构与海洋经济增长动力之间的关系值得我们进行深入研究，同时基于各沿海省区市有不同的海洋产业规模，处在不同的产业发展阶段，本章将创新性地研究各省区市是否应当沿着不同的多样化、专业化路径形成有差异的最优结构。

3.1　研　究　设　计

3.1.1　模型设定

本章主要研究的是海洋产业结构对海洋经济增长的影响，借鉴前人的研究，构建以两要素科布-道格拉斯生产函数为基础的理论框架，并在此基础上进行一定的扩展和调整。

1. 基本模型

$$Y_{it} = A_{it} K_{it}^{\alpha} L_{it}^{\beta}　　　　　　　　　（3-1）$$

其中，Y_{it} 表示 i 地区 t 时期的海洋产业总产值；K_{it} 表示 i 地区 t 时期的海洋固定资产投资；L_{it} 表示 i 地区 t 时期的海洋劳动投入；A_{it} 表示除资本、劳动之外，对产出造成影响的其他综合因素；α、β 分别表示海洋固定资产投资和海洋劳动投入的产出弹性。

2. 扩展模型

假设上述模型中的 A 表示受海洋产业多样化（DIV）、海洋产业专业化（SPE）影响的综合因素，假定 A 能被分解为

$$A_{it} = f\left(\mathrm{SPE}_{it}, \mathrm{DIV}_{it}\right)　　　　　　（3-2）$$

由于本书要考察专业化指数和多样化指数对海洋经济增长带来的可能的非线性影响，加入了二次项，为了更直观地呈现出"拐点"在何时出现，本书不对专业化指数和多样化指数进行对数化处理。

用一个简单的函数对 A 进行表述：

$$\ln A_{it} = \gamma_1 \mathrm{SPE}_{it} + \gamma_2 \mathrm{DIV}_{it}　　　　　（3-3）$$

其中，γ_1、γ_2 分别表示海洋产业专业化、海洋产业多样化对 A 的影响。

对式（3-1）进行对数转换，并将式（3-3）代入，得到本书所使用的模型：

$$\ln Y_{it} = \alpha \ln K_{it} + \beta \ln L_{it} + \gamma_1 \mathrm{SPE}_{it} + \gamma_2 \mathrm{DIV}_{it} + \varepsilon_{it}　（3-4）$$

为了研究海洋产业多样化、专业化与海洋经济增长之间可能存在的非线性关系，在式（3-4）基本模型的基础上，在回归分析时将二次项 SPE^2、DIV^2 逐次、有选择地引入模型进行考察。

3.1.2　产业选择说明

我国 2006 年 12 月颁布了《海洋及相关产业分类》（GB/T 20794—2006），按照海洋经济活动的性质，将海洋经济划分为两类三个层次，两类分别为海洋产业和海洋相关产业，其中海洋产业包括两个层次，即主要海洋产业（包括海洋渔业、海洋油气业、海洋矿业、海洋盐业、海洋化工业、海洋生物医药业、海洋电力业、海水利用业、海洋船舶工业、海洋工程建筑业、海洋交通运输业、滨海旅游业等）和海洋科研教育管理服务业（包括海洋

信息服务业、海洋环境监测预报服务业、海洋科学研究、海洋技术服务业、海洋教育、海洋管理等），而海洋相关产业是以各种投入产出为联系纽带的，与主要海洋产业构成技术经济联系的上、下游产业，涉及海洋农林业、海洋设备制造业、涉海建筑与安装业、海洋批发与零售业、涉海服务业等产业。

根据《中国海洋统计年鉴 2015》，2014 年 GOP 中，主要海洋产业增加值所占的比重达到 41.70%，大于另外两个层次的增加值。考虑到数据的可获得性，本书所研究的海洋产业内部结构指的是主要海洋产业的多样化和专业化水平，所研究的海洋经济增长是指包含了海洋产业和海洋相关产业的海洋经济总量的增长。此外，由于各地区各海洋产业数据获得的困难，根据《中国海洋统计年鉴 2015》，2014 年主要海洋产业中的海洋渔业、海洋矿业、海洋盐业、海洋化工业、海洋船舶工业、海洋交通运输业、滨海旅游业七类产业增加值占主要海洋产业增加值的比重达到 79.50%，我们认为这七类海洋产业能够较好地解释主要海洋产业的多样化和专业化水平。因此，本书选择以上七类海洋产业来测度和分析海洋产业多样化和专业化水平。

3.1.3　数据来源、变量选择与数据处理

1. 数据来源

2006 年国家海洋局组织进行了对海洋经济的统计口径和内容的调整工作，为了配合新标准的实施，从 2007 年起，《中国海洋统计年鉴》进行了改版，以新的标准对年鉴的框架内容进行了调整，对相关产业的名称也重新做了规范。为了保证统计数据的口径一致，本书所采用变量的统计数据年份为 2006～2014 年。所有变量的数据均来自《中国海洋统计年鉴》（2007～2015 年），本书根据我国沿海 11 个省区市 2006～2014 年的数据，研究海洋产业多样化和专业化与地区海洋经济增长的关系。

2. 变量选择

本书主要考察海洋产业的多样化和专业化与地区海洋经济增长的关系，在确定被解释变量及解释变量的基础上，为了保证解释变量和被解释变量之间因果关系的可靠性，将其他可能影响地区海洋经济增长的因素引入计量模型中作为控制变量加以分析。变量选取的说明如下。

（1）被解释变量为地区海洋生产总值。本书采用各沿海地区海洋生产总值作为衡量沿海地区海洋经济增长的指标，即各沿海地区在一定时期内海洋产业和海洋相关产业增加值之和。

（2）解释变量为海洋产业的专业化水平（SPE）和多样化水平（DIV）。在有关研究海洋产业集聚的文献中，很多学者（Doloreux et al.，2016）采用区位熵这一指标来衡量海洋产业的集聚水平。因此，借鉴以上文献的做法，本书采用区位熵来衡量各地区海洋产业的专业化水平，需要注意的是，区位熵衡量的某地区海洋产业的专业化水平是指该地区相对全国平均水平来说专业地从事该行业的程度，是一个相对量，区位熵=1，表明

行业在该地区的分布处于全国的平均水平，区位熵越大，表明地区从事该行业的专业化水平越高。具体而言，首先分别计算各沿海省区市所选的以上七大海洋产业的区位熵，根据计算结果选择其中最大的区位熵作为该地区海洋产业专业化水平的度量。区位熵 S_{ij} 的计算公式如下：

$$S_{ij} = \frac{\mathrm{oce}_{ij} \Big/ \sum_j \mathrm{oce}_{ij}}{\sum_i \mathrm{oce}_{ij} \Big/ \sum_i \sum_j \mathrm{oce}_{ij}} \tag{3-5}$$

$$\mathrm{SPE}_i = \max_j \left(S_{ij} \right) \tag{3-6}$$

其中，S_{ij} 表示 j 产业在 i 省（自治区、直辖市）主要海洋产业总产值中的份额与该产业在全国主要海洋产业总产值中的份额之比；SPE_i 表示 i 地区海洋产业专业化水平，SPE 值越大，表明地区海洋产业专业化程度越高。

海洋产业多样化水平的度量方法比较多，考虑到本书主要分析地区海洋产业的相对多样化水平，本书借鉴 Henderson 等（1992）的方法，用海洋产业多样化指数来测度各沿海地区海洋产业相对全国海洋产业的多样化水平。多样化指数的计算公式如下：

$$\mathrm{DIV}_i = \sum_j \left(\frac{\sum_i \mathrm{oce}_{ij}}{\sum_j \sum_i \mathrm{oce}_{ij}} \right)^2 \Big/ \sum_j \left(\frac{\mathrm{oce}_{ij}}{\sum_j \mathrm{oce}_{ij}} \right)^2 \tag{3-7}$$

其中，DIV_i 表示 i 省（自治区、直辖市）海洋产业多样化水平。类似地，DIV 衡量的是地区海洋主要产业相对全国主要海洋产业的多样化水平，DIV=1，表明地区海洋产业的多样化处于全国平均水平，DIV 越大，表明地区的海洋产业越分散，产业多样化程度越高。

根据式（3-5）、式（3-6）、式（3-7）计算得到沿海地区各省区市海洋产业的专业化、多样化水平，图 3-1 和图 3-2 反映了 2006 年和 2014 年我国沿海地区主要海洋产业专业化与多样化水平。

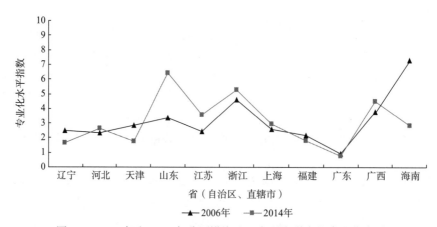

图 3-1　2006 年和 2014 年我国沿海地区主要海洋产业专业化水平

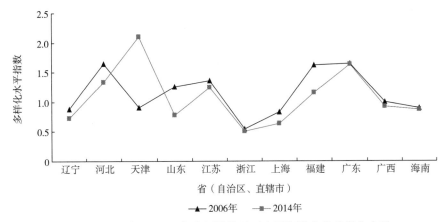

图 3-2 2006 年和 2014 年我国沿海地区主要海洋产业多样化水平

由图 3-1 可见，我国不同沿海省区市主要海洋产业专业化水平差距较大。从数据来看，2006 年和 2014 年专业化水平较高的地区有山东、浙江、广西和海南，其中山东主要在海洋盐业上的生产专业化水平较高，2006 年和 2014 年的专业化水平分别达到了 3.38、6.42。山东一直是海洋盐业大省，2014 年的海盐产量在全国总产量中的比重达到 75.09%。2014 年浙江在海洋矿业上的专业化水平达到 5.31。自 2006 年以来，浙江的海洋矿业产量占全国总产量的比重便一直高于 40%，2009 年甚至达到了 85.06%。因此，山东、浙江分别在全国海洋盐业、海洋矿业生产中从事专业化生产并占主要优势地位。广西、海南在海洋矿业和海洋渔业方面的生产专业化水平较高。2014 年广西海洋渔业占该自治区海洋主要产业增加值的 43.06%，海南的海洋渔业比重则达到 46.11%，两地区的海洋经济总产值都较低，地区海洋产业仍然以渔业为主。广东是专业化水平最低的，历年主要海洋产业的多样化水平均小于 1，海洋产业分散程度较大。

相较于专业化水平，各省区市的主要海洋产业多样化水平差距不大。从图 3-2 可以看出，2006 年和 2014 年，在 11 个沿海省区市中，多样化水平均小于 1 的有辽宁、浙江、上海、广西、海南五省区市，说明以上五省区市的主要海洋产业多样化水平低于全国平均水平。2014 年，产业多样化水平最高的是天津，达到 2.10，广东、河北的多样化水平也较高，分别为 1.63、1.33，多样化水平最低的是浙江。

为了比较各地区海洋产业专业化、多样化的平均水平，需要分别计算各地区历年海洋产业的平均专业化指数、平均多样化指数。根据式（3-5）、式（3-6）得到的是各沿海省区市相对全国平均水平的海洋产业多样化、专业化水平，因此，选取"1"为分界值，可以将 SPE>1 的地区划分为高专业化地区，SPE<1 的地区划分为低专业化地区；同理，DIV>1 的地区划分为高多样化地区，DIV<1 的地区划分为低多样化地区。依据上述标准，11 个沿海省区市可以分为三种类型：高专业化高多样化地区、高专业化低多样化地区和低专业化高多样化地区。如图 3-3 所示，其中，横轴表示平均专业化水平，纵轴表示平均多样化水平。

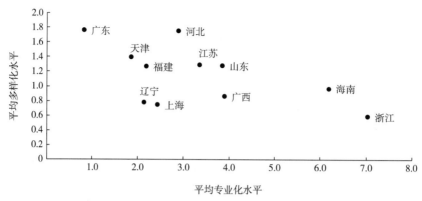

图 3-3　沿海各省区市的平均多样化水平、平均专业化水平

由图 3-3 可知，在我国 11 个沿海省区市中，除广东省外，其余 10 个省区市的海洋产业平均专业化水平都超过了全国平均水平，达到了相对较高的专业化水平，其中河北、天津、山东、江苏、福建属于海洋产业结构高多样化地区，而辽宁、上海、浙江、广西、海南的海洋产业多样化程度相对较低。

此外，为了考察海洋产业多样化、专业化与海洋经济增长之间可能存在的非线性关系，本书将分别计算各沿海地区海洋产业多样化、专业化指数的二次项 SPE^2、DIV^2，并在回归分析中将其逐次引入模型中。

（3）控制变量。除上述主要解释变量外，还有一些因素对经济增长产生影响，需要将其作为控制变量纳入回归模型中。根据传统的科布-道格拉斯生产函数可知，资本、劳动力因素作为基本的生产要素对经济增长有显著的影响，因此，本书将海洋固定资产投资、海洋劳动投入作为控制变量引入计量模型中。

本书选取的控制变量如下。

（1）海洋固定资产投资（K）。由于缺少海洋固定资产投资的统计数据，本书在借鉴文献的基础上根据沿海地区各省区市的全社会固定资产投资，对海洋固定资产投资数据进行近似处理，即海洋固定资产投资=全社会固定资产投资×（地区海洋生产总值/地区生产总值）。

（2）海洋劳动投入（L）。采用沿海各省区市涉海就业人数来衡量海洋劳动投入。

3. 数据处理

（1）定基处理。为了剔除价格因素的影响，以 2005 年为基期，利用地区生产总值平减指数和固定资产投资价格指数分别对地区海洋生产总值和海洋固定资产投资（K）进行不变价处理。

（2）比例折算法。本书所做的研究要求主要海洋产业的增加值既要分省区市又要分产业，因此对于"分产业但不分省区市"的主要海洋产业增加值的原始数据，利用沿海地区主要海洋产业活动的实际产出量，使用比例折算法进行近似处理。

（3）平滑处理。对地区海洋生产总值、海洋固定资产投资（K）、海洋劳动投入（L）三个变量的数据取自然对数做平滑处理。

3.1.4 变量描述性统计

变量的描述性统计如表 3-1 所示。

表 3-1 变量描述性统计

变量	变量名称	均值	最大值	最小值	方差	观测值
$\ln(Y)$	地区海洋生产总值对数值	7.5957	9.1031	5.6676	0.8927	99
$\ln(K)$	海洋固定资产投资对数值	7.0655	8.7638	4.8164	0.8509	99
$\ln(L)$	海洋劳动投入对数值	5.4845	6.7476	4.4006	0.6666	99
SPE	海洋产业专业化水平	3.3420	31.6791	0.7491	3.3543	99
SPE^2	海洋产业专业化水平的二次项	22.3066	1003.5630	0.5612	100.9093	99
DIV	海洋产业多样化水平	1.1505	3.2823	0.5060	0.4621	99
DIV^2	海洋产业多样化水平的二次项	1.5349	10.7735	0.2560	1.4003	99

为深入考察不同海洋产业规模条件下研究结果的差异，本书依据 2006～2014 年各地区平均涉海就业人数将 11 个沿海省区市分为大规模地区（大于 300 万人）、中等规模地区（150 万～300 万人）和小规模地区（小于 150 万人）三类，主要解释变量的均值如表 3-2 所示。

表 3-2 2006～2014 年各省区市解释变量均值统计结果

地区规模	省区市	专业化水平	多样化水平
大规模地区	辽宁	2.1519	0.7738
	山东	3.8561	1.2737
	浙江	7.0436	0.5845
	福建	2.2017	1.2636
	广东	0.8206	1.7641
	均值	3.2148	1.1319
中等规模地区	天津	1.8688	1.3913
	江苏	3.3617	1.2841
	上海	2.4480	0.7482
	均值	2.5595	1.1412
小规模地区	河北	2.8890	1.7482
	广西	3.9084	0.8607
	海南	6.2020	0.9628
	均值	4.3364	1.1906
全部沿海地区	总体均值	3.3420	1.1505

从以上统计结果可以看出，主要海洋产业中海洋渔业是劳动力投入需求较大的产业，因此根据平均涉海就业人数划分的大规模地区主要是传统的海洋渔业大省。不同规模地区内，各省区市之间专业化水平和多样化水平的差距较大。总体来说，目前小规模地区的平均海洋产业专业化水平和多样化水平是三类地区中最高的，中等规模地区的平均专业化水平最低，大规模地区的平均多样化水平最低。

3.1.5　解释变量相关性检验

为避免解释变量之间存在多重共线性，对各解释变量进行相关性检验，检验结果如表3-3所示。

表3-3　解释变量相关系数矩阵

变量	$\ln(K)$	$\ln(L)$	SPE	DIV	SPE^2	DIV^2
$\ln(K)$	1.0000					
$\ln(L)$	0.7060	1.0000				
SPE	−0.2808	−0.1286	1.0000			
DIV	0.1491	0.0623	−0.3043	1.0000		
SPE^2	−0.2685	−0.0996	0.9244	−0.1214	1.0000	
DIV^2	0.1199	0.0313	−0.2553	0.9583	−0.1037	1.0000

表3-3结果显示，除SPE与SPE^2及DIV与DIV^2之间理应具有较强的相关性之外，其余各解释变量之间的相关系数绝对值均小于0.8，不具有较强的相关性，因此可以判定各解释变量间不存在多重共线性。

3.2　海洋产业多样化、专业化与经济增长回归分析

3.2.1　沿海地区总样本回归分析

本小节对2006～2014年11个沿海省区市的面板数据进行回归，将各解释变量逐次、有选择地引入模型，得到模型（1）至模型（7）。

面板数据的回归方法主要有固定效应模型、随机效应模型和混合效应模型三种，先根据F检验判断选择混合效应模型还是固定效应模型，然后根据豪斯曼检验判断选择随机效应模型还是固定效应模型。经过F检验，模型（1）至模型（7）都在1%的显著性水平下拒绝混合效应模型原假设；经过豪斯曼检验，模型（1）至模型（7）均不能拒绝原假设，因此采用随机效应模型对数据进行回归。沿海地区总样本的回归检验结果如表3-4所示。

表 3-4　海洋产业结构对地区经济增长的效应

变量	模型（1）	模型（2）	模型（3）	模型（4）	模型（5）	模型（6）	模型（7）
$\ln(K)$	0.500 8*** (18.081 5)	0.505 7*** (18.247 5)	0.498 8*** (16.965 4)	0.504 7*** (17.100 6)	0.504 5*** (18.178 4)	0.498 0*** (16.630 5)	0.502 5*** (15.714 5)
$\ln(L)$	0.583 8** (2.366 6)	0.586 1** (2.343 8)	0.604 2** (2.233 6)	0.612 9** (2.235 1)	0.596 9** (2.354 0)	0.604 1** (2.150 5)	0.620 8** (2.040 3)
SPE		0.004 2*** (3.073 9)		0.005 4*** (3.199 2)	−0.010 4 (−0.862 2)		0.005 2 (0.378 9)
DIV			0.094 3*** (4.967 6)	0.101 3*** (5.134 6)		0.006 2 (0.155 3)	0.031 5 (0.484 8)
SPE²					0.000 4 (1.231 6)		0.000 001 (0.002 9)
DIV²						0.024 2* (1.956 7)	0.019 0 (1.142 5)
横截面	11	11	11	11	11	11	11
自由度	99	99	99	99	99	99	99
调整 R^2	0.914 1	0.915 8	0.923 3	0.926 5	0.916 7	0.923 7	0.926 6
F 检验的 P 值	0.000 0	0.000 0	0.000 0	0.000 0	0.000 0	0.000 0	0.000 0
豪斯曼检验的 p 值	0.053 4	0.130 3	0.179 8	0.321 0	0.315 6	0.339 7	0.739 5

注：回归结果括号内的数字表示各变量的 t 检验值

***、**和*分别表示在 1%、5%、10%的统计水平上显著

从表 3-4 中模型（1）～模型（7）的回归结果可以看出，控制变量中海洋固定资产投资 K 和海洋劳动投入 L 的系数为正，分别在 1%、5%的统计水平上显著，表明其对地区海洋经济增长有推动作用，这与理论预期一致，而且海洋劳动投入比海洋固定资产投资对海洋经济增长的促进作用更大一些，海洋劳动投入增加 1%，海洋经济总产出增长约0.58%，而海洋固定资产投资增加 1%，海洋经济总产出增长约 0.50%，说明在目前海洋产业的发展中，海洋劳动投入比海洋固定资产投资更能促进海洋经济增长。

从模型（2）、模型（3）、模型（4）的结果可以看到，SPE、DIV 的系数为正，表明海洋产业的专业化、多样化水平对地区海洋经济增长具有显著的正向影响，而且相比之下，海洋产业多样化水平对海洋经济增长的促进作用更大。

为了进一步考察 SPE、DIV 与地区海洋经济增长之间可能存在的非线性关系，模型（5）、模型（6）分别引入了二次项 SPE²、DIV²。模型（5）的 SPE 系数为负，SPE²的系数为正，均不显著，模型（6）中 DIV 和 DIV²的系数均为正，但是 DIV 不显著，DIV²在 10%的水平下显著，表明 DIV 与海洋经济增长可能存在正"U"形关系，SPE 与海洋经济增长则不存在显著的正"U"形关系。模型（7）将 SPE 和 DIV 的一次项、二次项同时引入，结果并不显著。

3.2.2　按产业规模对省域分组进行回归分析

海洋产业多样化、专业化与海洋经济增长之间的关系可能会因区域海洋产业规模的不同而存在差异，需要进一步分析。其中，根据 3.1.4 小节的分类，大规模地区包括 5 个省份，

中等规模地区和小规模地区各包括 3 个省区市。由于截面数较少，模型采用固定效应模型，分别用以上三类地区 2006～2014 年的面板数据进行回归，回归结果如表 3-5 所示。

表 3-5　分省域规模的 SPE、SPE^2 与 DIV、DIV^2 的回归结果

变量	大规模地区	中等规模地区	小规模地区
SPE	0.0469** （2.2163）	−0.1315** （−2.1876）	−0.0099 （−0.4369）
SPE^2	−0.0030* （−1.8586）	0.0337** （2.8747）	0.0004 （0.5682）
临界点	7.8167	1.9510	——
DIV	0.6188*** （3.3297）	−0.3612** （−2.2729）	0.3537** （2.5074）
DIV^2	−0.2003*** （−2.9085）	0.1089** （2.2949）	−0.0716** （−2.6485）
临界点	1.5447	1.6584	2.4700

注：回归结果括号内的数字表示各变量的 t 检验值

***、**和*分别表示在 1%、5%、10%的统计水平上显著

根据回归结果，大规模地区和中等规模地区海洋产业多样化和专业化与海洋经济增长之间存在显著的非线性关系，但方向相反。小规模地区的 SPE 与海洋经济增长的非线性关系不显著，DIV 与海洋经济增长存在显著的非线性关系，如图 3-4～图 3-6 所示。

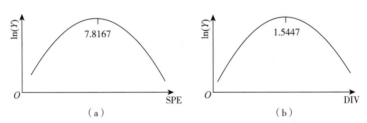

图 3-4　大规模地区 SPE、DIV 与海洋经济增长的非线性关系

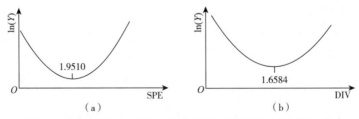

图 3-5　中等规模地区 SPE、DIV 与海洋经济增长的非线性关系

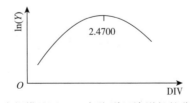

图 3-6　小规模地区 DIV 与海洋经济增长的非线性关系

1. 大规模地区

具体而言，大规模地区 SPE 和 DIV 的系数为正，SPE^2 和 DIV^2 的系数为负，即大规模地区的海洋产业专业化水平、多样化水平与海洋经济增长之间均存在倒 "U" 形的关系。对于大规模地区，当 SPE 小于临界值 7.8167 或者 DIV 大于临界值 1.5447 时，增大产业专业化水平有利于地区海洋经济增长，反之增大产业多样化水平则有利于地区海洋经济增长。

结合表 3-2 的统计结果，从整体上来说，大规模地区的平均多样化水平和平均专业化水平均小于临界值，因此应提高多样化水平和专业化水平。具体来说，辽宁、山东、福建各省的产业专业化水平远小于 7.8167，因此应该大力发展地区主导海洋产业，提升海洋产业专业化水平。同时作为海洋大省，辽宁、山东、福建也应在充分利用自身资源禀赋和劳动力投入优势的前提下，提高海洋产业多样化水平。浙江省的产业专业化水平接近临界值，但产业多样化水平 DIV 仅为 0.5845，与其他各省区市差距较大。为了促进海洋资源的合理利用和地区海洋经济的增长，浙江省应该加大力度提升海洋产业多样化水平，充分发挥地理区位优势。值得注意的是，2006～2014 年广东省的产业多样化水平 DIV 为 1.7641，超过了临界值 1.5447，而 SPE 则远远小于大规模地区的平均水平，表明广东省目前的海洋产业已经过度分散，虽然依靠其丰富的自然资源和劳动力优势，海洋产业总产值连续十几年高居沿海地区榜首，但是为了更有力地促进海洋经济的发展，广东省应该积极培育和发展地区优势海洋产业，提高优势产业的专业化水平，并以此带动相关产业的发展，在该省高产业多样化水平的基础上形成联动效应，促进海洋经济增长。

总体来说，大规模地区应该在合理利用现有资源禀赋、劳动力投入的基础上，积极提升海洋产业专业化水平及多样化水平，在带动全国海洋经济增长中发挥领先作用。

2. 中等规模地区

中等规模地区各变量的系数符号与大规模地区相反，且都在 5% 的水平下显著，表明中等规模地区海洋产业专业化水平和多样化水平与地区海洋经济增长之间均存在正 "U" 形非线性关系。当 SPE 大于临界值 1.9510 或者 DIV 小于临界值 1.6584 时，提升产业专业化水平有利于海洋经济增长，或提高产业多样化水平有利于海洋经济增长。

结合表 3-2 中的统计结果，从整体上来说，中等规模地区专业化水平的均值大于临界值，多样化水平的均值小于临界值，说明提高产业专业化水平有利于海洋经济增长。具体而言，天津的专业化水平与临界值相当，江苏和上海的专业化水平均大于临界值，而且三个省市的多样化水平均小于临界值。由于这三个省市的海洋劳动力投入有限，为了促进海洋经济的增长，天津、江苏、上海应继续大力发展地区优势海洋产业，提升产业专业化水平，在全国海洋经济发展中发挥中流砥柱的作用。

3. 小规模地区

小规模地区海洋产业的专业化水平与海洋经济增长之间不存在显著的非线性关系，多样化水平与海洋经济增长之间存在倒 "U" 形关系，在 5% 的水平下显著。根据表 3-2 的统计结果，从整体上来说，小规模地区产业多样化水平的均值小于临界值，因此应提高小规模地区的产业多样化水平。具体来说，河北、广西、海南的海洋产业专业化水平都较高，且三省区的产业多样化水平均小于临界值2.4700，因此目前应充分开发利用自身资源，积极发展海洋产业及海洋相关产业，为大规模地区和中等规模地区海洋产业的发展提供良好的补充。

3.3 结论与建议

本章基于2006~2014年全国沿海地区11个省区市海洋产业的面板数据，考察海洋产业多样化、专业化与地区海洋经济增长之间的关系，得到以下主要结论：①沿海地区海洋产业的多样化、专业化水平对地区海洋经济增长具有显著的正向影响，而且海洋产业多样化水平对海洋经济增长的促进作用相对更大一些；②大规模地区海洋产业结构与地区经济增长之间存在显著的倒"U"形关系，中等规模地区海洋产业结构与地区海洋经济增长之间存在显著的"U"形关系，小规模地区海洋产业多样化与地区海洋经济增长之间存在显著的倒"U"形关系。

从上述研究结论中我们可以得到以下启示。

第一，海洋产业大规模地区（包括辽宁、山东、浙江、福建、广东）在整体上应提高产业多样化水平及专业化水平，中等规模地区（包括天津、江苏、上海）应从整体上提高专业化水平，小规模地区（包括河北、广西、海南）应从整体上提高多样化水平。其中需要注意的是，广东省的情况较为特殊，其多样化水平超越了临界值，因此应适度降低多样化水平，提高海洋产业专业化水平，这将更有利于该地区海洋经济的增长。

第二，为了促进全国海洋经济的协调发展，国家应加强对海洋经济发展的宏观统筹和协调规划，成立高层次、综合性的海洋产业协调管理组织，使不同产业规模的地区在发展海洋产业时形成分层次、分梯队的格局，以优化海洋产业结构组合及空间组织模式，从而更加合理地、充分地开发利用海洋资源，实现省际海洋经济基础优势互补、共赢发展，进而促进区域海洋经济的整体发展和竞争力的提升。

第三，在海洋产业类型和产业结构的选择与建设上，各地区应基于自身的地理区位、资源禀赋和技术条件，培育和发展有区域特色的主导海洋产业和优势海洋产业，在充分利用各种资源要素的条件下，合理规划地区的海洋产业结构，努力做到相互协调、相互配合和相互补充，避免盲目建设而导致"大而全""小而全"的同构化海洋产业结构，从而在全国层面上形成"完整、分层、协调"的海洋产业结构，实现全国海洋经济的良性增长和可持续发展。

第4章 海洋生态系统服务与节能减排

4.1 海洋生态系统服务

4.1.1 海洋生态系统服务的内涵

作为生态环境中不可或缺的一环,海洋生态系统对整个自然界的运作起到了至关重要的作用。它不仅为我们提供了营养丰富、美味可口的海产品,也使人类生存环境的气候条件变得更加宜居,让沿海地区的休闲娱乐生活变得更加丰富多彩。同时,在进行化学循环的过程中,海洋生态系统也是一个载体和纽带,为自然界内的众多生命主体提供了广泛的支持。

然而,随着沿海地区经济飞速增长,城市化进程不断加快,截至 2011 年全球人口已超过 70 亿人,相应产生的衣、食、住、行需求已成为一个无法回避的问题。因此,海洋和其他生态系统承载了 70 多亿人的生存需要,特别是沿海地区,其较大的人口密度对海洋生态系统的各个方面施加了更大压力。人类长期居住在陆地上,与海洋之间的矛盾将随着陆地经济的发展日益凸显,陆地经济活动对海洋的整个生态系统来说,往往是破坏性的甚至是毁灭性的,其威胁和矛盾是很难调节甚至不可逆转的。现代化的管理方式日益先进,人类对自然的掌控越来越有主动权,也有越来越多行之有效的方法能够缓解陆地和海洋之间的矛盾。但归根结底,必须综合全社会的力量,齐心协力才能最终达到"陆海平衡"的和谐效果。

在追求"陆海平衡"这一和谐效果的过程中,我们需要对海洋生态系统进行更加深入的了解。我们往往认为,海洋对人类的贡献以提供海产品等海洋资源为主,然而事实上,海洋所蕴含的能量远超人类的想象,它所提供给自然界的能源和各类服务是其他生态系统难以比拟的。当我们剖析其根源时,会发现海洋生态系统处于一种天然的、反馈型的循环当中。当人类或者其他自然界的生命需要海洋生态系统发挥作用、供给资源时,它会及时满足这一要求;当人类的某些行为对海洋生态系统产生威胁或者形成某种生态压力时,它会调节自己的供给功能,从而间接地提示人类。

海洋生态系统所蕴含的能量非常多,所提供的资源也丰富多样,但并不是海洋中的资源就等同于海洋生态系统所供给的资源,这两者事实上并不是一个等同的概念,更多的是一种包含的关系,比如海底丰富的石油资源属于海洋资源,但并不属于后者,它只是以某种形式暂时储存在海洋中,与海洋生态系统这个天然运作机制无关。再比如,当一艘集装箱船从太平洋东岸漂洋过海抵达太平洋西岸的某个港口时,这一经济过程也并不是后者所属的范畴。海洋浮游植物则不然,如果将海洋浮游植物的相关活动进行剖析,会发现整个生态系统为其提供了生态过程的庇护所,因此它属于后者。但我们研究的海洋生态系统相关服务功能主要是指对人类产生的有益的效果，如果某种活动没有对人类社会产生积极影响，那么它便不属于海洋生态系统服务，而仅是海洋活动与人类活动相互交叉的一个普通过程。综上，我们在认识海洋生态系统服务的时候，要具体问题具体分析，既要分析其产生的根源，也要结合其载体、运作方式进行剖析。

4.1.2　海洋生态系统各部分所提供的服务

一般来说，海洋生态系统可以按照生物所属范围分为多个部分。例如，栖息于海洋底内或底表的生物（一般是指底栖生物），以及与这些生物所赖以生存的水体环境相关的底栖环境就是其中的一部分。表 4-1 列举了海洋生态系统的生物划分情况。

表 4-1　海洋生态系统的生物划分

总称	生物划分	生物形态
海洋生态系统	浮游生物	浮游植物
		浮游动物
		微生物
	海洋生物	游泳甲壳类
		游泳头足类
		海洋爬行类
		海洋哺乳类
		鱼类
	水体环境	—
	底栖生物	底栖植物
		底栖动物
		微生物

浮游生物种类很多，生物形态也各不相同。由于涉及光合作用这一过程，浮游植物相对于同一环境中的其他生命体，往往是更为常见并且作用更为显著的生物类型，它所转换形成的各类有机化合物是生物圈的起点，因此也更加提升了浮游植物的地位。总的来说，浮游植物是海洋生态系统中食物链的"基础功能提供者"和"起点"。作为生产和提供各类物质的初级生产者，浮游植物为海洋生态系统提供了足够的物质基础，与它相关的产品种类有很多，我们日常呼吸所依赖的氧气就是其中最为常见的一种。同时，浮游动物与浮游植物类似，也参与了海洋生态系统中的化学物质循环及生态系统内部的能量流动，浮游动物排泄物的下沉是海洋环境中碳沉积的一种重要方式。法国国家科学研究中心科学家搭乘"塔拉"号科考帆船漂洋过海，历时三年半时间在全球 210 处海洋科考点采集了大约 35 000 种浮游生物标本。通过对所采集标本深入分析，科学家们首次明确了各种浮游生物的全球分布情况，并完成了对其基因的分析工作，这是迄今科学家们对全球浮游生物最全

面的认识。这些生物虽然很微小，但它们构成了海洋生命支撑系统的关键部分。通过光合作用，浮游植物产生的氧气占地球上氧气的一半。虽然处于食物链的最底端，但它们是其他海洋生命的生存之基。

海洋生物也发挥着极其重要的作用。人类社会生产发展所必需的动物性饲料、鱼油、药品、食品添加剂等产品和服务就是由海洋生物提供给家禽和牲畜的。除此之外，海洋生物为人类提供了大约 20% 的动物蛋白，提供了许多来源于海洋的日用品，一些来源于海洋的观赏动物也深受人类喜爱。

底栖生物中，有植物也有动物，栖息于海洋底内或底表的生物一般就是底栖生物。但其实它们所赖以生存的环境非常复杂，与海洋生物所生存的环境不同，海底的生态圈更为复杂，生物种类也更加多样，因此也对促进整个系统中营养元素的化学循环和能量流动起到极大的作用。以人们所熟知的珊瑚礁为例，它是由底栖腔肠动物所构成的，目前它的面积仅占全球海洋面积的 0.2%，但约有 25% 的海洋鱼类分布于珊瑚礁区域中。可以说，珊瑚礁对海洋鱼类的生存环境来说举足轻重。因此，珊瑚礁的健康状况对依赖海洋资源的人类而言，重要性不言而喻。

"塔拉"号是一艘建于 1989 年的双桅科考帆船，长 36 米、宽 10 米，载重 120 吨，2003年开始了以保护地球和海洋为使命的出海科考征程。在海洋科考范畴内，"塔拉"号享有盛誉，曾完成对两极地区的大浮冰相关学术研究，是第一个在公海进行世界范围内浮游生物研究的科考船，对塑料制品及其相关危害开展过深度学术研究。船上有一个由法国国家科学研究中心和摩洛哥科学研究中心科学工作者组成的多学科研究小组。2016 年 5 月，"塔拉"号从法国起航，主要任务是在亚太海域开展"2016～2018 年塔拉太平洋科考项目"。负责人特鲁布莱介绍，这次科考活动最特别的地方在于，太平洋的整个海域汇聚了全球近半数的珊瑚礁群落，经过长时间、远距离的地理大穿越，科研团队在对不同海域的珊瑚礁分布状况进行对比之后，把调查研究范畴从对生物基因研究扩展到对整个生态系统的研究。此前从未在如此大范围内开展这样的研究。法国国家科学研究中心研究员、科考队科研负责人塞尔日·普拉勒认为："这个项目是为了揭示珊瑚礁在基因组、基因、病菌和细胞等方面的复杂性和生物多样性，并与珊瑚礁所处水体环境中的其他生物状态进行比较，以对全球珊瑚礁的生物多样性开启新的认知。这项研究也有助于获得与珊瑚礁生活相关的数据信息，尤其对研究来说是至关重要的生物学、化学和物理学信息，使人类增强了对适应环境变化能力的了解。"特鲁布莱介绍说，这趟独特的科考之旅路线不仅从东到西穿过太平洋，还由南向北探访了分布最为广阔的珊瑚礁群落。从巴拿马海峡到日本列岛，再从新西兰远渡到中国，"塔拉"号不仅从太平洋上的 11 个时区穿越而过，而且探访了极为偏远、之前从未探访过的土地和附近海域的珊瑚礁。

4.1.3　海洋生态系统服务的价值评估

近年来人类越发关注海洋生态系统服务，对其相关服务的需求不断增加，与此同时，人类及整个社会对海洋生态系统的破坏性开发也使海洋生态系统面临着更大的压力，许多区域的海洋生态系统服务呈现下降趋势。因此，对它的服务及价值进行界定，同时剖析人类活动是如何作用于海洋生态系统服务的，这一点对于当下人类社会发展阶段中合理开发、有效利用、正确保护海洋来说十分重要，能够大大促进海洋生态系统的可持续发展，具有战略性生态意义。

中国科学院生态环境研究中心吕永龙研究组曾在 *Nature* 上提到，当下倡导海洋生态系统的可持续发展，人类应该强化海洋资本对于推进联合国可持续发展目标的作用。文章指出，海洋具有提供人类生存所必需的食物和海洋原料，稳定人类社会发展，提供休闲娱乐等服务功能，了解和掌握海洋提供这些生态系统服务的途径之后，可以对根除贫困起到促进作用，进而带动经济的可持续发展，指导人类更好地向适应全球生态环境变化的方向发展。尽管海洋具有许多至关重要的生态系统服务功能，但目前国际上的部分资源专家和许多国家的目标及战略还只是停留在对陆地生态系统的关注上，仍然热衷于对陆地生态系统所提供的产品和服务进行深度研究。虽然联合国可持续发展目标 14（水下生物）明确将保护海洋和可持续利用海洋资源作为一项发展目标，但目前对海洋生态系统的管理和对海岸带空间的管理仍然没有得到应有的重视，那么它对实现可持续发展目标的作用便难以发挥出来。文章认为，通过制定 GOP 指标，可以有效度量海洋自然资源，从而实现联合国可持续发展目标 14。文章还指出，维持海洋生态系统平衡对维持全球范围的生态平衡至关重要，需要加快开展与海洋资本估算相关的学术研究和实证分析，以便尽快提供一种有效的标准，用于在国家或全球范围内衡量海洋生态系统产品和服务的价值，并基于各个海洋区域范围对优良制造标准指标进行估算，并将估算结果提供给全球范围内的政府决策者、用海企业和普通民众，以推进各项目标的实施。文章建议制订综合研究计划，将测量、监测和评估集于一体，将研究重点放在人类-海洋系统健康上，以全面评估与监测与可持续发展目标有关的活动进展。

根据生态系统服务功能所产生影响的外在表现形式，并参考学术界目前被广泛认可的生态系统服务功能分类准则，可以将海洋生态系统服务功能分为供给功能、调节功能、文化功能和支持功能四大类。

4.1.4　我国的海洋生态系统服务价值评估及问题

2002 年，为带动学术界开展对海洋生态系统服务及相关领域的探索，第一个研究课题在国家海洋局的资助下顺利诞生。陈尚等学者首先围绕胶州湾这一生态系统，对其服务功能开展研究，并在中国建立了海洋生态系统服务的分类系统。

2003 年，在中国分管科学技术的政府部门的资助下，朱明元等学者对两类海洋生态系统进行研究，其中桑沟湾海洋生态系统是最为典型且最具代表性的近海普遍的生态系统，与另外一种生态系统的性质是大相径庭的。本次研究的核心工作在于为九种海洋生态系统提供评估其功能和价值的方法，同时使用本次所开发的评估软件，对我国的渤海、东海、黄海、南海这四个海域和共计 11 个省区市的沿海生态系统进行服务功能评估。

2005 年，以"海洋生态系统服务评估及其价值计算"为主题的科研方案在国家海洋局的资助下顺利开展，该方案研究期限为 5 年，获得经费 200 余万元。我国海洋生态系统当下具有复杂性、特殊性的特点，同时我国现阶段的经济发展水平处于特殊阶段。鉴于此，此方案旨在通过计算方法来标准化海洋生态系统服务的有关功能，借助各类评估指标来打造符合我国国情的海洋生态系统服务价值评价体系。同时，此方案进一步完善了生态系统损失评估体系，将海洋赤潮、其他物种入侵生态系统等典型的生态灾害纳入评估范围，以求对我国近海海域所发生的生态灾害及其对海洋生态系统服务价值的影响进行综合评判。实施这一方案的意义在于，其不仅可以作为具体运作的参考，同时对于整个海洋生态研究来说也是一大参考依据，从专业层面上为沿海各个地区制定具体、针对地区内部的生态政策提供了建议，也使得各类生态费用在收取的时候、在政府进行功能分区布局的时候拥有了理论上的支持。海岸工程对海洋生态所产生的影响及人类对海洋进行调节、修复所产生的影响，二者都依赖于该方案中所搭建的技术平台，同时该方案也使得海洋活动的规划统筹变得更加量化、更加指标化，进一步对海洋的有效利用和对相关产业的合理开发起到了促进作用。除此之外，这也是中国迈向绿色 GDP 核算的重要一步，对于将生态价值服务纳入国民经济核算具有参考意义。该方案研究区域广泛，除了渤海之外，还对国内其他三大海域和附近岛屿进行探索，是我国生态系统研究的里程碑事件。

与很多海洋生态建设起步早的国家相比，我国在开展评估方面还不够成熟，很多的经验借鉴于起步较早的国家，所以在处理国内许多具体问题、面对许多现实困难的时候，操作规范方面还有待完善。事实上，目前很多方法都可以用来评估海洋生态系统服务价值，一般来说几乎每种方法都对海洋生态系统服务价值的评估有较强的可操作性，每一种方法都有较强的理论知识作为支撑，能够在一定程度上支持相关调查与研究，也能够对生态政策的制定起到辅助作用，但在实际运用的时候还存在一些问题。

现有的这些方法各有特点，但如果只用特定的某一种方法进行评估，虽然不会产生评估方法之间的冲突，但对于评测结果来说不一定是最佳的，甚至可能产生较大误差，而且不能对各项服务之间的关联性给出很好的判断。考虑到每种方法都有其不可避免的短板，因此只有把各类评估方法纳入评价体系当中，综合使用不同方法，才能够对生态系统服务价值给出客观、合理的评价。同时，由于目前的评价指标和实际情况不完全接轨，对于相关数据的监测可能出现偏差，信息传递可能出现不对称，不同的核算者对核算和评估的具体方式有不同的看法，这就使得所产生的评价结果无法进行横向或纵向比较，更不必说在这些借助不同方法评估出来的结果中进行比较。因此，当下研究工作的重中之重就是确定统一的指标，并将其纳入总的体系中，从而形成规范的评估方式，以取得更系统、全面的评估结果。

2007 年，在中国海洋发展研究中心的学术会议上，海洋生态系统服务被着重强调。与会学者普遍认为，目前国内在这一领域的研究已经进入较快发展期，但我国在这一领域的探索仍然需要加快步伐，以追赶这一领域的发达国家。我国需要将这一领域的研究重点放在以下几方面。

（1）以数据的形式确定相关服务的数字指标，将普遍性和特殊性、统一和个别相结合，将数字指标推广到全国各大沿海区域，使这一标准能够广泛应用于海湾、盆地等不同种类的海洋生态系统。

（2）能够判别计算海洋生态系统服务的不同表现形式（如海域里的珊瑚礁和沿海地带的红树林），并判断其服务价值。

（3）人类利用海洋、开发海洋的过程对生态系统服务的未来发展会产生长期影响或形成不确定性因子。

（4）对海洋生态系统服务功能起到决定性作用的部分和环节进行研究，以推动对海洋生态系统服务功能的深入开发。

（5）研究海洋工程对海洋生态系统服务功能所产生的影响；研究与人类活动有关联的海洋生态破坏对海洋生态系统服务功能所产生的影响，同时对这一影响进行量化评估。

（6）分析海洋生态系统服务功能与全球整个自然界生态系统的关系，探究这些服务功能如何作用于人类社会（或某一具体国家）。

（7）对不同行政区划、不同海域及对全球不同维度的各类海洋生态系统进行综合研究，使用学术界常用的比较研究法探索其差异性和适用于该区域的方法。

（8）围绕海洋生态与政府之间的关系，探讨如何通过政府政策实现对海洋生态的调整，包括补偿方法、补偿金金额等。

（9）评估海洋生态系统服务价值对海岸带空间的利用和开发的影响，以及是否能够作为对相关区域功能划分的依据之一，是否能够作为对沿海空间经济发展和社会进步的评判指标。

（10）明确能否合理拓展生态系统服务的利用空间，明确生态系统服务能否对不同产业起到作用。

从 20 世纪 90 年代末开始，我国逐渐有学者开始对生态系统服务价值进行研究，近 20 年来相关研究越来越受到生态学家们的青睐。虽然他们提供了各种各样的服务价值评估方法，但目前的研究仍处于试水、探索阶段。

4.2 海洋生态系统服务与我国的可持续发展

学术界众多学者都曾提出，海洋生态系统价值应该成为核算绿色 GDP 的一个重要指标和参考依据。海洋生态系统的服务功能与效益能够有效作用于生物生存和发展，也能够大大影响人类社会和自然生态的发展能力，进而作用于整个自然界的生态系统。因此，为了顺应时代潮流，各国政府在进行国民经济核算的时候，应当重视这一部分的价值评价，并逐渐提升这一部分在核算过程中所占的比重，最终引起全社会对保护生态系统服务的重视，让民众在充分认知的同时能够关注海洋环境和生态发展。

绿色 GDP 是指当我们在观察国民经济核算数据的时候，可以直接从数据中发现国内环境恶化的程度，其造成的生态损失与经济损失一样，都被计入国民经济生产总值中。绿色 GDP 的提出使我们可以通过资源损耗值、生态退化程度来客观地评价一个国家的经济社会发展情况，更侧重于对长期情况下经济持续发展能力的探测，而不是仅观察短期的经济行为，这也就是经济学中所提到的"真正储蓄"。如果生产该产品的部分资源是从自然界中获取的，那么这部分资源在量化以后就要从产品的最终价值中扣除。当一国政府在平衡以上所有因素、追求全面发展的时候，这个国家的民众就会更多地考虑如何降低污染、如何提高资源利用率、如何消除生态损失。因此，在进行国民经济核算时，如果能够综合考虑海洋生态系统的相关因素,尤其是生态系统服务的相关因素,那么整个核算体系就会变得更加科学。同时,当一国政府制定了相关政策后,能够倒逼用海企业慎重开发海洋,促使相关企业规范其涉海经营行为,鼓励相关企业更多地去追求长期经济利润,最终实现社会福利的最大化。

长期以来,我国重视对陆地资源的开发,对海洋没有充分的认知,盲目追求陆地经济发展,毫无节制地从海洋获取资源,以用于促进陆地经济发展,从而对海洋环境产生了难以修复的影响。除此之外,在开发利用海洋时,往往依赖于海洋生态系统所提供的各类服务,常常会忽视在开发过程中对海洋生态环境所造成的影响,如港区码头建设后船舶排油对水体的污染等。因此,人类经济活动的干预对我国海洋(尤其是近海区域)产生的影响也应该在国民经济核算体系中有所体现,从而引起人们对海洋国土的重视。

4.2.1 我国的相关政策法规

关于我国在法律方面对海洋的保护,1982 年第一部《中华人民共和国海洋环境保护法》开启了国内海洋环境保护法制化的进程。此后,我国不仅对此前的法律法规进行修订,还出台了多部法律和 20 多部配套法规。可以看出,在利用海洋资源、开发海洋产业的同时,我国已经开始注重对海洋生态的保护,并逐步完善相关法律体系,以减少沿海地区经济活动给海洋生态系统带来的负面影响。2000 年之后,通过《中华人民共和国海域使用管理法》,规范了海洋区域的划分和使用,同时首次提出了海洋使用金的概念,旨在间接规范相关企业的用海行为,并将所收取的相关费用作为海洋生态系统修复的经济来源之一。2016 年,"十三五"规划中重点关注海洋经济的转型升级,着力优化海洋经济区域布局,提高海洋科技创新能力,同时推进海洋生态文明建设,推动海洋经济从速度规模型向质量效益型转变。在国家层面和法律法规层面,我国已经有相当一部分专设法律用来支撑生态的可持续发展,同时有较为具体的法律条文来规范相关行业的运作。

近年来,随着海洋渔业的迅速发展,我国的部分沿海省区市出现了新的难题。无序捕捞使得捕捞市场供给方远超需求方,形成渔业产能过剩。过度捕捞对近海区域造成污染,海洋生态系统受到影响,进而造成捕捞行业不稳定性增加。

2013 年,农业部发出通知,要求中国沿海各地区将休渔期后的捕捞时间延迟一个月再启动,并至少保证休渔期为期 90 天以上。在此之前,我国从未出现过如此严格的捕捞和休渔规定,其根本目的是"为海洋提供足够的缓冲和充分的休息时间",引导渔民追求长期利润而不是只盯眼前的利益,从而使海洋相关产业实现可持续发展,实现海洋生态和海洋经济的双赢。

2012 年,江苏省向社会公开了关于海洋生态和渔业发展的专设项目计划,以加强海洋渔业生态文明建设。这一计划的主要内容有以下几点:对于所列名单中的水域,控制其人工养殖的区域,并将养殖规模控制在计划所规定的比例内;对于出海捕捞的船只,进行登记管控,从数量上把渔业发展控制在生态红线以内;在重点流域(如长江)和重点生态区域禁止捕捞,尤其保护流域内重点生物;渔业发展过程中,对危害海洋生态环境的行为实行严厉打压,做到严格依法、严格执法,最终实现让海洋和水域环境拥有充分的"休养生息"的能力和空间，实现海洋渔业生态文明的发展。2013 年，广东省在相关文件中也对海洋渔业的可持续发展做出了规划。广东省提出，应该对渔业设备进行升级换代，从过去的旧设备、旧技术、落后产能中走出来，同时在沿海海岸带空间中规划了几大生态示范区，并着重强调了节能减排对渔业可持续发展的重要性。广东省做出规划以后，浙江省也紧接着启动了以"一打三整治"为核心的渔业整顿、海洋恢复行动。通过对捕捞船只进行资质审核，淘汰掉非法船只；通过对船只技术设备进行认定，淘汰掉落后产能的捕捞船只。采取撒播鱼苗、生态修复等举措以后，浙江省的海洋生态得到修复，沿海的渔业资源也逐渐有序增长，效果较为明显。

事实上，在各个沿海省区市注重定点保护、开展海洋生态恢复工作的同时，国家也在宏观上把控海洋生态修复的方向，并提供资金支持。2013 年，国家海洋局副局长在出席会议时提到，我国将一如既往地开展海洋生态修复工作，海洋生态文明与海洋经济发展并举，在修复海岸带的过程中，保护近海海岸带空间的生物多样性；在保护海洋生态区的同时，对保护区之外的海洋生态系统也加以关注；修复沿海湿地、沿海红树林等生态系统，尽最大力量避免人类活动对海洋环境的干预，同时加强公民和相关企业对海洋国土的认知，努力推进海洋生态文明建设，实现中国经济的可持续发展。

2013 年 12 月，山东省制定出台了海洋生态红线制度，围绕各类保有率、达标率、污染总量制定了一系列严格可行的生态指标。依靠渤海湾的山东省响应海洋生态红线制度，所规定的指标切实可行，符合山东本地的实际情况，能够为省内的用海经济活动提供规范性指导。

东海、黄海沿海的省区市也围绕海洋生态红线出台了较为严格的规定。例如，面朝东海的浙江将全省海域面积中的三成划定为海洋生态红线区域，根据生态红线区的现有特点，按照禁止和限制两类级别进行差异化管理。其中，沿海各级政府是海洋生态红线制度的第一责任人。在宣传制度之余，各级政府有义务也有责任对所辖范围内的生态红线区域进行严格管控，对违反节能减排原则的用海行为要迅速叫停，对损害海洋生态系统服务的经济活动要敢于说不。

海洋生态红线的保护可以从政府层面管控用海行为，避免对海洋的无限制索取。同时，海洋生态红线的划分是合理的、科学的，能够从近海生态系统进行总体布局、局部规划，实现"保本追次"，用严格的制度来确保海洋生态系统和海洋资源能够实现精准保护。

目前来看，海洋生态红线制度的效果距离预期越来越近。《2016 年北海区海洋环境公报》显示，2011～2015 年渤海海域的水质明显变好，优水质海域较以往增加了近 20 000 平方千米，能够看出生态红线的效果是值得肯定的。有海洋专家提到，生态红线如同沿海各级政府头上的一条"高压线"，政府不得不重视，用海企业不得不遵守。另外，在严格管理之余，还应该加大宣传，使管控模式由政府单一治理转变为政府牵头管控、民众协同治理，变被动为主动，最终实现政府和社会各界携手维护海洋生态红线。

4.2.2　海洋生态系统服务与节能减排

海洋生态系统虽然复杂多变，但归根结底，其提供的生态系统服务是面向人类社会开放的，因此它成为人类获取时不受限制、人类再获取时可再生的资源。当人类关注短期利益时，不可避免地会对海洋环境造成危害，最终将失去长期利益，得不偿失。从这一角度出发，对海洋生态系统服务功能进行探索研究、进行管控是当下生态工作的重点。只有实现政府牵头管控、民众协同治理，才能从源头治理海洋，从源头保护海洋，最终实现海洋资源的科学开发利用，并实现海洋生态和海洋经济共同发展。

1. 海洋生态系统服务与节能减排——以辽宁省为例

辽宁省位于渤海海域附近，省内有许多典型的滨海城市，在大连等城市中有遍布滨海的度假休闲区，大连港等港口的发展也突飞猛进。但是随着经济发展和海洋相关行业的无序竞争，用海企业将工业污水直接或间接排放到近海海域，港区作业所产生的污染严重危害了近海海域的生态平衡，滨海旅游业的开发已经超出当地海洋生态系统的可承受范围，这些行为所造成的一系列后果严重制约了城市的发展进程，更不必说对海洋所造成的危害。因此，在辽宁省的经济发展过程中，要适当引入海洋生态系统服务这一概念，明确供给功能的重要性，明确供给功能将持续作用于辽宁省的经济发展，同时要对渤海水域的各项功能适当开展学术、生态相关的评估，在清楚其海洋资源的内在价值以后，才能明确如何开发有价值的资源，同时搞清楚如何将资源的长期价值保留下来，实现可持续发展。除了海洋渔业受制于海洋生态系统服务，陆地生态环境也与海洋生态系统形成循环，也就是说，当陆地上的经济活动所产生的污染物排放到海洋之后，海洋的生态环境会遭到破坏，进而会反作用于陆地环境，这其实是人类社会在自食其果。另外，相比较于三亚、海口等滨海城市，辽宁省的沿海地区还没有完全开发好海洋生态系统的娱乐功能。辩证来看，这有利也有弊，辽宁省应当吸取南部沿海城市无序发展海洋旅游业的教训，逐步在文化领域合理开发海洋资源，充分发挥其多样化的功能。

2. 海洋生态系统服务与节能减排——以三亚市为例

作为国际化的热带滨海旅游城市，海洋一直是三亚绕不开的话题，"吃海、看海、玩海、乐海"已经融入三亚的城市文化。相比其他城市来说，海洋生态系统对三亚的重要性不言而喻，海洋不仅是三亚的代表性城市元素，更是城市主要行业的支柱。因此，海洋生态系统为三亚提供的多样化服务也成为城市发展中不可或缺的一环。但是近年来，由于部分潜水活动无序发展、部分海洋活动开发过度，一些用海工程、排污行为直接影响了海洋生态系统的服务功能，甚至使得不同种类的沿海生态系统（如三亚的珊瑚礁）不再有从前的风貌。

2015 年住房和城乡建设部把三亚列入城市修补生态修复、海绵城市和综合管廊建设试点城市。同年，三亚在相关政府工作会议中提到海洋生态系统服务功能的有关话题，探求海洋生态遭到破坏的直接原因。因此，向用海企业收取生态补偿金，并用于海洋生态环境修复，是"补偿海洋"的举措之一，也能够给用海企业敲响警钟，警示其要为自己的不当经济行为买单。

缴纳生态补偿金，是继《三亚市自然资源资产负债表》中实行领导干部自然资源资产离任审计后，三亚在海洋生态修复工作中又一重要举措。海洋生态修复涉及面广，包括近岸海水水质环境综合治理、生物资源修复、侵蚀岸滩修复等，此次三亚市印发的《海洋生态补偿管理办法》先从保护和修复珊瑚礁生态系统为着手点展开。

潜水行业一度是三亚旅游市场的一匹"黑马"，潜水活动受热捧，也曾助推三亚的旅游市场走向井喷。市场嗅觉敏锐的潜水企业通过将潜水和海底观光相结合，形成了潜水行业产业链。据三亚潜水联合会的统计，2010 年在三亚参加体验潜水的游客超过 140 万人次。但 2010 年之后，潜水企业纷纷遇到困境，备受瞩目的潜水行业遭遇"滑铁卢"。三亚潜水市场遇冷的主要原因是水产业的旅游产品完全依赖生态环境，一旦生态环境退化，珊瑚礁受到污染，潜水行业就会失去吸引力。不仅潜水行业，三亚许多涉海企业因过度依赖海洋生态环境，又未开发新的精细旅游产品，导致产品缺乏竞争力，潜水行业自然会遭遇"空档期"。

保护海洋生态系统是涉海企业长远发展的基础，涉海企业既是海洋生态系统服务功能的受益者，同时因为自身对海洋的无序开发，导致海洋生态环境破坏，最后得不偿失。事实上，无论是红树林，还是珊瑚礁，这两大生态系统都是保护岛屿或沿海区域的一大"秘密武器"。2004 年的印度洋海啸将斯里兰卡等国家毁于一旦，无数生命就此消失，所造成的财产损失更是数额巨大。此前，斯里兰卡国民利用珊瑚形成了一个重要的产业链，通过开采珊瑚带动当地经济的发展。然而珊瑚给当地居民带来经济收益的同时，沿海的生态系统被破坏，海洋生态系统的服务功能被弱化。珊瑚礁、红树林的根扎得很紧，往往是一大片交错在一起，可以形成坚固的网状结构，该结构对海啸可发挥很大的防御功能。当海啸来临时，斯里兰卡已经不再拥有这道天然屏障，因此只能用"血肉之躯"来抵御海啸的冲击。

三亚市原海洋与渔业局副局长段德玉曾表示，近岸海域珊瑚礁总体保护较好，某些近岸海域珊瑚礁的确遭到了破坏，主要有人类活动和自然因素两大原因。全球温度升高、珊瑚病害、珊瑚出现"白化"等原因导致海水水质恶化。另外，海星繁殖速度加剧，大量的珊瑚被啃噬，这些都是自然原因作用的结果。用海企业越来越多，尤其是部分潜水企业，不注重对海底生态进行保护，过度地开发潜水活动，从而造成珊瑚礁生态系统出现了失衡，部分潜水企业无序开发、潜水人员踩踏海底珊瑚礁、乱排污、无序的水上旅游活动等人类活动也是珊瑚礁遭到破坏的重要原因。人类活动导致珊瑚礁及海洋生态系统破坏，究其根本，与用海企业违法成本较低有关。在管理方法推行之前，三亚仅对取得海域使用权的企业收取海域使用费。根据该标准，用海企业每年只需向相关部门缴纳每亩[①]几万元的海域使用费，一年最多只需缴纳几十万元的海域使用费，就可以利用其进行经营活动。低廉的海域使用费在某种程度上助长了用海企业对海洋保护的失责。相对用海企业对生态环境破坏及后期对海洋生态系统的修复费用，海域使用费显得微不足道。

根据《2013 年三亚市海洋环境状况公报》，三亚市近岸珊瑚礁主要分布在鹿回头、西岛、蜈支洲岛、亚龙湾、大东海、小东海几大海域。2013 年，近岸海域珊瑚礁监控区的水环境和沉积环境质量检测为优良，近岸海域的珊瑚礁生态系统相对稳定，不过，总体处于亚健康状况。

---

① 1 亩 ≈ 66.67 平方米。

从长远来看，海洋环境破坏对海洋旅游业持续发展非常不利。从政府层面来看，亟须相关部门对用海企业进行有序引导，只有继续完善保护制度，制定生态损失补偿办法和生态损失补偿标准，让破坏环境者付出高昂的代价，大幅提高违法成本，方可引导用海企业向节能减排方向发展，进而避免或者减少用海企业对海洋生态环境的破坏。海洋资源是公共资源，理应取之于民，用之于民，享有海域使用权的用海企业在获得利润的同时应该肩负起保护生态环境的责任，而不应该仅缴纳些许海域使用费了事。除了海域使用费，再适当收取生态补偿金，用海企业应该可以理解。不过，生态补偿金收取标准如何，这才是企业最为关注的话题。但也有用海企业表示，既然已经缴纳了海域使用费，又何须缴纳生态补偿金，认为此举有重复收费的嫌疑。何为海洋生态补偿金？海洋生态补偿金与海域使用费有何不同？事实上，海洋生态补偿金又称生态修复资金，主要用于受破坏海岸、海滩、水动力、水质和地质等修复和受损生物资源的增值放流与种群恢复。海域空间资源和生态资源均属于国有资产。海域使用费与土地出让金相似，针对的是海域空间资源。生态补偿金则是企业在采取环保措施后，仍然产生的企业不能控制的生态破坏，并理应承担的相应修复费用。海域使用费须上交财政部门，生态补偿金所有权属于企业，是企业履行生态修复责任而做出的承诺。所以，海洋生态补偿金与海域使用费不重复。

目前，我国已有 20 多个省区市规定企业缴纳矿产开发环境治理保证金，待企业完成生态修复后，可申请返还保证金，该项规定试行非常顺利。因三亚的特殊情况，该市缴纳生态补偿金形式与其他城市不同，企业可以申请将其存入监管账户的生态补偿金用于修复生态环境，这样既可以减轻企业负担，符合三亚实际情况，同时又能兼顾政府监管成本和企业利益。收取生态补偿金，必须要有一套严谨的程序。首先相关部门需要对海域生态环境及海洋生态损失进行评估，这个评估是海洋生态补偿的起点和科学依据，评估完后再收取生态补偿金，这笔生态补偿金不仅包括海洋生物资源、海洋生态服务功能的损失修复，也包括海洋生态系统修复相关活动的费用，所有的费用收取依照有关技术规定确定，并接受社会监督。段德玉告诉记者，只有先摸清楚家底，才能有的放矢。此外，生态评估范围包括用海海域的性质、范围、破坏程度、海洋生物资源损失（珊瑚礁、热带鱼）、海洋生态系统服务功能等指标。

关于收取生态补偿金的方式及标准如何确定，有两个指标。第一个指标是每年有关单位都会对海域生态环境监测一次，再根据往年的数据进行对比，便能发现破坏程度。基于开发活动造成的生态损失，可以通过核算企业使用了多少海洋生态环境资源，进而按照一定比例确定企业应该缴纳的海洋生态环境国有资源有偿使用费金额。第二个指标是对于不同用海行为，根据国家、海南省和三亚市的产业政策及受损海洋生态要素的珍稀程度，采用差别化的补偿比例，核算生态补偿资金数额。

三亚市原海洋与渔业局表示，海洋生态补偿金取之于民，自然也会用之于民，这部分资金主要用于附近海域的海洋生态系统的修复。副局长提到，修复是一个非常庞大的工程，这笔费用不只用来进行专业领域的修复，还会用于一些与生态修复有关的领域（如调研费用、法律费用）。

当然，并不等于缴纳海洋生态补偿金后，企业就可以"高枕无忧"，生态补偿金只适用于保护海洋环境的初始阶段，随后，三亚还会对用海企业用海使用权实行轮换制度。三亚市原海洋与渔业局会对海域破坏程度进行评估划定基准值。例如，珊瑚礁覆盖率破坏程度低于 30%，可允许用海企业继续用海；若高于 30%，会要求用海企业在一定程度上用海（只能上半年或者下半年从事用海行为）；若高于 60%，可能取消用海企业的用海资质。未来，用海企业用海的门槛会越来越高，采取优胜劣汰的方法，引导企业保护海洋环境，引导企业向节能减排方向转型。

如何正确使用海洋生态补偿资金，也是涉海企业极为关注的问题。目前，该局负责审批用海企业申请使用海洋生态补偿资金用于海洋生态修复的实施方案，并负责施工阶段的检查和竣工验收，同时监督资金使用情况。用海企业逾期未开工、未完成或者验收不合格，拒不整改的，或者经过整改仍不合格的，视为责任者违约，自动放弃生态补偿资金的支配权，由三亚市原海洋与渔业局统筹支配，代为组织实施生态修复，并接受审计部门的监督。

要遏制企业破坏生态的行为，还必须有完善的监督机制。三亚市原海洋与渔业局表示，为了让企业更自觉地缴纳生态补偿金，该局将出台相关的监督检查与纠纷处理规定。未依规定缴存海洋生态补偿资金，擅自用海的，追缴海洋生态补偿资金；拒不改正，继续用海的，自责令改正之日的次日起，按照原核定数额按日连续处罚。在规定期限内，责任者对海洋生态补偿资金数额有异议的，应当通过协商解决。协商不成的，应当通过仲裁或者诉讼方式解决。不交或者无故拖延缴存海洋生态补偿资金的，申请人民法院强制执行。

因为珊瑚礁破坏与海岸侵蚀等生态环境破坏息息相关，所以保护珊瑚礁同时要保护海岸等生态环境。对于收取生态补偿金的办法，中国科学院院士王颖公开评价，并表示认同。在收取生态补偿金及试行用海使用权轮换制度后，还要继续完善监测系统，采取先研究后开发的路子治理海洋生态环境。对于珊瑚礁及生态环境的保护，首先，应当建立统一规格与技术要求的海平面监测系统及珊瑚礁监测系统，以期有针对性地防范灾害与处理紧急事件。其次，在海滨与海岛之间划出一定宽度的防范空间，禁止建设房舍，应当严格执行在海滨预留防范空间的规定，杜绝开发新建楼堂馆所，保护海滩与沙坝的自然平衡剖面，使海滨环境健康发展。最后，在海峡、海岛周边海域规划人工建筑时，必须进行工程建设预后效应的先期研究。

三亚市原海洋与渔业局相关负责人表示，无论是珊瑚礁还是其他海洋资源，都要在保护中进行开发。相关部门要继续完善法律法规和管理体系；建立南中国海珊瑚礁生态系统保护与管理国际合作机制；建立珊瑚礁自然保护区，并规划珊瑚特殊保护海域；加强珊瑚礁生态功能与环境保护的宣传教育。

3. 海洋生态系统服务与节能减排——以海口市为例

十八大以来，海洋生态文明建设一直是海洋强国战略的核心和灵魂，在这一建设中，海口一直是南海建设的重点牵头城市。海洋经济发展取得了较大成就，其中与海洋相关的各大产业也同步推进，如海洋旅游业、海洋渔业等产业都取得了较好、较快发展，充分带动了南海建设和南部沿海的资源开发。

海口市海洋和渔业局曾表示，海口陆地资源有限，更依赖于海洋资源的开发利用，因此政府更要加强监管，控制海岸带的空间利用，并且控制近海区域的用海行为，以及与海洋有直接或间接关联的用海通道，及其污染排放的监督，并表示会从整体布局进行统筹规划，以协调陆地区域和海洋区域的发展，形成良性互动，从而实现可持续发展。

2016 年海口将建设海洋生态文明示范区列入政府规划，并将所辖海域按照海洋生态系统的服务功能进行区域划分，如各大港口区（不属于生态系统服务，但属于对海洋空间的利用）、滨海旅游区（海洋生态系统所提供的文化娱乐功能）、自然保护区（如红树林、珊瑚礁等）。区域划分合理、依据科学，对于接下来指导不同海洋生态区域打下了基础，也便于未来的价值评估和新一轮的开发利用。

4. 海洋生态系统服务与节能减排——以山东省为例

近年来，山东省海洋经济的发展速度较快。与此同时，山东省海洋经济发展面临的问题不容忽视。区域划分不明确、对海洋资源利用不合理等问题不仅对海洋经济形成桎梏，更对海洋生态的持续发展产生了不利影响。山东作为海洋大省，其海洋技术却落后于东南沿海的其他省区市，其海洋经济发展地位逐年倒退；对海洋的利用仍然停留在传统的捕捞业，海洋渔业中的技术设备较为落后，产能几乎完全依赖于海洋资源，产业结构单一，产能转化存在困难；污染物排放的行为没有及时得到遏制，违规成本低，执法体系不成熟且不统一，对海洋生态系统造成了破坏，对海底生物多样性也产生了直接影响，进而会反作用于陆地生态系统。

2004 年，山东省海洋与渔业厅发布了《山东省海洋环境质量公报》，从当年数据来看，鲁北地区受石油污染较重，这与港口航运有较大联系；人工圈划的养殖区域水体检测不正常；浒苔、赤潮等较往年有明显增加。山东省海洋与渔业厅汇编的《山东省渔业统计年鉴》显示，海洋渔业资源受到了越来越严重的影响。因长期受到狂捕滥捞及污染等行为的影响，山东近岸海域渔业资源退化，枯竭严重，海洋捕捞量近年来连续下降，1999 年海洋捕捞总量为 332 万吨，到 2004 年下降到 270.2 万吨。连续多年经济鱼类已形不成鱼汛。渔获物趋于幼龄化、小型化和低质化。污染事故时有发生，对海洋与渔业生产造成了影响。初步统计显示，2000～2004 年山东省近岸海域因发生污染造成直接经济损失近 20 亿元人民币。

这些问题告诉我们，山东海洋经济的强劲增长是以一定的海洋资源环境为代价的。这也告诉我们，为了客观地反映山东省海洋经济发展状况，必须弄清楚在发展过程中损失掉了多少海洋资源，多少海洋环境的自然运作受其干扰，然后在此基础上对海洋经济发展的综合经济统计指标的数值进行矫正，为开发和保护海洋资源与环境的各项政策和措施的制定提供较为正确的信息。那么，进行海洋绿色 GDP 核算就具有非常重要的现实意义了。如果从海域使用面积变化上估算，山东海域使用的生态系统服务价值变化整体呈现增加的趋势；而从海域确权面积来看，则出现了海洋生态系统服务价值减少的现象。从海域使用面积上来看，山东海域生态系统服务功能的增加，主要是渔业用海（渔业基础设施用海和养殖用海）、港口用海和海岸防护工程用海面积的显著减少而产生的；海域生态系统服务功能价值的减少，与围海造地（城镇建设用海和围垦用海）、盐业用海和油气开采用海等的用海面积的增加有关。从海域使用确权面积上来看，造成海域生态系统服务功能增加的主要因素是渔业用海（渔业基础设施用海和养殖用海）和盐业用海；造成海域生态系统服务功能价值减少的主要因素是围海造地（城镇建设用海和围垦用海）、港口用海和油气开采用海等用海类型。不管是从海域使用面积来看，还是从海域确权面积来看，围海造地都是海洋生态系统服务价值减少的主要因素。要说明的是，一种海域使用类型面积的减少要么意味着退出使用，要么意味着转化为其他形式。就算海域退出使用，其受影响的海洋生态系统服务功能也不会在短时间内恢复；转化为其他形式的用海活动，海洋生态系统服务功能将继续受到影响，甚至受到更深刻的影响。因此，在计算海域使用面积变化所引起的海洋生态系统服务价值变化时应该将减少的价值单独计算，以便突出海域使用活动的变化对海洋生态系统服务功能产生的负面影响。也就是说，如果只考虑海洋生态系统服务价值的减少，那么 2004 年山东省海洋生态系统服务功能价值减少额为 2006.764 万元。鉴于海洋环境污染和破坏对海洋生产力的严重影响及各地对发展海洋经济的重视程度越来越高，山东省各级、各部门对海洋环保工作高度重视，开展了卓有成效的海洋环境保护工作。近些年来，在山东省海洋与渔业厅的具体领导下，全省不断加大海洋环境监测工作力度。山东省沿海地区各级政府在所辖海域进行监测，对排污口入海通道、海产品养殖区、海水浴场等人类经济活动频繁的地区进行重点关注。这些活动对于保护和恢复海洋生态环境起着非常重要的作用。当然，为了保证这些活动能够正常进行，各级政府也投入了大量的物力和财力。

沿海经济活动和海上经济活动的日益活跃，生产和生活废物不可避免地会随之产生。如果处理不好这些废物，而直接将它们排入海洋，那么可能会对海洋环境产生污染，影响海洋生态系统服务功能的正常发挥。这表明山东省海洋环境管理和保护工作的形势依然非常严峻。不太令人乐观的海洋环境质量与污染物的排放情况有直接的关系。因此，我们应该将这些污染物的治理费用或将有可能造成的损失进行估算来评价经济活动对海洋生态环境质量产生的负面影响。为了达到这个目的，首先要统计污染物的排放数量，其次再计算治理这些污染物的费用。

循环经济体系的核心内容是 3R 原则，具体来说包括减产（reduce）、重新利用（reuse）、循环使用（recycle），循环经济体系的所有具体工作都是围绕这三个核心关键词开展的。在自然资源利用的输入端抓减量化；在产品生产的过程中抓再利用；在废弃物排放的输出端抓再循环。也就是说，遵循这三个原则，寻求替代资源、恢复资源的减量化技术途径，资源耗用减量化的再利用技术途径，废弃物安全化/无害化处理、循环利用的再循环技术途径，实现节约资源、防治环境恶化的两大资源环境使命，降低经济生产和生活中的资源环境成本。

海洋产业结构是否合理和优化，对一个国家的海洋经济发展至关重要。目前，我国沿海各省区市普遍存在传统海洋产业技术装备落后，海洋高新技术应用率不高的问题。我国在发展海洋产业的时候，没有充分发挥技术优势，仍然停留在发达国家 10 年前的技术水平，沿用一些落后的技术装备，造成效率低下、资源浪费。这不仅影响了我国海洋产业经济效益的提高，而且对海洋生态环境也产生了极大的负面影响。

我国在发展海洋经济的过程中，海洋生态领域的相关问题逐渐凸显出来。

（1）由于海洋资源的无限制性，渔民在捕捞时往往不计后果，盲目作业，从而对鱼类资源造成了极大威胁。例如，世界上已有 22%海洋鱼类被过度捕捞或已经枯竭，已有 44%的海洋鱼类被捕捞到极限。

（2）入海污染物总量不断增加，我国许多近海区域被石油、工业污水所污染。海洋生态不断被破坏的同时，产生了许多恶劣的直接后果，如赤潮发生的次数逐年递增。例如，2000～2002 年，厦门西港和同安湾海域发生了 8 次赤潮，造成了巨大的经济损失。

（3）海岸与海洋生态环境受到了不同程度的破坏，滨海湿地、红树林、珊瑚礁、河口和海湾等生态系统严重退化，生物多样性降低。例如，天津将许多滨海湿地改造为人工湿地，其生物多样性大幅下降，生态系统的服务功能几乎荡然无存；沿海的红树林在短短的 40 年间，面积由 4.83 万公顷锐减到 1.51 万公顷。

这一系列问题导致海洋生态系统的健康状况受到严重威胁，海洋生态系统提供的生态系统服务减少、质量下降，最终使得海洋经济发展受到海洋资源与环境的硬约束越来越凸显。

生态经济学的发展带来了人类活动与生态系统之间关系研究的新视角。生态经济学是 20 世纪中叶以后产生的一门边缘交叉学科，在研究生态学的同时，注重用经济的、发展的眼光来看待生态环境的相关问题。随着可持续发展问题日益受到重视，生态经济学也发挥出了越来越大的作用：进行生态系统服务价值的研究，从新的视角定量考察经济活动与生态系统之间的关系；环境经济综合核算与绿色 GDP 核算研究、生态系统服务价值评估、生态系统健康评估、生态足迹、能值理论、生态经济模型研究等从崭新的角度向世人呈现了经济活动对生态系统产生的各种影响。在研究经济活动与海洋生态系统关系的过程中，生态经济学显示出了其特有的学科优势，发挥了重要作用。例如，海洋生态系统服务价值评估研究、海洋生态系统健康评价研究、海洋绿色 GDP 核算研究、海洋生态经济模型研究等使人们更加了解海洋生态系统对经济活动的贡献及经济活动对海洋生态系统的各种影响。既然海洋开发的现状如此，那我们就更应当促进人类对海洋资源的合理开发利用，用长远发展的视角来度量海洋相关产业的发展前景，同时使海洋生态系统能够长期处于健康状态，进而源源不断地为人类社会提供所必需的物质，确保人类社会发展所需要的各项生态来源有足够的保障，将这一过程中所涉及的海洋资源与环境成本定量表达出来具有重要意义。

因此，相关研究领域和管理部门越来越关注人类活动对海洋产生的负面影响。其中，从可持续发展理论和生态经济理论出发，开展海洋绿色 GDP 核算，建立生态经济模型和可持续发展评价模型来评价海洋经济发展对海洋生态系统的影响是一个重要的研究内容。该领域的研究通过定量分析经济活动带来的各种后果，使人们客观了解经济活动对海洋生态系统产生的影响，为海洋生态系统服务功能的合理利用和海洋相关产业的开发，以及促进海洋经济的持续、健康发展而保驾护航。

第5章　海洋生态损害补偿和监测预警

5.1　海洋生态损害补偿

5.1.1　海洋生态损害补偿的基本概念

1. 生态补偿

随着人们生活水平的提高，人类对生态系统造成了一定程度的破坏，并严重危及了人类自身的安全，从而产生了生态补偿机制。生态补偿是一种制度上的创新，即以可持续发展为目标，以保护生态系统为目的的，主要采用经济方法调节利益相关者的关系。生态补偿的理论渊源较早，但真正开始生态补偿问题的研究兴起于近20年前。1991年的《环境科学大辞典》中首次提出了生态补偿的概念，1997年纽约市首次将生态补偿用到实施流域水资源保护规划中，生态补偿从此开始受到全世界的普遍关注。尽管很多学者已经开始了生态补偿的研究，并且生态补偿已经在森林、湖泊、海洋、农业等领域发挥了重大的作用，但至今仍没有对于生态补偿定义的较为统一的观点。根据国际实践和我国的实际状况，生态补偿一般分为狭义和广义两种，广义的生态补偿包括对生态系统及生物资源、土地资源、矿产资源、水资源等自然资源的保护所获得收益的奖励，或破坏生态系统及自然资源所导致损失的赔偿。狭义的生态补偿只包括前者所述内容。根据我国的实际状况及实践，我们在研究中使用了狭义的定义。

为了更清楚地对生态补偿进行论述，对生态补偿做了如下几点说明。第一，生态补偿是对生态系统破坏所导致的经济利益的损失的补偿，或者破坏后进行修复需要花费的费用的补偿；第二，生态补偿是用经济的方式将破坏或保护生态系统带给不同主体的经济效益的外部性内部化，即将经济效益全部包含到研究对象中来；第三，对生态系统进行保护的投入，需要放弃其对于其他方面的收益，因此为了补偿这方面的机会成本，也需要进行生态补偿；第四，对于那些生态系统及自然资源具有重大生态价值或经济价值的地区，需要事先通过资金投入进行保护。生态补偿理论以多学科为基础，如生态经济学、资源与环境经济学等，同时有多个理论基础，如外部性理论、公共物品理论、生态环境价值论等。

2. 海洋生态损害补偿

随着人口的增加和人类开发活动的加剧，对陆地的开发已经远远不能满足人们对自然资源的需求，陆地上的一些资源逐渐枯竭，人类的生存安全受到极大的威胁。为了维持人类的生存，实现可持续发展，实现全世界经济增长和人们生活水平的提高，人们开始开

拓其他领域,如太空及海洋等。海洋中的生物资源、矿产资源等都是十分丰富的,但是人
类的滩涂围垦、填海造陆、海洋工程建设、海洋旅游开发、海水养殖、能源开发等一系列
的海洋开发活动对海洋生态系统造成了极大的破坏,近些年的各种异常现象也说明了海洋
生态系统受到了严重破坏,这一现象引起了各国学者的广泛关注及研究。而生态补偿作为
处理环境资源问题的经济政策工具发挥着越来越大的作用,海洋生态损害补偿是生态补偿
的一种,是一种重要的经济政策工具,但是目前学者们还没有形成相对一致的关于海洋生
态损害补偿的定义。一种定义认为,海洋生态损害补偿是指在利用、开发、建设、保护海
洋生态环境的过程中,通过各种方法协调所有利益相关体的利益关系,从而达到保护海洋
生态系统资源与环境目的的一种制度。该定义重点说明了进行海洋开发利用的过程及要实
现的最后目标,强调了海洋生态损害补偿是利用不同方式方法调节人类开发利用活动,从
而实现保护海洋生态环境目的的一种制度。

5.1.2　海洋生态损害补偿的类型

海洋生态损害补偿的分类有多种标准,在本书中,我们将海洋生态损害分为以下两种:
一般性海洋生态损害与事故性海洋生态损害。一般性海洋生态损害是指在日常进行海洋开
发利用活动中对海洋生态系统所造成的损害,该损害发生较为普遍。事故性海洋生态损害
是指偶尔发生的损害,即因海洋上发生的意外事故或海洋灾害而造成的损害。因此,我们
将海洋生态损害补偿分为以下两种:一般性海洋生态损害补偿与事故性海洋生态损害补
偿。以下将介绍一般性海洋生态损害补偿与事故性海洋生态损害补偿的具体内容。

1. 一般性海洋生态损害补偿

人类的海洋开发活动多种多样,如填海造陆、建造海上机场、搭建海上灯塔、开发油
气资源、排放污水、开发渔业资源、开发渔业养殖用地及构筑物用海等,这些人类活动或
多或少地影响了海洋的生态环境。例如,污水向海洋的排放,少量的排放不会造成海洋污
染,但是大规模和大量的排放就会导致海洋环境的大规模污染,不仅影响了生态环境如海
洋水质,还间接影响了人类健康。目前许多学者较为关注填海造陆的生态损害,对其进行
了大量的研究。大规模的填海造陆不仅破坏了水生生物的生存环境,影响了它们的食物来
源和生存空间,而且会使很多生物种群濒临灭绝,不能维持生物物种的多样性,使遗传多
样性大大降低,对海洋的生物种群造成了极大的负面影响。此外,填海造陆还影响了海洋
的一些自然条件,如海洋潮汐、水动力条件等,严重破坏了水环境容量和污染物扩散能力,
导致污染物大量聚集在某一特定区域,对该区域的环境造成了极大的破坏,同时对该区域
内生态系统情况的维持、防洪防灾工作的进行都造成了极大的影响和破坏。

根据以上所述,我国施行了与之对应的补偿政策。我国于 20 世纪 90 年代制定了相关
规定,这是我国进行海洋开发、管理与修复的基本制度之一,也是其他相关制度和法律法
规的基础,规定了我国的海洋生态损害补偿表现为海域有偿使用制度。

2. 事故性海洋生态损害补偿

事故性海洋生态损害主要是由海上的事故性污染而造成的，一般指海上化学品泄漏，如海上石油泄漏，可能是在开采时发生或运输过程中发生的。一旦有海上溢油事故发生，将造成十分严重的影响，溢油速度极快，难以得到有效的控制。我国的溢油事故发生较多，近些年来有所控制，但还是对海洋环境造成了极大的破坏。溢油事故不仅会造成海洋环境的污染，还会通过影响海洋生物进而对人类的身体健康造成影响。另外，还会影响一国的旅游资源，进而影响国民收入，造成的损失是巨大的。一次溢油事故会涉及多方面的赔偿，包括渔业资源损失和资源评估费用等。

5.1.3 国际海洋生态损害补偿的经验

1. 生态损害补偿国际方式分类介绍

国际上较早地开始了生态损害补偿的实践，如美国、加拿大，这些国家的一些生态损害补偿的经验值得我们借鉴。海洋生态损害补偿主要有以下几种模式：第一种是政府作为唯一的补偿主体，因为有些生态破坏无法分出其主客体，或是多个主体共同对其造成破坏，导致其很难划分补偿主体及金额，此时政府作为补偿主体，利用财政资金对生态系统进行补偿，是一种有效率的做法。第二种是政府为主导的模式，即通过政府实施直接补偿、间接补偿等方式，为生态补偿的主要参与者进行利益补偿或罚款。其中，利益补偿型的生态损害补偿指国家对保护生态系统或为了保护生态系统放弃其他发展机会的付出者的补偿，付费者即对那些破坏生态系统谋求自身发展和自身利益的人进行收费的方式，以补偿这部分损失的费用。增益性生态损害补偿是当前较为热门的研究话题，此处的"益"是指生态利益而非经济利益。政府通过实施直接补偿模式，如芬兰政府付费，对生态系统进行购买，从而间接地实施经济上的补偿。区域转移支付制度是在区域间进行转移支付的一种方式，这种方式是促进社会公平的一种极佳的方式，如德国就采用了这种制度。生态损害补偿基金制度模式是指通过建立基金以提供生态补偿，如厄瓜多尔的流域水土保持基金、墨西哥的森林补偿基金等。第三种是市场化运作模式，是指将产权交易机制深入地运用到市场中，使其起到实际作用。对海洋也采用同样的方式，即划分海洋资源与环境的产权，再对该海洋生态系统破坏中的利益相关者进行补偿。市场化运作模式包括多种实践模式，如绿色偿付、配额交易及生态标签等，该模式是以市场化运作为主体，多种实践模式相结合的一种运作模式。

2. 国际海洋生态损害补偿管理方式实践

1）美国管理实践

美国是世界上最早开始生态损害补偿研究与制度制定的国家，因为美国的环境问题在 20 世纪 30 年代就很严重了。现在严重影响北京的沙尘暴问题，在很早以前就出现在美国，另外还有十分严重的洪水泛滥问题，这些灾害天气的侵袭迫使美国采取新的方法进行环境和资源的保护，因此美国政府采取了保护性退耕的措施并进行了实践。

（1）美国海洋生态管理法律介绍。提到海洋生态损害补偿制度，就要先考察关于海洋生态保护的法律政策，一个国家的法律政策是其进行各种开发、管理活动的基础和指南。

首先，美国制定的《国家环境政策法》是作为一部基本的法律存在的，在此之前，美国政府一直都是在发生了问题之后才进行治理，而该法律制定之后，美国政府开始注重从根源解决问题，这是美国治理环境态度的一个重大的转变，同时这部法律也为在海洋资源与环境方面立法做好了铺垫，奠定了基础。1969 年，美国政府通过了《国家环境保护策略法案》，这部法律在先前的法律基础上又进一步做出了相关规定，加入了对海洋、海岸带及海岸带陆域环境的保护，实现了一个创新与突破。而另外一部法律《海洋资源和工程发展法》从国家整体的角度出发，为国家的资源开采和相关的海上工程设施的建立提供了法律的指导和参考，同时为国家的一些重大的海上工程的建设提供了有力的指导和保护，也为海洋资源的保护提供了法律依据，严厉地打击了进行资源浪费与环境破坏的相关者。同时，该法律规定了特定的国家部门，如国家海洋资源和工程发展委员会，需要对某些重大的海洋活动进行管理和负责，以进行有效的管理和保护。以上为内容上较为全面、概括的法律文件。

其次，美国政府还制定了《海洋哺乳类动物保护法案》和《濒临灭绝生物保护法案》，这两部法律有力地保障了野生动物包括濒危动物的安全，打破了原来海洋生物无法律保障的局面，有利于海洋生物的发展和生物多样性的形成，这是一个重大的突破和进步，也体现了美国政府在经济发展的过程中越来越重视海洋生物的保护，为后来相关法律的制定奠定了基础并提供借鉴。美国也出台了有关海洋废物处理的法律，通过详细、具体的关于海洋废物倾倒与垃圾分类处理的规定，对生态环境的保护起到了很大的作用。除此之外，《海岸带管理法》是有关海岸带方面的法律。所谓海岸带，是指海陆之间相互作用的地带。对海岸带的管理是指，随着一个国家经济发展、社会进步，海岸带地区逐渐暴露出一些严重的问题时政府提出的一种管理方式，这不仅为我国提供了借鉴，也为其他海岸带地区广阔的国家提供了很重要的参考。海岸带地区是一个国家很重要的一片区域，关乎该国家的领土安全和国防部署，因此受到了极大的重视，这促使全球各国进行了海洋、海岸带陆域及附近地区管理的变革，从而使海岸带管理逐渐被认可并步入正轨。另外，1976 年 4 月美国宣布设立 200 海里渔业保护区，同时制定了《渔业保护和管理法》，全面加强对渔业的综合管理以维护海洋生态平衡，规范好渔业是对海洋生态安全的一种保护。《清洁水资源法》《1990 年油污法》等是美国较早的关于海洋生态系统保护的法律法规，虽然并不完善，相关内容也较为简单，但是在当时起到了一定的作用，为其他法律的形成奠定了基础，也为其他法律的制定提供了借鉴。

以上为美国在海洋生态方面建立的一些法律制度，从以上法律法规中我们可以看到，美国很早就开始关注海洋生态，并进行海洋生态的管理和海洋资源环境的保护。不管是在生物资源的保护上，还是在海洋、海岸带陆域等地区的管理上，都有足够的法律基础，从而为全面、系统地制定海洋生态系统方面的法律起到了极为重要的作用，也是海洋生态损害补偿制度的重要基础性法律法规。

（2）法律中的生态损害补偿制度介绍。美国法律对生态资源与环境保护的规定十分清楚和明确，包括对森林、湖泊、动物资源、植物资源、渔业资源等的相关规定。如果这些资源或其所在的环境遭到了破坏，受害者或相关管理者可以根据法律的规定对破坏行为的行为主体提起诉讼，从法律中寻找依据进行自身利益的维护，从而获得合理的生态损害补偿，赔偿的具体金额是受损害资源的货币度量，但是有些特殊资源的价值无法通过货币进行衡量，这便会造成补偿不合理的问题。

2）日本管理实践

（1）日本海洋保护的相关法律。日本作为一个岛国，开发利用海洋的历史十分悠久，也建立了一系列的海洋方面的法律法规。例如，2004 年日本政府就对其周围海域的环境和资源情况进行了调查，并根据当时开发和利用的实际情况进行了规定，制定发布了《海洋白皮书》，《海洋白皮书》较为详细地论述了日本海洋资源储量、开发利用情况及相关建设情况。2005 年，以日本农林渔业部为首，制定了海洋政策建议书，该建议书提出在未来一段时间内政府应该在海洋立法、执法、行政、管理、开发等方面进行的工作。2007 年，日本又通过了《海洋基本法》，该法律的颁布和实施是日本依法管理海洋的开端，标志着日本的海洋保护工作得到了法律上的保障和保护，也是日本能够从普通的岛国发展到海洋国家甚至海洋强国的第一步，是岛国到海洋国家战略构想的第一步，该法律为以后的法律奠定了基础，提供了借鉴，预示着日本海洋法律体系的进一步完善。《海洋基本法》是日本海洋生态安全保障的基础法律。除此之外，还有《港湾法》《海岸法》《环境六法》《濑户内海环境保护临时措施法令》《沿海渔场暂定措施法》等，根据这些法律的内容和名称，可以看出日本在海洋方面建立了较完善的法律体系，投入了较大的力量，日本对海洋的重视程度可见一斑。在执行机构的设置上，日本的行政管理机构设置较为完善，职责分工较为明确。第二次世界大战之后，日本作为战败国，在军事、经济等方面都受到了很大的限制，为了尽快推动经济发展，从而对海洋资源进行了大量开发，包括生物资源、矿产资源等，但是当时的滥砍滥伐对海洋环境与资源造成了不可逆转的危害。同时，日本的一些海洋活动，如填海造地活动的大规模进行，对海洋原始的环境造成了很大的破坏，虽然表面上没有危害产生，但实际上有严重的潜在危害。另外，海洋渔业资源的过度开发等，也严重影响了沿海地区的海洋生态环境。如果继续以这样的方式和速度进行开发，势必会对海岸线、海水、海滩等造成极大的破坏。丰富的旅游资源受到了极大的破坏，并出现了明显的退化现象，海藻床、海草床、湿地面积也受到了极大影响，一些地区还出现了大量的赤潮现象，对海洋环境和人类生活都产生了巨大的影响，并造成了一定的经济损失。我国目前也出现了这样的问题，而且在不同的年份严重情况并不相同。针对这些现象，日本政府在各方面都采取了相应的措施，如加快立法建设，加强执法行动，完善海洋管理制度，加快海洋规划工作的进行等，日本政府的一系列措施都符合可持续发展的基本要求。

（2）日本的生态损害补偿制度。日本在生态损害补偿方面制定了很多的制度和规划，对生态系统的保护起到了一定的作用，以下为日本在此方面采取的主要措施。第一，实行多种海洋发展规划，以减少生态损害。世界上几乎每个国家都是走先发展再保护的道路，在经济发展的前期没有认识到生态环境破坏的危害，一味地开采使用大量的矿产资源、生物资源等，认为这些资源是取之不尽、用之不竭的，并没有意识到保护环境与资源、实行可持续发展政策的必要性和重要性。日本当时在发展海洋经济时，也是走了先发展后治理的老路，当时经济得到了飞速的发展，使日本成为"亚洲四小龙"之一，国民生产总值迅速提高，但是对环境造成了很大的损害，资源也迅速地耗竭。在日本这样的资源小国，资源原本就十分缺乏，需要大量进口，过分注重经济发展使日本的情况更加窘迫，也阻碍了其日后进一步的发展。日本政府很快意识到了这个问题，并采取了相应的措施进行整改，进行大规模的资源保护活动。自 20 世纪 60 年代起，日本政府便开始制订海洋发展规划，在一步步的实践中获得了大量宝贵的经验。进入 20 世纪 90 年代之后，日本政府对前期规划实行中出现的问题进行了反思和总结，并查漏补缺，不断反省并改进海洋发展规划。随着世界经济的发展程度提高，各国对海洋经济都加强了重视，世界上关于海洋的组织和团体也在逐步增加，各国就海洋经济也加强了相互间的合作，日本也借鉴了其他国家的经验和教训，制订了更为详细、具体的发展计划，对海洋规划和一些法律法规中的问题进行了整改，这些都对日本海洋环境保护和资源开发起到了很大促进作用和指导作用。第二，加强海洋法制建设，推动生态保护工作的进行。对海洋生态系统环境的保障和资源的保护需要全体社会公民的共同努力，在日本政府的大力弘扬下，日本社会各界形成了自觉保护海洋资源、保护海洋环境的意识，也相继出现了很多进行生态保护、倡导生态保护的公益组织和机构，建立了相对完整的海洋环境保护体系。海洋法律体制建设是进行一切海洋开发和保护活动的基础，法律的保障是最根本、最有效的，只有有效地利用法律，加强执法建设，有法可依，有法必依，才能从根本上解决海洋的生态环境问题。通过加强与世界各国及世界海洋组织的合作，与其他国家和组织开展协商、加强合作，才能借助其他可靠的力量完善本国的海洋建设工作。此外，日本还充分利用了世界上一些先进的海洋保护组织的科技资源等，更好地开展了国家的海洋环境和资源调查与勘探工作，利用其丰富的模型、数据、方法、工具等可利用的资源，完善本国的海洋经济建设。第三，建立门类众多的生态损害赔偿制度。日本作为一个岛国，对海洋的开发管理较早，也较早地认识到了海洋环境和资源对经济发展与人类生存的重要性。因此，日本有门类众多的生态损害补偿制度的实行和相关法律法规的制定。众所周知，水俣病的发生使日本受到了严重的打击，各地都遭受了一定的损失，在如此严峻的形势下，社会各界要求政府采取强有力的措施进行水俣病的防治和对环境破坏的治理。在这种情况下，日本政府颁布了一系列法律法规，并对疾病的管控、环境的治理保护等问题做了相应的说明。受害者可以根据法律对造成危害的一方进行起诉，并要求一定的赔偿，维护自身的合法利益。

3）加拿大管理实践

加拿大是北美洲最北部国家，西临太平洋，东至大西洋，北至北冰洋，东部与法属圣皮埃尔和密克隆群岛隔海相望，东北部和丹麦领地格陵兰岛相望，南方与美国本土接壤，西北部与美国阿拉斯加州为邻。加拿大具有十分丰富的自然资源，海洋资源也很丰富。因为其发展较早，对海洋的开发也较早，所以发现问题也相对较早。加拿大研究了海洋环境破坏、资源枯竭、海洋污染损害赔偿等相关问题，并建立了相对完善的法律体系，从法律层面上规定了海洋生态环境的相关问题，尤其是确立了船舶溢油赔偿机制，这是其较为先进的法律建设。除此之外，加拿大最早加入了《国际油污损害民事责任公约》，规定了责任方的责任与义务，规定了发生海洋污染时的赔偿等相应的问题，这使海洋污染发生时能够得到较快的解决。同时，加拿大还通过深入分析国内海洋资源的现有量和耗竭速度等指标，根据国内的实际情况制定了资源耗费的国内赔偿机制，而且通过参照国外的经验，结合国内的实际，以确保国内赔偿机制的顺利建立，最终起到保护海洋环境的目的。以下为加拿大具体的海洋生态损害赔偿的内容：①船舶油污损害赔偿制度。关于船舶油污的损害，加拿大很早就制定了相关的管理法律，以解决船舶油污污染的问题，如 1971 年修订的《航运法》，着重说明了国内油污泄漏的处理方式，这部法律是加拿大在海洋生态损害赔偿方面的主要法律，这部法律对责任主体、赔偿范围等内容都有十分详细的规定。相对于其他国家而言，加拿大建立这些法律的时间相对较早，也具有更多的经验。②赔偿基金制度。加拿大的海洋发展起步早，海洋经济发展水平也相对较高，作为海洋大国，加拿大相继颁布了《渔业法》《沿海渔业保护法》等法律，以维护受害人的合法利益。《航运法》对国内和海上的船舶油污损害赔偿责任做了详细的规定，还对海上污染赔偿基金做了规定，并且有一些数字上的具体规定。20 世纪 80 年代末，加拿大政府又对《航运法》进行了修改和完善，制定了新的制度和政策。除此之外，20 世纪 90 年代，加拿大的《海洋法》成为第一部综合性的海洋管理法案。加拿大的法律体系相对而言十分完善，并进行了不同层次、不同形式和结构的分类，是十分详细、具体的法律体系。另外，中央的法律和地方法律相互补充、相互配合，十分有效。除此之外，还包括一些国际性公约。由此可以看出，加拿大的法律体系相对于其他国家较为完善。③管理部门和组织。在法律的保障下，还需要各部门的相互协调和对法律的执行。如果没有对各部门职责的规定并协调各部门间的相互关系，海上执法活动就不能得到有效的执行，各部门的利益、责任冲突都会对海上的安全问题造成十分严重的影响。因此，各部门应互相配合进行海上执法，维护海洋的生态安全和经济安全。加拿大的海上执法部门主要为海岸警备队、渔政执法队伍、海上搜救指挥中心等，以上各部门相互配合，对海上安全起到了十分重要的作用。

4）英国管理实践

英国作为一个岛国，较早时候就开始了海洋生态管理，针对海洋污染、海洋环境保护等问题制定了一系列的法律法规，如 1974 年制定了《污染控制法》。除此之外，英国还制定了一系列其他法律法规，如《商船油污防治法》《海洋倾废法》《公共一般法和措施》《油污染防治法》《大陆架法》等。英国的海洋管理机构分散在各部门，国防部、贸易与工业部及能源与气候变化部等各相关部门负责进行海洋管理和开发工作，权责分散，容易导致很多问题的出现，如事故发生时不能得到及时处理和解决，以及责任无归属等。这种分散型的管理体制使海洋生态安全很难得到有效的保障。

5.1.4 我国海洋生态损害补偿管理存在的问题

1. 资金来源少的问题

政府层层下发的财政资金有很大一部分不能得到充分、有效的利用。另外，政府所能提供的资金是有限的，考虑到其他部门、地区和产业的资金需求，能分配到海洋生态损害补偿上的资金数量受到了一定的限制。

2. 政府管理工作存在问题

我国政府在治理海洋的过程中应起到政策制定、政策的监督实施、对违法乱纪行为的监督与制裁、激励参与者以最有效率的方式利用海洋等作用，政府不仅是一个参与者，更是一个监督者和管理者，若政府部门不能认识到自身的权责划分，不能有效地监督相关法律政策的实施，在事故发生时不能及时采取有效的政策，最终只能导致更严重的问题的产生，甚至危及人们的生命财产安全。更有甚者，一些政府官员没有认识到自己的责任和职责，在发生重大问题时相互推脱，缺乏统一的归口管理，这些都会严重影响我国的海洋生态建设，影响海洋发展战略的进程，影响我国的海洋经济及国民经济的发展，从而造成严重的后果。

3. 法律法规不健全、不完善的问题

改革开放之初，我国对海洋经济的关注较少，进入 21 世纪之后才逐渐重视海洋的开发利用和保护的问题。我国海洋开发的进程晚于西方发达国家，一些海洋管理方法大多以西方发达国家为参考，而海洋生态损害补偿更是一个新的名词和方法。因此在我国，与海洋生态损害补偿相关的法律法规还不完善，人们对它的认识还不够，还不能有效地开展海洋生态损害补偿的相关工作。尤其是近些年在青岛沿岸频频发生的浒苔污染问题、海洋溢油问题，都因为没有完善的、统一的、具有可操作性的、可靠的法律政策而不能得到有效、及时的解决。因此，制定完善、合理的法律法规迫在眉睫。

4. 基础理论支撑不足的问题

海洋生态损害补偿是一个综合学科，需要各方面知识的理论支撑，包括经济学、生态学、海洋生态学、计量经济学等学科的基础理论，而目前这些学科的基础理论在我国的发展并不乐观，现在很多理论都是从国外引入的，不一定符合我国的具体国情，因此需要进一步检验与调整。而海洋生态损害补偿具体额度的量化问题十分复杂，涉及经济学中的多个问题，如市场价格、买卖双方供求关系、利益相关方的经济承担能力及收入情况等多项指标的制约和影响，在实际量化过程中会遇到很多问题。由此可见，海洋生态损害补偿的基础理论及其他相关理论基础的建立对于海洋生态损害补偿制度的建立十分重要。

5.1.5　完善我国海洋生态损害补偿政策的意见和建议

我国开发利用海洋的历史较早，早在远古时代就有"兴渔盐之利，行舟楫之便"的说法，但是现代开发管理海洋的活动起步较晚，在制度建设、经济管理等方面经验较少，相关制度还不完善。因此，为促进我国海洋生态损害补偿理论体系的建立和完善，以上介绍了各发达国家的管理经验，并从中总结出了以下几点适合我国的发展建议。

1. 建立多种融资渠道，拓宽海洋生态损害补偿资金来源渠道

任何一项工作都需要资金的支持，没有充足的资金，就无法全面地开展相关工作，而

且会影响工作的继续开展，从而造成资源浪费和项目停滞等重大问题。生态损害补偿也不例外，需要足够的资金支持和经济补偿，因此建立多渠道的融资机制，拓宽资金来源的渠道是十分重要的，从而有利于解决补偿资金的来源渠道和其他的筹集问题。在关于资金来源的问题中我们提到，目前资金来源较为单一，主要是政府的财政资金，而这样单一的资金来源不仅导致资金的数额有限，而且在一定程度上限制了相关项目的开展，并且使得生态损害补偿工作仅能在一定范围内开展。所以，为拓宽融资渠道，完善融资路径，可以采取征收生态税等方式，以解决资金来源渠道单一、资金数额不足的问题。

1）中央政府财政转移支付

为了使得本书的分析更加方便，将对以下两种分类分别进行论述。

（1）纵向转移支付制度的完善。我国目前实行的纵向转移支付制度是指中央政府向地方政府进行转移支付的制度，这种制度是我国生态损害补偿的主要形式，并占有重要的地位，然而，这种方式无法协调利益相关者之间的费用分配关系，无法遵循污染者付出费用、保护者得到补偿及破坏者付费的原则，这些原则无法遵循，就会导致利益相关者之间的关系混乱，原来的养护者就会因为无利可图而放弃养护和保护工作，甚至会转为破坏者；原来的污染者因为不能受到相应的处罚而加大破坏力度；原来的破坏者也会因为破坏环境和滥用资源而没有受到相应的处罚，进而继续破坏。以上这些责任主体的行为都会使环境遭到进一步的破坏，使资源遭到进一步的浪费，因此生态损害补偿的力度需求也就更大，难度也会增加。另外，在中央政府向地方政府执行纵向转移支付政策的过程中，部门间权责不明晰、权责划分不明确、空间上分散不统一、行政主义与官僚主义色彩浓厚，以及资金数额不足，这些情况都会导致资金运用的低效率和浪费，原本就不足的资金会更加紧缺。除此之外，当时很多政策的制定都是为了生态损害补偿的顺利进行，但是在实施过程中发生了偏离，或者在不同的部门发生利益冲突和目标违背的情况下出现问题，而官僚主义、行政主义及贪污腐败的存在，会使资金在下拨的过程中遭到克扣，最终可用的资金额度十分有限，而收上来的资金也不一定用于生态保护和生态损害补偿工作的开展。鉴于以上存在的问题，国内很多学者提出在相应的模型中加入生态功能区和现代化指数等因子。具体实施方法有以下两种：第一，要从细处出发，以小见大，只有每一个细微之处都做好了，才能使整体有一定的提高。具体来说，应该从各级财政开始，采取相应的措施并制订详细的计划，逐步拓宽生态损害补偿资金的来源渠道并提高其总额度，并加快设立生态环境专项治理基金等。第二，中央政府要逐渐提高生态损害补偿资金占财政支出的比重，逐步增加用于生态资源和环境保护的资金数额，关注重点，不要舍本逐末，本末倒置，要认识到生态治理的方向性、指向性和关注度的问题，把生态治理和生态系统的保护工作放到第一位，提高重视程度，努力提高该领域的人力、物力及财力的投入。

（2）横向转移支付制度的完善。在世界范围内，目前生态损害补偿的转移支付制度中，规定中央政府负责全国性的生态损害补偿工作，地方政府及区域内的一切受益者负责具有地域性质的生态补偿工作，该分工较为明确。我国横向转移支付平行主体间相互补偿的横向模式在建设中并不完善，并存在很多问题，主要还是以纵向转移支付为主，这不仅影响了社会公平和资源配置的效率，也严重影响了我国的生态损害补偿工作的进行和开展。因此，我国应着重完善横向转移支付制度，在完善横向转移支付制度时，可以通过建立基金，如生态转移支付基金,以加强同级政府和相邻区域间的联系,还可以成立区域基金管理委员会等相关组织,以协调地区间的相互关系。同时,对生态损害补偿基金使用情况的监督也十分必要,可以通过第三方监督的方式进行,如某些专业的监督机构。另外,要对基金的使用和拨付情况进行严格审查,建立规范、合理的制度,将责任落实制度建立完善,实现责任到人。另外,横向转移支付制度相比于纵向转移支付制度,在资金的来源、资金金额等方面更有优势,进行资金的拨付时,手续更简便,资金到位的时间更短,流程更快,可以更有效地满足短时间内生态损害补偿工作的需求,效率更高。除此之外,横向转移支付可以在短时间内实现资金的快速流通和运转,同一份资金可以用到不同的地方,从而减轻了中央政府筹措资金的压力,提高了资金的运用效率,有非常大的好处。综上所述,不管是从理论分析的角度,还是从实际操作的角度来看,通过提高生态损害补偿转移支付制度中横向转移支付的比例来协调各地方政府间的关系,可避免同级政府间的利益冲突和资金周转问题,比其他方式更为直接有效。

2)生态税收政策的改革

税收政策是调节社会分配、社会公平和社会发展的一种有效的经济手段,也是增加政府收入,提高政府调节宏观经济能力的有效方式。对与生态环境相关的活动收取的税费被称为生态税收。其实从生态环境的破坏者手中收取的费用,即生态税收会再用于生态补偿中。生态税收政策在生态损害补偿政策中起到了至关重要的作用,它是调节社会经济发展与生态环境和资源保护的有效的经济手段,以下是其对生态环境与资源保护起到的具体作用:调整产业结构、产业布局,加快落后产业的淘汰和新兴产业的发展,提高产业布局、产业结构和产业组织的合理化水平。除此之外,在进行税种设计和安排上注重合理化和正规化也是十分重要的,这不仅有利于促进资源的合理、有效配置,还可以调整市场结构,改善供给关系,推动生态保护活动的顺利开展。我国当前使用的优惠政策主要是对生态系统的养护者进行资金的补偿,这些养护者所进行的生态损害补偿活动可能是不明显的,也可能是明显的,需要有关部门仔细甄别。这些生态税收优惠政策包括消费税、增值税和所得税优惠政策等,这些政策都是以社会经济中的税收政策为基础的,并不是针对海洋生态损害补偿而做出的。因此截至目前,我国并没有专门针对海洋的,以海洋经济、海洋补偿为对象的税种,这是亟须得到关注的一点。另外,这种以生态损害补偿为目的的税制也存在着一些问题。一方面,有些规定的指标不合理,导致最终计算的结果、针对的对象也有些偏差,如税收的征收标准、课税对象及资源税的计税依据等,而且海洋生态系统十分复杂,我们不可能对其进行完全的监测,因此对海洋中的一些可再生资源、非可再生资源都没有准确的统计,也没有被纳入课税范围内,这使人们对海洋的认识不深刻,人们也不了解所使用资源的储量,因而会导致对一些资源的过度使用,进而导致对生态资源的浪费。另一方面,我国目前的税收优惠政策形式较为单一,不具有多元性,主要是对不具有污染行为或有自我清洁能力的企业给予增值税、消费税和所得税的减免,这些企业大多属于技术领先的企业。针对以上提出的问题,本书提出以下几种解决方法。

(1)海洋生态税收制度的建立和健全。随着我国国际地位和人民生活水平的提高,对各种资源的需求增大,包括海洋资源。目前海洋成为众多发达国家,包括发展中国家的争夺之地,这使得现有资源的存量面临极大挑战,我国资金来源的单一性已经远远不能满足生态补偿活动的需要。因此，我国应改革现有的生态税收制度，增加关于生态损害补偿和生态保护相关的税种，改革现有的不符合经济发展和环境保护需要的税种，以可持续的眼光看问题，从长远发展的角度审视现有的生态税收制度，用最快、最有效的方式建立并完善海洋生态税收制度，并将其放在政府工作的重要位置。另外，生态损害补偿的资金来源也很重要，需要提前做好规定。生态损害补偿的纳税人包括从海洋生态破坏中获得收益却没有进行补偿的人，其获取的私人收益大于社会收益，其付出的私人成本小于社会成本。另外，使用了海洋资源、破坏了海洋生态环境的人也需要纳税，譬如对渔业捕捞资源、海水资源、潮汐资源、风力资源、矿产资源、石油资源、天然气资源等的消耗与使用，包括某些不法分子的不正当使用。除此之外，对生态系统环境和资源造成破坏的组织和个人也有纳税义务，其中包括污染企业和个人，现在京津冀地区的雾霾污染十分严重，其中就包括排污企业造成的恶劣影响，如果仍不加以控制，污染物就会在天空中、海洋中加速蔓延，从而可能造成更加恶劣的后果。

（2）改进我国现行的资源税制度。我国目前资源税制度存在很多问题，亟须政府的调整、讨论和修改。改革现行的资源税制度任务十分紧迫，关系到我国整个生态补偿工作的整体进程，首先要合理确定计税依据；其次要对资源税所征收的税款金额做出合理的规定；最后要贯彻落实可持续发展理念及绿色发展理念。以下列举一些具体的措施：第一，弃用原有的以售卖量作为计税依据的方法，采用创新的以资源开发量作为计税依据的方法，从而可以使开发者在有限制的情况下合理地开发利用资源，防止出现过度开采导致的浪费现象。第二，采取加速折旧等多种形式的税收优惠政策。不仅如此，还要加大对与海洋相关产品的监督、检测和管理，严禁进口及售卖、使用可能对海洋生态环境造成污染的化学品、工业品等，逐步提高现行税制的绿色化程度和科学化程度。第三，重视并发挥消费税在海洋环境保护中的作用。对资源进行严格有效的分类，从而合理地划分资源的等级，将一些对环境污染较大的工业品、化学品及奢侈品列入消费税的征税范围，重视消费税的作用，同时关注一些污染较大、产业结构不合理的企业，适当、适时地关闭部分企业，限制过分破坏环境的部门的发展。

（3）生态税制度的建立和改革。税收制度要考虑到环境破坏与资源浪费的成本和相关费用，并把这些加入税种中。除此之外，在进行改革时，要在不同的时期有不同的侧重点，前期要在生态税的大框架内进行工作，根据实施的效果进行比例的调整，以方便之后工作的进行，尤其是要利用模型进行计算，并且税种等方面的确定要考虑纳税人的实际情况，如经济状况等。生态税的设立是十分必要的，对进行海洋生态系统的保护和我国税收体系的完善都十分有帮助。

3）生态损害补偿收费制度的创立

我国生态损害补偿收费制度需要很长一段时间的修改和完善，目前仍需要实行现有的制度。

（1）排污收费制度。排污收费是一种较为普遍的解决排污污染问题的方法，在我国已经实行了30多年，现在已经比较成熟。但是在具体的操作过程中，该制度仍然有一些问题，如征收费用过程不规范、实行单因子收费、缴费主体规定不清晰、收费项目存在残缺等一系列问题。因此，我们在执行该制度时，一定要关注以上存在的这些问题，即监督环境押金的缴纳、明确缴费相关主体、完善缴费项目和已建立的制度。

（2）生态损害补偿费制度的建立。生态损害补偿费制度是在排污收费制度的基础上发展来的，我国的生态损害补偿费制度起源较早，在 20 世纪 50 年代就已经出现，但是由于国民认识程度不高，以及政府管理不足，发展相对较慢，制度体系的建设仍不完善，如法律法规方面依然不健全，因此同时要加快生态损害补偿费的立法建设。海洋生态损害补偿费的设立从根本上来说是为了解决目前海洋生态环境破坏严重、资源耗竭的问题，而导致这些问题的原因往往与进行海洋开发利用活动的人类有关，尤其是一些不顾生态环境只追求个人利益的人，因此要通过生态损害补偿费制度对这些人的不法行为加以管理，控制其开采、利用。我国征收生态损害补偿费的目的有以下几点：第一，生态保护投入的资金存在短缺的问题，因此补偿收费可以适当地为生态损害补偿提供资金来源和多种渠道。第二，因为生态环境经常出现外部性的问题，很多企业或其他行业开发主体"搭便车"的行为使环境破坏加剧，资源使用效率降低。利用经济激励手段，通过将外部性内部化，可以适当解决生态破坏的问题，鼓励人们进行海洋生态系统的保护，同时可以制止和约束人们对海洋的生态破坏行为。第三，在我国目前的国民经济核算体系中，没有将海洋中的一些资源和环境包含在内，因此可以将海洋生态环境和资源纳入国民经济核算体系中，鼓励各地官员在努力达到地区生产总值要求的同时，提高对海洋资源的利用效率，以及重视绿色地区生产总值的核算方法和数值计算，使数值能够更清晰地反映行业生态系统的各种资源和环境的价值，以引起人们对海洋生态系统环境和资源的重视与保护。

要对海洋生态损害补偿的税费征收对象及征收范围有明确的规定，以保证收费过程的合理性和符合法律规定。缴费对象一般包括海洋资源的直接开发者和利用者，间接对海洋生态系统的资源和环境造成影响的组织或个人，以及间接因为其他人或组织的活动从海洋生态系统中获取利益的个人或组织单位。海洋生态损害补偿的范围包括因为人类的开采、利用、生产和经营等活动而对一定区域的海洋造成破坏的部分区域。除此之外，海洋生态损害补偿的费用应得到严格的管理与运用，不能被个别违法乱纪分子用于不合理的用途，要尽量确保用在海洋生态系统的资源和环境的保护工作上。

2. 严格进行管理工作，完善官员考察考核机制

1）完善政府规划体制

海洋生态损害补偿制度的建立实施需要社会各界的共同协调和配合，如政府、市场、个人和社区等，其中政府和市场占有主要地位，发挥着巨大的作用，这正是对应了经济学中的两大观点——政府治理和市场自动调节。近些年来的一些实践表明，政府在经济管理中起着重要而不可或缺的作用，主导着该制度的实施过程。虽然我国的资源总量较多，海洋资源总量也较大，且总体来说较为丰富，但是人均资源量相对较少。因为我国人口众多，尤其是 2015 年执行的二孩政策无疑会使我国人口有进一步的增长，而人均资源存在严重不足，个人和资源总体之间存在着很多矛盾，资源市场的供求矛盾十分严重。为了解决这些问题，政府应该负主要责任并起主要作用。政府是海洋生态损害补偿政策的主导者和领导者，也是海洋生态损害补偿政策的执行者，政府对海洋生态损害补偿目标的按期实现、步骤的按期施行，对于海洋生态损害补偿相关政策的健全和完善都有很重大的意义和作

用。综上所述，政府部门在海洋生态损害补偿中的作用是主导的和重要的，如果政府部门不能有效地起到领导、管理和掌控全局的作用，海洋生态损害补偿制度就不能顺利实行。因此，政府部门应该履行职责，建立健全资金管理机制，扩展资金来源的渠道，保证资金的流转，以确保生态损害补偿制度的顺利执行，为该制度的执行提供充足的资金支持，增加海洋生态损害补偿支出占政府总支出的比重。同时，还要加强其他方面的建设，如科技创新方面的投入和支持，对该制度执行过程的监督管理，对不尽职尽责行为的处罚，对相关人员的考评制度的完善。只有做到以上陈述的几点意见，才能确保海洋生态系统的环境保护工作有效进行。

2）绿色 GDP 考评制度

随着我国经济发展水平的进一步提高，亟须转变经济发展方式，将资源、环境考虑到经济增长中。如果不能考虑到这些因素，将因为生态问题阻碍经济的进一步发展，进而阻碍我国建设"海洋强国"目标的实现。因此，我国在现有的官员政绩考评制度中应该加入海洋生态环境和资源的因素，使经济指标中包含环境和资源破坏的因素，以更准确地反映所付出的资源和环境代价。此外，还应该改革官员考核制度，摒除不合时代发展要求的官员考评和考核制度，在国民经济核算体系中加入环境和资源的因素，尽快使用绿色 GDP 的指标代替先前的 GDP 指标。在《中国 21 世纪议程》中，我国已经提出将环境和自然资源的价格、价值等纳入国民经济核算体系中，也提出了一些发展和建设计划，但是还没有明确的执行方案和部门，因此这些工作还没有得到具体执行。因此，我国在官员考核制度方面的改革要走的路还很长，要做的工作还很多。我国应尽快成立专家小组进行这方面事项的商议和制订相关计划，采用更加科学、合理的指标进行经济增长代价的考核和统计，从而对中央和地方政府官员的政绩做出更合理的评价。因此，我们提出以下建议和意见。

第一，建立完善的绿色国民经济核算体系。我国现有的国民经济核算体系并没有考虑环境和资源的因素，而所谓绿色国民经济，是指从传统意义上计算的 GDP 中扣除虚假的成分，虚假成分是指由环境退化和资源浪费而导致经济增长的一部分产值，不属于真正的财富积累，具体而言，就是扣除自然资源耗减的部分成本和环境退化成本，只用能够真实反映 GDP 增长的、没有虚假成分的，并且能够真实反映经济发展情况、资源存储量及变化量等实际情况的真实的组成部分。用绿色 GDP 作为核算的指标，是符合可持续发展的相关要求的，鲜明地反映了在对环境和资源没有破坏的情况下的 GDP 实际增长值，有利于体现生态环境补偿机制的经济特性。在我国建立绿色国民经济核算体系之后，可以成立专门的部门和机构进行测算，采用先进的方法和技术，由权威人士和权威机构进行数据的收集、环境资源价值的处理和核算方法的完善等工作。就像改革开放时先以一些地区和城市为试点一样，绿色国民经济核算也可以先在一些有代表性的地区和城市进行试点工作，使其发挥带头和表率作用，在这些地区成功验证了该制度的可行性后再向其他地区进行推广，以逐步实现制度化和常规化。

第二，完善海洋环境统计制度。目前我国在海洋相关数据的统计方面还存在一些问题，有数据不准确、残缺不全、数据造假等问题。因此，我国应加快完善海洋环境统计制度。在以往的统计工作中统计数据存在问题、统计指标存在缺陷，因此相关统计机构应该完善统计制度，引进新的指标和统计技术，并增加表现海洋环境破坏和生态损失的指标。另外，要制定相关的制度或法律以保证原始数据的质量，建立完善海洋统计的审核制度。除此之外，政府部门、人力资源部门和统计部门应加强对技术人员的培训和挑选，提高进入该岗位的门槛，加强统计技术建设，采用新型的、符合当地情况的海洋环境统计调查方法，提高统计数据的分析技术，采用新型的、准确度高的模型进行分析。

3. 建立健全生态损害补偿法律法规

我国开展生态损害补偿工作相对较晚，因此在这方面的制度、法律建设均存在一定的漏洞。我国生态损害补偿方面的法律法规体系建设还不完善，存在没有考虑到的方面和考虑到但是对其没有进行有效规定的地方，在规范化、细节化方面还存在很多不足之处。因此，我国需要在海洋生态环境和资源保护立法及海洋生态损害补偿制度建设立法上加快步伐，以更好地进行海洋保护和生态补偿的工作。

1）完善立法工作

我国目前与生态损害补偿相关的法律不完善，因此在建立健全生态损害补偿法律体系时应该注意以下几点：第一，在立法方式上要慎重，首先应该制定一部基本法，在基本法的基础上进行其他法律的制定，这些法律应该相互配合，不可相互违背，同时要制定一些具体的条例加以配合；第二，因地制宜，根据不同地区的特征设置相应的补偿类型，防止出现制度和地区实际情况不符合导致低效率的情况；第三，对现有的法律进行完善和修改，如对《中华人民共和国渔业法》的修改等，在修改过程中，要考虑到海洋生态补偿发展的具体情况；第四，对现有的部门法进行完善，在《中华人民共和国刑法》等法律中要对海洋生态系统有所规定，如对破坏海洋环境、耗费资源的行为，对相关的违法乱纪行为进行具体、有效的规定，增加新罪种，以弥补现有法律的不足之处。

2）完善法律救济工作

有关救济的法律法规不仅在全民经济中十分重要，而且在海洋的开发和管理中同样发挥着重要的作用。海洋生态损害补偿制度是人们在进行海洋资源开发和利用时的制度保障，是人们进行相关活动时的支撑，海洋生态损害补偿制度中规定了众多利益相关者的关系等内容，有效地保证了人们的基本权利和利益。以下为几种法律救济工作的完善方式：第一，双方通过协商进行和解。双方在进行交易活动时，如果产生了矛盾，自行和解是最基本的一种方式，不仅是最简便易行的一种方式，而且是花费费用最低的方式，双方进行多次博弈后所达到的状态和平衡点可以使双方都比较满意，从而达到效率较高的一种状态，进而有利于有效地实施生态损害补偿政策。但是如果双方无法进行有效的协商，和解就不能达到最初的目的。第二，调节。调节是通过第三方的协调，对有争议的双方之间的相互关系进行调节，从而提出几种可能的解决方式，以寻求双方的认同。第三，仲裁。仲裁是更高一级的解决纠纷的方式，与法院的审判活动具有相同的效力，是解决民事矛盾的一种有效的、常见的方法。对于海洋生态损害补偿问题，也可以通过仲裁来解决，即把与海洋生态损害补偿相关的内容写入仲裁条款，用仲裁的方式解决相关有争议和有矛盾的问题。第四，诉讼。诉讼是最高一级的处理纠纷的方式，即向法院提出申诉，这是一种司法手段，是利用我国人民法院的权威和法律的强制性保障实施的。如果纠纷双方无法通过前几种方式达到一致，便可以通过诉讼的方式解决问题。这种方式持续的时间较长，花费的费用高，但是具有更大的影响力和强制性。第五，行政救济。行政救济包括行政复议、国家赔偿等方式。通过不同人士共同参与听证，使最终得到的结果更具有准确性、客观性和真实性，有效地维护了弱势群体的利益。

4. 加强产权制度建设，鼓励市场投资

1）加强产权制度建设

（1）推进海洋产权制度建设。产权的概念由来已久，是新制度经济学中的重要内容，从科斯、诺斯，到 2017 年诺贝尔经济学奖的获得者理查德·H.塞勒，都是产权及产权制度安排的研究者。产权是一系列权利的总称，不是指人们对物的所有权关系，而是指人与人之间的相互关系。从科斯定理开始，产权的重要性就逐渐被社会公众所认可，产权不管是在资源配置中，还是在国有企业的改革中，都有着很重要的作用。产权制度是对产权在制度上的规定，以保障产权的确立、实行，是在资源稀缺的条件下，用来确定资源在人们之间有效配置的基本制度，同时规定了人们之间的社会关系。市场交易在本质上就是产权的交易，而不是单纯的物品与物品的交易，而且市场制度的核心是对产权的界定。

产权制度在环境与资源的保护中发挥着很大的作用，是进行环境保护和资源有效利用的重要政策工具。在西方发达国家的环境资源经济学的研究中，逐渐利用产权进行资源的配置和管理，从而保障资源的可持续利用，防止外部性、"搭便车"等行为的出现。产权制度的建立与利用可以从陆地延伸到海洋中，对于海洋生态系统、生态问题如环境保护和资源利用都有很重大的意义，即一些开发海洋资源的行为可能导致外部性的出现，使个人生产函数和社会生产函数出现偏差，具体而言，就是个人所产生的生产成本没有归到其自身的生产函数中，也没有进入企业的生产函数中，从而造成负的外部性，而产权不明晰则可能使生态环境与资源成为公共物品，而公共物品也具有外部性，容易产生过度利用和过度消费及浪费的问题，从而导致资源得不到有效的配置。因此，在产权制度上进行更合理的安排，最重要的一个环节就是改变现有的产权不明晰的现象。只有清晰地界定了产权，才能在资源明晰的情况下进行生态损害补偿工作的开展，从而持续、有效地进行资源与环境的开发和利用，并通过市场交易可以看出产权转让的成本，从而提高资源配置效率，使国民经济发展与生态环境的保护达到平衡、协调的状态。

因此，针对以上的相关情况，我们意识到，首先，在建立健全合适、符合社会现状的产权制度时，需要相关政府部门的模型建立、数据测量、实地勘探等工作的完成。其次，要培养社会主体的主人公意识，使社会公民对海洋环境和资源的相关情况有深刻的认识，在法律法规的基础上，制定其他相关政策，并进行有效的监督和管理，使资源和环境的产权进一步得到清晰的界定，从而实现产权的明晰化和规范化。最后，要实现责任共担机制的推进，即参与海洋资源开发的主体都要进行责任的承担，从而使海洋环境和资源产权所有者能够得到与风险相对应的回报，同时使海洋环境和资源的破坏者在规避了风险的同时，要为其所做的事情付出相应的代价。除此之外，还要设置明确的、合理的奖惩制度，对进行海洋保护的开发者进行奖赏，对海洋环境的破坏者进行惩罚，并进行有效的监督和管理，使人们在进行海洋开发活动前进行思考，再决定是否要采取相关行为，选出符合其自身利益的一种方式，为建设完善、合理的海洋环境和资源的产权制度提供保障。

（2）在市场中引入排污权交易制度。排污权是产权的一种权利形式。排污权交易是市场上的一种产权分配方式，可以在产权的初始安排不恰当，不能最有效率地配置资源时进行效率的改进。排污权交易是一种经济政策和经济刺激手段，是以市场为基础进行的，包含于市场中。但是，我国目前的排污权交易市场还存在一些问题。因此，我国要加快推进排污权交易制度的建设并对其进行完善。具体如下：首先，要尽快建立、健全和完善排污权交易市场，并规范其中的制度；要建立专业的排污权中介机构，以连接排污权买卖双方的关系，使资源交换的效率更高，信息更完善、合理；要加强排污权交易的法律建设，健全并在实践中不断完善法律体系。其次，要进行约束与激励机制的建设，通过一定的激励方式鼓励企业进行节能减排及去污设备的安装、排放物的处理等，将排污权加入企业的规章制度中。除此之外，政府要加强对各地排污权市场的管理，并建立公众监督制度，提高监督的效率与准确性；规范排污权转让行为，对每一次交易进行严格的审查，确保不出现问题，严格查禁企业超标排污的行为并加大处罚力度，如进行罚款，严重者可对其进行进入该行业的限制。最后，要建立健全排污权交易的法律依据，从最根本的法律基础上防止问题的产生，只有排污权的法律基础建立完善了，才能从根本上解决一系列的问题。

2）鼓励市场投资

市场资源是丰富的，但是由于交易主体的信息不对称等原因，常常出现资源的非充分利用，从而使资源的浪费十分严重，因此，在海洋生态损害补偿的具体实施过程中，要建立完善的资金来源渠道，充分利用市场的各种资源，为生态损害补偿工作解决后顾之忧。

（1）建立海洋生态补偿基金。我国目前已经建立了一些相关的海洋类基金，如环保基金会基金等多种基金，这些海洋类基金的建立可以在一定程度上解决海洋保护和建设的一些问题，但我国尚未建立海洋生态损害补偿专项基金，对海洋生态损害补偿的建设存在一些不足。海洋生态损害补偿专项基金可以从现有的国家相关资金中抽出一部分，通过整合现有的资源，提高资金的使用效率，还可以通过扩充资金的来源渠道，为我国开展相关工作带来新的资金流，提高国家生态补偿的能力。

（2）加大对国外资金的利用程度，与国外相关组织展开合作，利用国外资金来进行国内的生态损害补偿工作，在更丰富的资金下加强海洋生态系统环境的保护和资源的保护。

5. 鼓励公民参与

1）加强舆论管理

社会舆论的力量是很大的，社会舆论如果能得到有效的、充分的利用，便能发挥很大的作用。在海洋生态损害补偿过程中，也可以充分利用社会舆论的力量，充分利用社会群众和社会团体的支持与帮助，并鼓励新闻媒体和社会团体公开进行监督、参与管理，有些问题通过社会媒体的报道，可以得到有效的处理，得到政府相关部门的关注。同时，各级相关监督机构也要进行有效的监督和管理，加强对政府官员的监督管理，并发挥人民代表大会的职能和作用，避免出现官员干部不干实事、不遵纪守法、有法不遵、执法力度不足的问题，确保法律能够得到有效的执行，监督工作能够得到有效的实施。此外，还要通过宣传教育增强社会公众的海洋保护意识，提高其道德修养，以社区、学校或机关为单位，定期开展海洋相关知识的培训和教育。努力增强群众的海洋生态损害补偿意识，倡导公众对海洋环境保护的监督和管理,可以给予参与管理监督的公众一定的经济报酬以提高其积极性和参与度,鼓励公众积极、主动地参与这些活动。

2）鼓励公众参与

公众参与制度的完善需要以下几方面的努力：第一,要加强对社会公众思想观念的教育,使社会公众认识到海洋生态环境和资源的保护是全人类的责任,每个人都应该尽全力保护海洋生态系统,要转变传统的生态系统价值观念；第二,海洋生态补偿计划的制订、完善和实行都要以群众为主体,充分采纳群众的意见和建议,在一定程度上,群众的建议十分有用,并能起到补充和完善的作用,要将普通群众的意见和建议纳入考虑范围,同时要采取相应的措施鼓励社区公众参与到海洋保护的队伍中来,提高他们的参与度和积极性；第三,要在公众参与之后及时对参与情况进行分析,找出动员活动中的不足之处,对公众参与情况进行落实,推动海洋生态补偿制度的不断完善,借用社会舆论的力量和网络媒体的传播等对海洋破坏者施加压力,迫使其对海洋环境进行保护。

3）帮扶绿色团体的建立

在世界上,有很多公益性的环保组织和团体一直致力于环境的治理和资源的保护,为生态环境的保护奔走呼号,力求为实现可持续发展贡献出一份力量,他们的行为不仅传播了环境治理和资源保护的观念,也阻止了生态环境破坏者和污染者的一些破坏、污染行为的进行。这些独立于政府的公益性组织应得到我国政府的大力扶持,我国政府应该对其提供更多的帮助,如提供更多的资金支持、对其加强人身保护等。除此之外,要建立保护机制和管理措施,通过法律对其加以制约和保护,从而使这些绿色社团能够独当一面,成为政府的补充和助力,推动生态补偿政策的顺利实施。

6. 加强科技创新

近几年,我国提出建立"科技强国""创新强国"的口号,越来越重视创新对一个国家的帮助和推动力,不管是在资金上,还是在海外人才的引入、科技人才的培养上,都投入了很大的力量。利用科技创新,不仅可以开发出更多的先进设备,实现对海洋生态环境的保护,还可以运用先进的技术阻止对海洋的破坏,从而实现对海洋的保护。除此之外,要扶持一些海洋类研究所和高校的建设,如中国海洋大学的建设和资金投入工作,还要扶持一些环保类海洋企业的建设；同时要引进优秀的人才和一些已成型的技术,如开采技术、环保技术等,以通过事后治理的方式减小对海洋生态环境和资源的破坏。另外,还要对海洋相关数值的评价工作加快研究,找到最实用、更准确的方法进行海洋生态价值的评估,以更好地实行保护工作,如对被破坏的海洋生态环境和资源的货币化评估,以及在利益相关者间的资金的分配。此外,还要利用海洋学的知识对海洋的一些特性进行深入的研究,如自组织技能、抗干扰特性、暗流潮汐等,并建立专门的评估机构和统一一致的统计方法。最后,还要在理论方面更深入地了解海洋补偿的相关理论,在大学中设立更多的类似学科点,建立一套科学化的海洋生态补偿标准体系。

5.2　海洋监测预警

5.2.1　海洋经济安全监测预警

我国地处亚欧大陆东部,太平洋西岸,拥有总长为 1.8 千米的漫长的海岸线,拥有 6500 多个岛屿。《联合国海洋法公约》规定,应划归中国管辖的海洋国土共计 300 万平方千米,相当于陆地总面积的 1/3。如今南海的局势十分紧张,南海问题的复杂化与域外势力的纷纷介入,对我国海洋权益与海洋安全环境带来了前所未有的挑战。另外,黄岩岛、钓鱼岛等岛屿的主权问题也严重恶化了我国的海洋环境,这些情况的发生都促使我国将海洋安全问题提上议程,采取有效的措施维护我国海洋安全。海洋经济安全是海洋安全的一部分,需要加大对其的关注及管理。海洋经济安全是指在协调海洋生态系统的环境和资源、人类生存和社会的发展、国民经济的发展等因素的基础上,海洋经济能够通过自我调节及政府的宏观调控,抵御外部不利因素影响并保持健康、稳定、持续、均衡的可持续发展状态及所表现出的能力和水平。我国作为海洋大国,海洋不仅是我国通往其他各国的门户,更是与其他国家进行经济、政治、文化及社会交流的重要途径。21 世纪以来,我国越来越认识到海洋在一国经济发展中的重要性,并提出了“建设海洋强国”的口号。海洋经济安全是一国经济安全的重要组成部分,与海洋生态安全、海洋环境安全、海洋资源安全密切相关,同时影响着该国经济的稳定和持续健康发展,如果一个国家的海洋经济安全遭到了威胁,势必会影响陆地经济安全,甚至是该国国民的安全。海洋经济安全反映了海洋经济与一国国民经济及社会发展相互作用、相互协调程度的一种状态。

海洋经济安全监测预警,是指对海洋经济安全功能、结构、状态、环境及其影响因素变动的动态跟踪、监控,并通过建立海洋经济安全指数、风险指数、监测预警指数等,对海洋经济安全状态进行评价和预警,是海洋经济能够及时规避和防范内部与外部风险的一系列理论方法及应用的复合系统。随着科学技术水平的提高,互联网技术的传播,我国在海洋管理上投入使用了大量的先进设备,以进行科学、有效的海洋安全管理工作。同时,随着各高校、企业对海洋研究的增加,各种实证模型与检验方法被相继提出,这些都为我国实施有效的海洋经济安全监测预警提供了硬件支持。

对于我国而言,“中国海洋经济安全监测预警研究”是贯彻落实国家海洋发展战略及党和国家领导人有关发展海洋经济重要讲话精神的现实需要,在国家建设海洋强国的背景下,通过跨学科的协同创新,通过各领域的协同发展,以推进海洋经济安全监测预警研究、提高海洋经济安全风险防御能力、保持国民经济健康发展、保障国家和人民群众安全为目标,以我国海洋经济主体为依托和载体,以系统分析与量化识别技术、数理统计与计量经济学方法、数据库与系统动力学等为技术支撑,提高海洋经济安全的监测预警能力和安全防护能力,为国家经济安全和人民财产安全提供多层次的保障,实现海洋经济安全的科学判断、动态警戒和早期预警。

如今,随着新兴经济体崛起的步伐日益加快,国家之间的矛盾也在不断加剧。陆上资源开采过多导致目前储量不足，资源日益紧张，因此各国不断谋求在海洋上的发展，谋求在海洋上拥有一席之地。而《联合国海洋法公约》对一些事项的规定不明确，有的国家虽然加入了该公约但是并未遵守，关于岛屿、海洋资源等的争议甚多，甚至有的国家兵戎相见。海洋是各国家间新的战场，围绕着海洋发生的争议事件层出不穷，日趋激烈，海洋不仅是各发达国家间争夺的对象，更是沿海发展中国家争夺的对象。发展中国家亟须发展本国经济，需要海洋资源解决本国的一系列问题，如越南等国。近年来，随着我国经济发展，我国逐渐在世界上占据一席之地，随之而来的是我国的海洋权益不断被侵犯、海洋权益事件频发，海洋经济安全受到了严重的威胁，严重影响到了我国的国家安全、社会安全和经济安全。从东海、南海到钓鱼岛、黄岩岛，领土危机不断激化。这反映了我国维护本国海洋经济安全的必要性和紧迫性，海洋经济安全已成为国家经济安全晴雨表的重要组成部分。我国该如何最大限度地降低海洋经济风险可能造成的损失，及时监控本国海洋经济安全，为我国经济发展提供一个稳定、和平的海洋环境，是我国亟须解决的问题，也是关乎我国国计民生的重大议题。

5.2.2　经济监测预警方法研究

以下介绍三种经济监测预警方法：景气指数法、综合模拟监测预警法和状态空间法。景气指数法（景气指数分析）以经济周期的理论为基础，通过计算各种指数并把这些指数分为先行、同步和滞后三种状态来推测当前经济发展的形势，并在这些指数的基础上再加以构造其他和海洋经济有关的指数等，将这些情况反馈给政府，用来检测政府上一轮的经济政策制定得是否合乎要求，并指导下一轮经济政策的制定。景气指数法可在一国经济发展比较稳定的情况下进行监测和预警。综合模拟监测预警法以统计数据为基础，通过统计学的方法对统计数据进行分析处理，得到与经济相关的一些结论，从而对经济的宏观形势有相应的预测和判断，进而提出切实可行的方法。但是该方法也存在一些不足之处，因为其属于静态预警方法，所以不能发生错误，不具有自我调整和自我改进的特点。状态空间法是利用聚类分析的方法，把从不同体系中筛选出的特征向量分为不同类型的特征变量，再用模式判别函数对其进行判别和预警，是一种有效的、精确分析经济形势的方法。

5.2.3　海洋经济监测预警指标的选取

海洋经济监测预警指标的选取需要经过精密的计算，需要国家和地区的数据具有准确性。海洋经济的发展情况，不仅取决于一个国家海洋的基本情况，还与这个国家的整体经济情况和国家宏观政策的制定情况有着紧密的联系。而海洋经济监测预警指标的选取也有很多的方法，其中最为常用也最基本的方法就是分析法，分析法的步骤较为简单，第一步，确定研究对象和研究内容，分析研究对象的本质、内涵和延伸，明确总目标和阶段目标，并对其进行合理的评价和解释；第二步，将总目标细化成一个个分目标，分目标更有利于总目标的完成，对这些分目标进行具体、详尽的描述和分析，并找出每个分目标的代表性指标，不断重复几次该过程，就会得到最终的结果；第三步，对每个层次进行指标的设计，并建立整个目标体系，以便于对目标对象进行分析。

　　以下介绍一般研究某地区海洋监测预警时通常选取的指标,本书仅从海洋经济总量及结构情况方面进行分析。海洋经济总量的概念和国民经济总量的概念可以相互替换和推导，它是在一段时间和一定区域内（一般指一个国家或一个地区）海洋经济综合实力大小的指标，一般用 GOP 来表示。与分析国民经济总体水平类似，在分析海洋经济综合实力时，应考虑绝对和相对两种，尤其是相对水平，如在分析每个地区在全国海洋经济总体中的比重时，可以选用该地区海洋生产总值占 GOP 的比例作为相对指标；在分析一个地区内海洋经济对该地区海洋生产总值的贡献时，可以选择该地区海洋生产总值占该地区生产总值的比例作为相对指标。海洋经济结构有很多种表示方法，在进行分析时，我们采用产业结构指标、区域结构指标及产品结构指标等进行分析，这些经济结构指标反映了经济的组成和构成情况。

5.2.4　指标体系的构建原则

　　海洋经济监测方面的指标选取有很多原则，很多学者就此进行了研究，但是目前对此还未形成统一的标准，仍处于研究探索阶段。针对海洋经济监测方面的指标选取，从理论上来说，应该尽可能符合较多的标准，以达到较为准确、标准的程度，但是现实中很难同时符合全部标准的要求，否则将造成工作的繁多和冗杂，并且可能会使最终的结果无法达到最初的目的和要求，结果可能不会使人满意。因此，应该在全面、有代表性、数据易得到的基础上进行指标的选取，海洋经济体系应遵循以下几个原则：第一，整体性原则，指整个海洋经济指标评价体系包含所有重要的指标和其他内容，整个指标体系十分完整，没有遗漏的地方和多余的地方，在分布范围上具有广泛性和精确性，以及可以相对准确地代表其他的特征。第二，科学性原则，是指按照社会的基本规律，选取符合经济、社会、环境、自然发展规律的指标，这些指标应该能够客观地、准确地反映海洋经济监测的特征。科学性原则和整体性原则是整个海洋指标体系的基础性原则，是其他原则的基础，如果不能满足这两个原则，就不能进行进一步的分析，而应该进行指标的替换。第三，重要性原则，是指在选择海洋经济监测指标时，应该舍弃不重要的因子，首先选用重要的指标，不能避重就轻，否则将对指标体系最终得到的值产生不利影响，不易估计出最准确、最重要的值，最终将得不到最精确的数据。第四，全面性原则，是指在建立海洋经济监测体系时，应该尽可能全面地包括能反映海洋经济发展情况的指标和要素,应该力求选取能够全面反映和覆盖海洋经济监测实际状况的指标。第五,可操作性原则,是指在选取相关可用数据、评估方法、技术工具时，所选取的指标应该易于操作，容易进行，即应该选取有一定代表性的,同时数据又易于收集和处理的指标,以使该体系在监测预警方面有更好的可操作性,可以和同类的指标进行比较，能够进行准确的评价，能够反映现实情况，并反映社会中的现实状况。第六，海洋经济的特殊性原则，不同地区、不同形式的经济都有其特殊性，如陆地、海洋、太空等，海洋经济和陆地经济有很大的不同之处。海洋经济是依托于与其邻近的陆地而实现的，一片海洋区域与其邻近的陆地有很大的联系，与其相邻近的城市的经济发展程度也有很大的联系，它们是相互影响、相互补充的。同时，我国的海洋经济发展情况与国民经济总体的发展有很大的关系，在一定程度上依托于国民经济总体的发展。从古至今，陆地经济与海洋经济都有很大的关联，海洋经济的发展会带动陆地经济的发展，陆地经济也会影响邻近的海洋经济，在考虑发展海洋经济的时候，可以利用研究国民经济总体的一些研究方法和研究内容，但是还要考虑海洋经济的特殊性，这就是海洋经济的特殊性原则。

除了以上几方面的原则之外，还应该考虑海洋经济的可持续发展，海洋经济相比于陆地经济来说，发展相对较晚，因此我国在发展海洋经济时，应该考虑到陆地经济发展的经验和教训，避免重蹈覆辙，避免只追求经济的片面增长，而不关心环境和资源的情况。

海洋生态损害补偿和监测预警是海洋经济发展中较为重要的两部分，其中涉及较多方面的内容，需要密切关注和投入更多的人力、物力及财力，以支持其发展。

第6章 海洋金融支持与灾害管理

6.1 海洋金融现状

6.1.1 海洋金融研究现状

金融是现代经济的重要组成部分，是引导经济发展、促进经济繁荣的核心力量。在全国金融工作会议上，习近平总书记指出"金融是实体经济的血脉，为实体经济服务是金融的天职"[①]。在海洋经济发展的过程中，海洋金融同样是不可或缺的一部分。金融是调节海洋资源配置和推动海洋经济发展的重要手段，完善的金融体系可以使得海洋经济系统良好运转，并且引导生产要素合理流动，使得优质资源从发展前景欠佳的海洋产业流入盈利能力强、发展前景好的海洋产业，从而完成海洋产业的结构调整和升级优化。

海洋金融这个概念，很早就出现了。在14世纪，西欧各地的商人开始广泛使用一种新的保险形式——海上保险，这就是海洋金融的萌芽。但是对于海洋金融，国内外的研究比较匮乏，关于海洋金融的定义，学术界目前尚未达成共识。

部分学者将海洋金融认定为蓝色金融，并对蓝色金融进行了非常细致的研究。李素娟（2011）阐释了蓝色金融体系，并将蓝色金融认定为为海洋经济服务而形成的筹集资金、转移资源、配置风险的所有交易行为的总和；蒋甜甜和周兆立（2011）研究发现蓝色金融为山东半岛蓝色经济区的发展做出了显著的贡献，认为蓝色金融是支持蓝色经济区建设的相关金融体系；赵昕和袁顺（2014）则认为蓝色金融是由政府和金融机构参与的，围绕蓝色经济在特殊环境背景下形成的以海洋经济为主要服务对象的金融活动的总和。还有一些学者将海洋金融视为陆上金融的相对概念。目前海洋金融的定义有狭义和广义两个角度。狭义上，海洋金融是指运用资金来为海洋产业提供融资。广义上，海洋金融是包括海洋保险、海洋信贷、信托、证券等一切以服务海洋经济发展为目的的金融活动的总称。这一定义与其他的定义相比，更加完善和准确。

笔者认为，海洋金融就是依托各类金融机构，利用各种金融工具，促进海洋经济又快又好发展的所有金融活动的总和。关于海洋金融对于海洋经济的重要性，很多学者都以实例或者模型进行了详细的研究。胡曼菲（2010）利用格兰杰因果分析模型，对辽宁省1999~2006年的数据建模，并进行实证分析后得出，海洋金融支持对产业结构优化升级具有正效用，并且这种正效用很快可以实现。武靖州（2013）认为当前中国的金融服务体系无法满足海洋产业的金融需求，需要建立更加完善的金融服务体系。何帆（2015）明确提出在

[①] 《习近平在全国金融工作会议上强调 促进经济和金融良性循环健康发展》，http://china.cnr.cn/news/20170715/t20170715_523851780.shtml[2018-10-16]。

"一带一路"的背景下，中国的海洋经济将会飞速发展，需要海洋金融作为强有力的支撑。刘东民等（2015）指出中国当前面临海洋经济发展的重要机遇，应当尽快建立"三个基金、一个银行、一个智库"的海洋金融要素聚集区，实现中国海洋金融平稳、快速发展。

6.1.2　中国海洋金融的发展现状

目前，海洋金融在中国正处在稳步发展的阶段。2018 年 1 月 15 日，中国人民银行、国家海洋局、国家发展和改革委员会、工业和信息化部、财政部、中国银行业监督管理委员会、中国证券监督管理委员会、中国保险监督管理委员会八部门联合发布了《关于改进和加强海洋经济发展金融服务的指导意见》，这是我国首个通过金融支持和服务海洋经济发展的纲领性文件，该文件围绕推动海洋经济高质量发展，明确了银行、证券、保险、多元化融资等领域的支持重点和方向。

2018 年 2 月 1 日，国家海洋局、中国农业发展银行联合发布了《关于农业政策性金融促进海洋经济发展的实施意见》，该文件强调了中国农业发展银行在海洋经济发展中的重要作用，并且提出要建立农业政策性金融服务体系以支持海洋经济的发展，要建设海洋经济示范园，开展创新试点，支持重点项目，努力达成"十三五"期间累计向海洋经济领域提供约 1000 亿元人民币的意向性融资支持的工作目标。这意味着，农业政策性金融将会大幅度促进海洋经济的发展。

银行业大力推进海洋金融。例如，中国银行、中国工商银行、中国进出口银行、深圳证券交易所等大批金融机构和国家海洋局达成了未来深度合作的意向。大批资金将涌入海洋领域，这无疑会促进海洋产业的飞速发展，同时，各类金融机构也将会从中赢利，从而实现互惠互利的双赢局面。

在金融服务平台方面，产业投资基金、保险公司也开始关注海洋领域。华海财产保险股份有限公司就是中国第一个专注于海洋保险的保险公司，借助当前"互联网+"的良好势头，致力于成为一家具有海洋和互联网特色的全国性、综合性财产保险公司。福建成立了国内首只远洋渔业发展基金，总数额高达 50 亿元，这是福建远洋企业发展的关键性一步，将助推福建远洋企业深入发展；浦发银行在青岛和舟山设立蓝色经济金融中心和海洋经济金融服务中心，在实体经济发展并不景气的情况下，聚焦自贸区背景下的金融服务实体经济，推动海洋金融的创新发展。以下将对海洋金融良好运转的典型地区进行介绍。

1. 山东省威海市

在金融业对海洋经济的大力扶持下，威海在海洋经济的发展方面可谓是如火如荼。相关调查数据显示，威海 2016 年年产海产品重量高达 255.5 万吨，在全国的年产海产品总量中占比 13%，对于国家海产品的生产和出口做出了突出的贡献。威海市海洋经济对于威海整体经济的发展举足轻重，在 2016 年，地区海洋生产总值为 1124 亿元，占威海市地区生产总值的 13%。目前威海市已经有 29 家金融机构，包括银行业、证券业，对于海洋经济的发展给予了信贷和金融服务的支持。中国人民银行威海市中心支行作为中央银行在威海市的代理机构，始终支持蓝色海洋经济发展，制定了《关于金融支持全市蓝色经济区和高端产业聚集区建设的指导意见》《关于改进外汇管理服务 促进蓝色经济贸易投资便利化的指导意见》等多种政策文件,以扶持威海市的蓝色海洋经济。威海市主要从以下五个方面发展海洋金融服务。

(1)信贷支持力度大。威海市重点发展了地方金融组织,如小额贷款公司、民间融资机构、村镇银行,与大型金融机构相比,中小型金融机构的盈利需求高,希望获得更多的盈利以扩大自身规模。因此,中小型金融机构多数为风险偏好者,而海洋类产业刚好是风险聚集行业,两者需求匹配,相辅相成,这些地方金融组织为涉海类企业提供了较多的资金支持。

(2)推动新型信贷业务,创新海洋金融产品。威海市政府引导银行及各类金融机构,围绕渔业捕捞、海水养殖、产业链供应担保等方面,成立海洋渔业金融中心,创新信贷产品,推行新型信贷业务。在传统信贷业务无法满足涉海类企业的融资需求时,威海市政府通过政策扶持,推动各种新型的信贷业务发展。例如,海域使用权及海上物资抵押贷款、渔船抵押贷款、海产品加工业大联保体贷款、股权质押融资、船舶抵押贷款、龙头企业+合作社+农户综合授信贷款、仓单质押贷款、货币互换项下韩元贷款,这些创新金融产品,有效地破解了中小企业融资难的难题。

(3)保险服务创新性强。威海市的保险公司积极探索适合海洋产业经营特点的避险途径,在全省率先推出海水养殖风力指数风险和海参养殖气温指数保险,从而提高涉海类企业的风险规避水平。海参养殖气温指数保险及海水养殖风力指数保险同属于天气指数保险。这种保险极大保障了海水养殖户和养殖企业的利益。海水养殖是威海市的传统优势产业,但海水养殖保险一直存在着损失查勘难、定损难问题,为破解保险公司对海水养殖保险望而却步、养殖户投保无门的难题,市金融服务办公室联合有关职能部门多次深入各区市海水养殖户开展调研,积极牵头保险公司与海水养殖户商议对接,加大保险产品创新开发力度,从而提高海水养殖户的风险转移水平,护航威海市海洋经济发展。

(4)直接融资渠道宽。除了银行借贷这样一种比较常见的外部融资方式,威海市涉海类企业还充分利用其他方式,如发行股票或者债券、引进风险投资等直接融资方式,这些融资方式虽然对于融资企业要求高,融资成本也相对比较高,但是一旦发行股票或者债券成功,就能获得大笔资金。好当家集团有限公司、山东海育时代海洋科技发展有限公司、青岛黄海生物制药有限责任公司都通过股权融资获得了资金支持。

(5)建立信息服务平台。威海市政府引导金融机构和企业加大沟通交流的力度,建立信息服务平台,开设"窗口引导",尽最大的努力解决企业与金融机构之间的信息不对称问题,让金融机构能够及时了解涉海类企业的金融需求。推动政府、企业、金融机构信息共享,搭建海洋产业投融资公共服务平台。建立优质项目数据库,鼓励金融机构积极采选获得海洋行政主管部门推荐的优质项目。

2. 浙江舟山群岛新区

浙江舟山群岛新区是中国第一个以海洋经济为主题的国家级新区,舟山海洋资源丰富,拥有区位优势、港口资源优势,船舶修造业、港口物流业、海洋旅游业等海洋产业发展优势明显、特色显著。2016 年全市实现海洋经济总产出 2925 亿元,海洋经济增加值 862

亿元，占全市地区生产总值的比重为 70.2%。

　　舟山海洋经济的飞速发展依托于海洋金融的大力支持。近年来，舟山市加快推动海洋金融的创新服务，大力推进海洋金融，帮助促进新区基础设施建设，推进船舶及海洋工程、港口物流、临港工业设备制造业的快速发展。2016 年底全市船舶修造业的表内外贷款余额约 138 亿元，占全市工业表内外贷款余额的 42.81%；港口物流业表内外贷款余额约 276 亿元，占全市金融机构表内外贷款余额的 16.63%。在海洋金融创新方面，舟山市也取得了显著的成果。舟山积极推动专业化的海洋金融机构发展，鼓励金融分支机构向专业性海洋金融机构转型。2017 年舟山市首家、浙江省第二家金融租赁公司——浙江浙银金融租赁股份有限公司正式成立运营。探索发展海洋政策性金融，加快运用政策性银行支持船舶产业发展。积极发展船舶交易市场、大宗商品交易平台及远洋渔业交易中心等涉海资产交易场所，推动开展海域使用权、岸线的收储及抵押等涉海资产运用创新业务。

　　浙江作为一个海洋大省，对于海洋经济发展非常重视，舟山加速发展海洋经济具有十分重要的战略意义。从微观层面来看，对于舟山而言，有利于该地区的经济发展，有利于解决该地区的就业问题，提高人民的生活水平；从宏观层面来看，对于浙江省而言，有助于浙江省快速转变经济发展方式，寻找新的经济增长点，扩大经济发展空间，加大开放力度，建设海洋强省。2017 年 8 月 11 日，华融金融租赁股份有限公司、万向信托股份公司、永安期货股份有限公司、浙江金融资产交易中心股份有限公司、财通证券股份有限公司、浙商证券股份有限公司、中国邮政储蓄银行股份有限公司浙江省分行等 7 家金融机构分别与舟山市政府制订了合作计划，签署了合作框架协议。此次签约的 7 家金融机构将为舟山海洋特色产业发展、舟山重大项目建设提供综合性金融服务。2017 年 8 月 12 日，浙江省人民政府金融工作办公室、舟山市人民政府在舟山联合主办了首届中国（浙江）自由贸易试验区海洋金融高峰论坛。此次论坛的主题是"聚焦自贸区背景下的金融服务实体经济，加快推动海洋金融创新发展"，自贸区建设过程中，海洋金融领域的知名专家学者共聚一堂，交流各自的科研成果和科研经验，省内金融机构、船舶航运领域的相关企业也前来参加。学界和商界共同商讨，以用促学。同时，在这次论坛的启动仪式上，正式宣布成立浙江舟山群岛新区海洋金融研究院。这一研究院的成立，无疑为海洋金融的创新发展，自贸区金融的创新活动提供了新的平台，有助于众多科研学者共同研究、交流、实现合作共赢。

3. 山东省青岛市

　　青岛作为一个重要的海洋城市，在 1986 年成为计划单列市，在 1994 年成为副省级城市，足以见得其重要的战略地位。青岛的经济发展相当迅速，在 2016 年，年地区生产总值为 10 011.29 亿元，成为北方第 3 个、全国第 12 个，年地区生产总值破万亿元的城市。在高速发展的经济背后，离不开海洋经济的支持。青岛依靠自身依山傍海的优越地理位置，在海洋经济方面，齐头并进，再创新高，实现了新的突破。

　　由表 6-1 可以看出，2014～2017 年，青岛市海洋产业总产值稳步增长，这四年的平均同比增长率达到 17.11%，对于地产生产总值做出了突出的贡献，海洋经济有力地拉动了经济增长。以 2016 年为例，2016 年青岛市的地区海洋生产总值为 2515 亿元，地区海洋生产总值增速高于地区生产总值增速 7.8 个百分点。但是在 2017 年，青岛市海洋产业总产值同比增长率下降了 4.44 个百分点，说明青岛市海洋产业增长率有下降的态势，需要找到新的增长点以拉动海洋经济的增长。由表 6-2 可以看出，在 2016 年青岛市海洋第一、第二、第三产业都是高速发展的，尤其是海洋第二、第三产业，总产值都大于 1000 亿元，同比增长率都大于 10%，这样的蓬勃发展需要海洋金融的强力配合。

表 6-1　2014～2017 年青岛市海洋经济发展状况

年份	地区海洋生产总值/亿元	同比增长率	占地区生产总值的比重	海洋经济拉动经济增长
2014	1751.1	13.1%	20.2%	—
2015	2093.4	19.5%	22.5%	3.2%
2016	2515	20.14%	25.1%	3.5%
2017	2909	15.7%	26.4%	3.9%

资料来源：山东省海洋与渔业厅

表 6-2　2016 年青岛市海洋三次产业产值

海洋产业分类	总产值/亿元	同比增长率
海洋第一产业	105	5.2%
海洋第二产业	1287	17.5%
海洋第三产业	1123	13.7%

资料来源：山东省海洋与渔业厅

青岛海洋经济的主要优势产业是滨海旅游业、海洋交通运输业、涉海产品和材料制造业、海洋设备制造业。滨海旅游业是依托于青岛"红瓦绿树、碧海蓝天"的自然地理环境而发展起来的，海洋交通运输业则借助了青岛港为天然良港的地理优势。除了海洋传统产业，海洋新兴产业的发展也非常活跃，海水的淡化与利用、海洋生物和药物制造、海洋科研教育、海洋金融服务业也是海洋经济稳步发展的强有力的引擎之一。

在这一高数据的背后，是以海洋金融服务业为支撑的。2016 年，青岛市海洋金融服务业实现增加值 80 亿元，2012～2016 年年均增速达到 16.2%，高于青岛市地区海洋生产总值增速 0.2 个百分点。在 2012～2016 年，青岛市不断创新海洋金融工具和融资渠道，开拓进取，从而实现了海洋金融产业的飞速发展和海洋产业的稳步上升。大批量金融资源涌入青岛的海洋产业，助力海洋产业。海洋金融在青岛市的发展从以下四个方面进行。

（1）重视海洋金融的科研教育。全国 70%的海洋科研人员均驻地青岛，其海洋经济的中心地位不可动摇，中国海洋大学的海洋金融研究，远远早于其他科研院所和金融机构。经济学院院长赵昕自 2004 年起，开始利用中国海洋大学海洋和水产的特色优势，研究海洋经济发展和金融支持这一全新的领域，一路攻坚克难，前往广州、浙江、福建等沿海省市进行实地调研，弥补中国海洋金融支持研究领域的空白。随后又进行了海洋经济中灾害管理问题的研究，使得我国海洋金融上升到另一个新的高度。海洋灾害保险、蓝色碳汇、巨灾类金融产品的发展，利用金融手段管理海洋灾害风险等，目前也得到了越来越多学者的重视。以中国海洋大学带头的海洋金融研究为青岛的海洋经济和海洋金融的发展，提供了学术支持和理论支撑。

青岛市政府非常重视青岛市海洋金融服务的发展，并进行了巨额投资。青岛市政府与上海财经大学合作，共同建立了上海财经大学青岛财富管理研究院，这是上海财经大学在异地设立的首个研究院。该机构将充分发挥上海财经大学的高端资源优势、师资优势，依托青岛市本地优势，紧紧围绕青岛财富管理金融综合改革实验区，在人才培养、文化传承、研究咨询、社会服务等方面开展合作，为青岛市金融业的发展和提升提供智力支持。青岛市金融业的稳步发展必将促进海洋金融服务业的发展。

（2）打造优势平台。青岛创建了蓝色硅谷、西海岸新区、红岛经济区等平台，并将黄岛和即墨两市划成区，并入青岛的整体发展架构，在市南区、市北区的经济发展区域饱和、发展空间不足时拓展海洋产业的新空间。青岛市政府也非常重视这一重点区域，有意引导优质资源流向这三个地区。

以西海岸新区为例，西海岸蓝色金融中心致力于引进银行、保险、证券、信托等金融机构，大力发展财富家族办公室、互联网金融等新兴金融业态，打造国内一流的蓝色金融中心和财富管理中心。蓝色金融中心项目的签约对新区现代金融业发展具有重大意义，将加快新区经济转型发展，率先实现蓝色跨越。

2015 年黄海区建立西海岸蓝色金融中心，该项目共投资 200 亿元，由首都金融服务商会、首都建设投资引导基金管理（北京）有限公司投资建设，致力于聚集和输出首都金融资源，致力于西海岸新区的重大项目和基础设施建设。

（3）青岛金融业飞速发展。在 2017 年的全球金融中心指数排名中，青岛全球排名 47 位，仅次于我国的上海、北京、深圳、广州四地，这四个地区是老牌的金融业高度发达的地区，青岛作为一个以海洋业见长的地区，能拿到中国第五这样的排名，足以见得其近些年发展势头强劲。青岛现在在崂山区建立了金家岭财富管理中心，以财富管理作为切入点，推动青岛金融的迅速腾飞。

海洋金融作为一个新兴的产业，吸引着众多商业银行参与，众银行争当"第一个吃螃蟹的人"。青岛的海洋经济发展的稳定性吸引着国内多家商业银行争相在青岛提供涉海金融服务。各类银行专注于不同的海洋领域，针对不同领域的不同特点，开启了不同的金融支持海洋产业的活动。中国民生银行在青岛地区建立了海洋渔业金融中心，这是全国第一家针对渔业的金融服务专业机构，它不仅关注大中型涉海类企业，还希望能实现小型涉海类企业和大中型涉海类企业的联动发展，因此它对于小型涉海类企业给予了特别的关注和照顾。比如，增加抵押品的额度，放宽短期和中长期贷款的还款期限。中国建设银行在青岛的分支机构也积极参与涉海类企业的贷款，给予青岛西海岸发展（集团）有限公司 14 亿元的授信额度，对于港口和船舶制造产业，更是大力支持，累计贷款金额已达 10 亿元。华夏银行则更关注港口物流企业，专门开放涉海信贷业务，大力支持港口经济的发展。中国工商银行青岛分行为青岛港集团有限公司承销短期融资券，该短期融资券的利率远远低于同级别、同类型企业的市场平均利率，从而帮助青岛港集团有限公司大大降低了融资成本，使其获得了更大的盈利空间。

（4）成立蓝色经济金融服务中心。2015 年，浦发银行蓝色经济金融服务中心在青岛成立，这是中国第一家海洋金融专营机构。该中心创造性地提出"两点、一链、三圈"这一构想，"两点"是指"海洋资源开发"与"海洋空间利用"两个重点；"一链"是指"海洋经济产业链"；"三圈"是指三大海洋经济圈，即北部海洋经济圈、东部海洋经济圈、南部海洋经济圈。六字箴言为蓝色经济金融中心的发展指明了工作的重点和发展的方向。

浦发银行蓝色经济金融服务中心将围绕"海洋资源开发"与"海洋空间利用"这两个切入点，明确服务的重点行业、产业、区域和客户，让金融服务与经济发展的重点有机结合。对于海洋类第一产业、第二产业、第三产业做出明确的划分，并且研究不同产业各自的特点和金融需求，因"业"而异地提供金融服务。同时，对于有上下游关系的产业，强调要形成产业链，然后提供"一条龙"金融服务；对于已经形成的产业链要进行加固；要对尚未形成的产业链进行帮助。

北部海洋经济圈、东部海洋经济圈、南部海洋经济圈这三圈的提出，则是基于浦发银行自身的区域发展规划，以及分支行的分布情况。这三圈是中国经济发展的领军地区，可以辐射山东、上海、辽宁、福建、浙江、江苏等众多省市；由表 6-3 的数据我们也可以看到，这三圈也是海洋经济繁荣之地，是海洋金融发挥作用的主要战场。2016 年各海洋经济圈地区海洋生产总值如表 6-3 所示。

表 6-3　2016 年各海洋经济圈地区海洋生产总值

地区	地区海洋生产总值/亿元	占 GOP 的比重
北部海洋经济圈	24 323	34.5%
东部海洋经济圈	19 912	28.2%
南部海洋经济圈	26 272	37.3%

资料来源：国家海洋局

依托于海洋经济的稳步发展，2017 年 12 月，山东省委、省政府已将青岛上报为国家中心城市。这对于青岛来说无疑是关键一步。海洋金融也必将借此机会，迎来新一轮的发展高峰，实现"好风凭借力，送我上青云"的辉煌局面。

6.2　金融在海洋经济发展中的作用

6.2.1　海洋金融促进海洋经济发展

党的十九大发布了关于"海洋强国"的重大战略部署，十九大报告指出，要"坚持陆海统筹，加快建设海洋强国"[①]。海洋是经济社会发展的重要依托和载体，建设海洋强国是中国特色社会主义事业的重要组成部分。发展海洋金融是深入贯彻落实这一战略部署的

---

① 《习近平：决胜全面建成小康社会 夺取新时代中国特色社会主义伟大胜利——在中国共产党第十九次全国代表大会上的报告》，http://www.gov.cn/zhuanti/2017-10/27/content_5234876.htm ［2019-10-20］。

重要一环，是"加快建设海洋强国"的关键一步。

1. 健全的金融服务体系是发展海洋经济的重大举措

当前中国在海洋方面的金融服务并不健全，不能满足涉海企业的发展需求。中小企业融资难的问题是长期以来制约中国经济发展的一大因素，这一点在海洋类产业方面尤为突出。海洋领域的产业与普通的产业相比，需要的大型设备多，科研创新方面要求也更高，因此资金需求量比较大，生产周期长又决定了资金周转速度慢，资金链断裂的情况时常发生。因此，中小型涉海企业受制于自身规模小、信用低、违约风险高、抵押不足等原因，很难从商业银行获得足额所需的贷款。即使获得了贷款，也需要支付比较高的贷款利率，这对于中小型涉海企业来说是一个比较大的负担。

我国设立了中国进出口银行、国家开发银行等政策性银行，这类银行可以为涉海企业提供比较全面的资金服务，但是这些银行对于企业的发展前景、盈利状况、可持续运营能力有着严格的要求，满足这些要求的一般都是大型央企，中小型涉海企业很难获得它们的支持。国内的资本市场并不成熟，存在诸多弊端。大型涉海企业可以走出国门，借助国际金融市场融资以满足自身发展的要求，但是中国现行的法律制度对于国际商业融资有着严苛的规定，中小企业很难通过该渠道满足自己的资金需求。因此，为海洋经济的发展提供相对健全、完善的金融服务体系，可以有效避免由资金短缺、资金链断裂、资金周转不顺利等原因造成的一些新兴海洋产业的夭折。同时，良好的金融服务，可以为海洋经济的发展注入新的活力。获得资金之后的海洋产业能够良好运营，盈利能力增强，这样就能够吸引更多的资金流入，从而形成一个良性循环。

2. 金融服务的创新发展是实现海洋产业转型升级的动力源泉

不管在哪一个领域、哪一个行业，创新都是推动进步的源泉。在海洋产业，创新占据非常重要的地位。海洋覆盖地球总面积的 71%，在发展海洋金融的过程中，不能简单地将陆上金融在海上进行推广，应该因地制宜，对于不同地区，不同的经济状况，不同的发展前景，制定出不同的金融政策，研发不同的金融工具。当前，我国处在开发利用海洋资源的重要阶段，很多海洋领域的产业也处在转型升级的过程中，海洋新能源、海上风电、海水利用、海洋服务业及海洋生物等海洋新产业需要海洋金融给予支持，提供创新性金融产品和创新性金融服务，才能顺利实现中国海洋产业"走出去"，从而尽可能多地参与国际竞争。

3. 海洋金融助力海洋产业为中国经济提供新的经济增长点

从 1978 年中国实施改革开放这一重大政策，海洋经济在这 40 余年中稳步发展，已经成为中国国民经济的重要增长点。国家海洋局数据显示，2017 年，我国 GOP 超过 7 万亿元。在实体经济并不景气的今天，中国的经济发展速度放缓，在移动互联网技术的重大冲击下，很多传统的产业面临衰退甚至倒闭的风险。中国经济亟须找到新的经济增长点，海洋经济无疑是一个合适的选择。当前，中国经济已经发展成为高度依赖海洋的开放型经济。2000 年中国实施"走出去"战略，以大中型国有企业为主导的海洋企业在全球范围都有对外投资，包括以港口航道、传统渔业、船舶制造为主的传统海洋产业，还有以海洋新能源、海上风电、海水利用、海洋服务业及海洋生物为主的新兴海洋产业。传统海洋产业和新兴海洋产业相辅相成，成为我国海洋产业"走出去"的主力军。因此，海洋金融将助力海洋产业成为中国新的实体经济增长点，以弥补当前中国实体经济不景气的缺陷。

6.2.2　绿色金融促进海洋产业结构调整

改革开放 40 余年以来，随着经济的高速增长，污染物排放量不断增加，中国出现了一些环境问题，如许多大中城市出现了雾霾现象，中国中央气象台发布的空气质量指数显示，2016 年 12 月 16 日至 21 日，华北、华中、东北十多个省市大范围出现雾霾天气，京津冀地区多地 $PM_{2.5}$ 浓度超过 500 微克/米^3，河北省石家庄市更是连续多日高达 1000 微克/米^3，环境状况日益恶化。此后，中国在环境污染治理方面进行了不懈的努力。2017 年环境保护部在京津冀及其周边地区发动了大规模的大气污染防治强化督查。此次督查工作成效显著。截至 2017 年 7 月，共检查 37 325 家企业，发现存在环境问题的企业 21 870 家，约占检查总数的 58.6%。截至同年 8 月，经核实并完成整改的环境问题 3902 个，整改完成率为 80% 左右。

经济发展带来的环境问题及接踵而来的绿色转型方面的舆论压力催生了绿色金融。绿色金融是指以促进经济、资源、环境的协调发展为目的而形成的信贷、保险、证券、产业基金等金融活动，通过金融工具和政策引导，将资金用于环保、节能、清洁能源、绿色交通等项目中。在这个过程中，贴息等政策手段能够提高绿色项目的投资回报率和融资的可获得性，从而能够抑制对污染性项目的投资。中国在经历了若干年经济快速发展的同时，环境污染与能源枯竭问题越来越严重，而海洋资源丰富，是人类重要的能源和矿产来源。中国沿海地区占全国 13% 的土地，养育了全国 40% 的人口，创造了 60% 的产值。2017 年 GOP 达到 7.8 万亿元，占 GDP 的 10%。党的十九大报告提出要加快建设海洋强国，这标志着我国海洋事业进入了前所未有的高速发展时期。然而随着海洋经济的快速发展，各种不合理的人类活动，使得海洋环境受到了一定程度的破坏。海洋产业转型和结构升级对国家经济增长的贡献不容忽视。从发达国家的经验来看，绿色金融是产业结构调整和升级的重要推动力。故本章将分析绿色金融对海洋产业结构影响的必要性，并针对问题提出建议。

1. 绿色金融发展现状

绿色金融最早是由可持续金融发展而来，20 世纪 80 年代发达国家提出可持续发展的概念之后，有学者将此概念引入金融领域形成了可持续金融。对于中国来说，绿色金融则是结合中国实际国情的可持续金融，但是中国经济增长与环境质量之间的矛盾关系及经济发展的需要，导致绿色金融并没有得到很好的发展。2007 年开始，中国提出了很多与绿色金融有关的政策，从此绿色金融开始得到发展。随后，兴业银行成为中国首家采用赤道原则的银行，使得中国银行业在绿色金融发展中有了新突破，但是 2009~2015 年，绿色金融发展缓慢，到了 2016 年绿色金融发展才相对较好，绿色金融才逐渐被重视，在 2016 年的 G20 峰会上发布了《G20 绿色金融综合报告》，并成立了绿色金融研究小组，这表明了中国发展绿色金融的决心。

绿色金融工具包括绿色信贷、绿色基金、碳金融、绿色债券等，其中绿色信贷政策最早在我国得到实践检验。另外，其他一些政策的实施也激励了金融机构对信贷的发展。2009年，绿色信贷余额首次超过两高产业（高污染、高能耗产业）贷款余额，但是之后绿色信贷余额上升幅度不大，2012 年中国银行业监督管理委员会发布了《绿色信贷指引》，加速了绿色信贷的发展。资料显示，到 2016 年 6 月，21 家主要银行业金融机构绿色信贷余额为 72 600 亿元。

相比于绿色信贷，绿色债券虽然起步较晚，但是发展速度不亚于绿色信贷。绿色债券的发展是从 2015 年中国人民银行发布《中国人民银行公告〔2015〕第 39 号》和《绿色债券支持项目目录》后开始起步的，2016 年浦发银行发行的第一批绿色债券反响很好，同年的 G20 峰会又提出了一些支持绿色债券的政策，促进了绿色债券的飞速发展。

2. 海洋产业结构现状

如图 6-1 所示，海洋第三产业优势由强到弱再到强，海洋第二产业比重的趋势为先上升后下降，海洋第一产业的比重相对保持稳定状态，海洋经济结构继续深化。2001～2017年海洋第一产业所占比重总体稳定，但略呈下降趋势，由 2001 年的 6.8%下降到 2017 年的 4.6%，下降了 2.2 个百分点。由此可以看出，以海洋渔业为主的第一产业发展潜力不断变弱。海洋第二产业所占比重呈现先上升后下降的趋势，2001～2005 年，第二产业所占比重一直比第三产业所占比重低，但是差距逐渐缩小，并在 2006 年超过了第三产业。从 2012 年开始，与第三产业的差距逐渐拉大，2017 年第二产业比重下降为 38.8%。第三产业比重的变化趋势和第二产业正好相反，呈现出先下降后上升的趋势。2002 年第三产业比重超过 50%，之后开始下降，2011 年仅有 47.2%，从 2012 年又开始逐渐上升，一直到 2017 年比重达到 56.6%。总体上，2001～2017 年我国海洋产业已经稳定在"三二一"的产业结构模式。

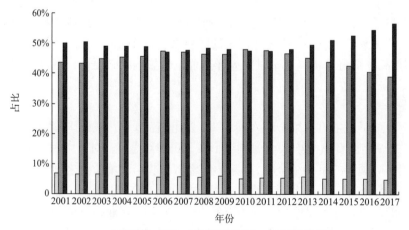

图 6-1　2001～2017 年中国海洋三次产业结构变化情况

资料来源：国家海洋局

　　由表 6-4 可以看出，2001 年以来，海洋渔业、海洋交通运输业等传统海洋产业增加值都呈现下降的趋势，海洋渔业从 2001 年的 25.1%下降到 2017 年的 14.7%；海洋交通运输业从 2001 年的 34.1%下降到 2017 年的 19.9%；滨海旅游业等新兴产业发展比较快，滨海旅游业增加值比例由 2001 年的 27.8%增加到 2017 年的 46.1%；海水利用和海洋电力发展缓慢，海洋电力增加值占比从 2001 年的 0.1%上升到 2017 年的 0.4%，海水利用产业增加值占比仅从 2001 年的零占比上升到 2017 年的 0.1%。从已有研究来看，海洋产业科技含量比较低，还没有形成一定规模的高新技术，并且近几年传统海洋产业受到结构性改革的影响较大。

表 6-4　2001～2017 年部分年份主要海洋产业增加值构成

产业构成	2001 年	2005 年	2010 年	2013 年	2014 年	2015 年	2016 年	2017 年
海洋渔业	25.1%	21.0%	17.6%	17.1%	17.1%	16.2%	16.2%	14.7%
海洋油气业	4.6%	7.4%	8.0%	7.3%	6.1%	3.5%	3.0%	3.6%
海洋矿业	0	0.1%	0.3%	0.2%	0.2%	0.3%	0.2%	0.2%
海洋盐业	0.9%	0.5%	0.4%	0.3%	0.2%	0.3%	0.1%	0.1%
海洋船舶工业	2.8%	3.8%	7.5%	5.2%	5.5%	5.4%	4.6%	4.6%
海洋化工业	1.7%	2.1%	3.8%	4.0%	3.6%	3.7%	3.5%	3.3%
海洋生物医药业	0.2%	0.4%	0.5%	1.0%	1.0%	1.1%	1.2%	1.2%
海洋建筑工程业	2.8%	3.6%	5.4%	7.4%	8.4%	7.8%	7.6%	5.8%
海洋电力	0.1%	0.1%	0.2%	0.4%	0.4%	0.4%	0.4%	0.4%
海水利用	0	0	0.1%	0.1%	0.1%	0.1%	0.1%	0.1%
海洋交通运输业	34.1%	33.0%	23.4%	22.5%	22.1%	20.7%	21.0%	19.9%
滨海旅游业	27.8%	28.0%	32.8%	34.6%	35.3%	40.6%	42.1%	46.1%

注：小计比例之和可能不等于 100%，是因为有些数据进行过舍入修约
资料来源：国家海洋局

3. 绿色金融对海洋产业结构调整的促进机制

　　海洋经济的主要标的物就是海洋及依托于海洋而形成的海洋生物、海洋资源，海洋是生态系统的重要组成部分，因此在发展海洋经济和海洋金融的过程中，不管是政府还是银行业金融机构，都必须贯彻落实"绿色金融"这一理念。绿色金融对经济结构优化及供给侧质量的改善都具有重要的促进作用，金融能够通过对项目的恰当选择优化资源配置，实现对经济的调节，而绿色金融能够将社会资金引入环保性与低污染的项目，从而使得对高污染、高耗能项目的投资减少。由于资金是现代企业运转中不可缺少的要素，这种资金流向的改变推动了供给侧质量的绿色改善。绿色金融以金融业为杠杆，促进了金融资本和产业资本的融合，增加了高污染、高能耗产业的金融风险，降低了绿色行业的金融风险。根据国内已有研究，我们总结出绿色金融影响海洋产业结构调整的机制如下。

　　（1）资金融通。金融业的发展使得资本市场的资金大大增加，优化了资源配置，同时增加了两高产业的金融风险，导致两高产业的发展处于下滑态势。因此，经济的发展对绿色环保等新兴产业发展的需求越来越大，而海洋产业包括很多环保产业和高新技术

产业，这样势必会使大量资金流入海洋产业，资金的流入有利于海洋产业结构的调整。

（2）市场竞争。绿色金融推动了资金由高污染产业转向低污染绿色环保产业，在这种绿色金融的引导下，海洋产业为了得到资金支持，会积极发展海洋高新产业及绿色环保产业，企业会积极开拓绿色高新业务，以寻求更多的发展机会，从而会引导海洋产业朝着多元化与技术化方向演进，提高海洋产业的竞争力，促进海洋产业结构调整。

（3）社会责任。绿色金融要求企业履行社会责任，进行绿色披露，这有利于企业提升自身形象。良好的企业形象有利于绿色海洋产业获得更多的社会支持，从而有利于实现可持续经营。因此，绿色金融有利于促进海洋产业的可持续发展。

6.3　当前中国海洋金融发展的机遇与挑战

6.3.1　当前海洋金融特征

1. 政府干预和市场调节相结合

海洋领域的特殊性使得海洋产业的资金需求量大、资金周转速度慢，前期盈利状况不乐观，如果仅依赖市场的自发调节，资金很难流入，因为根据经济学"理性人"的假设，资金会自发流入到盈利最高的地方。因此需要政府进行干预以解决海洋产业的资金需求问题。同时，海洋资源作为一种特殊的资源，应该由国家进行管理，不能任凭私人机构开发利用，政府在金融方面的干预也是对于海洋资源利用情况的一种监督和管理。政府通过制定相关的优惠政策或者直接给予资金支持，使海洋产业可以得到良性发展，盈利能力增强，对金融服务的需求加大，投资者的投资积极性提高，整个行业可以得到更多的关注和认可。政府干预可以对整个社会进行引导，政府干预和市场自发调节相结合，有助于形成最有效的海洋金融管理模式。

2. 海洋金融产业聚集现象明显

海洋金融产业的聚集是因为海洋实业的产业聚集，通过金融聚集可以共享基础设施，降低生产成本。海洋产业、金融服务机构聚集还可以降低交通、运输成本，提高营业利润，提高交易的效率，缩短交易时间。通过研究新加坡、伦敦和奥斯陆的海洋金融发展，我们发现产融结合是海洋金融发展的明显特征。金融机构的聚集也是高素质的海洋金融人才、海洋金融资本的聚集，可以形成海洋金融发展中心，汇聚最优质的金融资源，铸就强大的竞争力。

6.3.2　当前中国海洋金融的发展机遇

1. 海洋强国战略

2012 年 11 月，党的十八大报告首次明确提出："提高海洋资源开发能力，发展海洋经济，保护海洋生态环境，坚决维护国家海洋权益，建设海洋强国。"[1]这是首次将"海洋强国"确立为国家发展的重要战略和关键战略。因此，海洋问题牵动着无数人的心，海洋问题也越来越受到大家的关注和讨论。海洋，尤其是海洋经济，在国际形势日趋复杂的今天，具有很重要的战略意义。"海洋强国"战略，就如同以前提出的"科技兴国"战略一样，必将成为推进社会主义现代化进程中的至关重要的战略。21 世纪是海洋的世纪，陆上资源已经被人类大规模开发，而海洋资源的开放利用率不足 5%。我国作为一个海洋大国，拥有其他国家无法比拟的海洋优势——300 万平方千米的海洋国土面积、1.8 万千米大陆海岸线，海洋不仅在国防上具有重大的战略地位，在经济上的潜力也不容小觑。习近平总书记在党的十九大报告中明确要求"坚持陆海统筹，加快建设海洋强国"[2]，为建设海洋强国再一次吹响了号角。发展、壮大海洋经济是关乎国家长远发展的大计，必须根据我国海洋领域的现状，坚持陆海统筹，兼顾国内、国外两个大局，坚持走依海富国、以海强国、人海和谐、合作共赢的发展道路，贯彻"创新、协调、绿色、开放、共享"五大发展理念，稳步推进中国的海洋强国建设。海洋强国战略下，发展和壮大海洋金融成为必然选择。海洋金融也会借助于海洋强国战略，得到更多的关注和认可，实现新的突破和飞跃。

2. "一带一路"倡议

"一带一路"倡议是 2013 年由习近平主席提出的重要合作倡议，它是中国实现产业升级的关键，也是引领全球走出 2008 年经济危机、促进全球和平发展的重要倡议。"一带"指的是丝绸之路经济带，"一路"指的是 21 世纪海上丝绸之路。

海洋经济是一种高度外向型的经济，具有开放性、国际性、全球化。海洋产业是海洋经济的载体和主要表现形式，它不断推动着"一带一路"沿线国家的基础设施建设和工业化进程。借助于"一带一路"这样一个优良的平台，我国海洋产业获得了新的"走出去"的机会和途径，在"走出去"的过程中，我国海洋产业将不断地学习其他国家发展海洋经济的技术和经验，在相互交流中获得进步和提升。在硬实力提升层面，我们要发展海洋渔业、海水淡化、海洋生物养殖，并加快海产品的输出。在软实力提升层面，我们可以与"一带一路"沿线国家交流海洋文化，学习与海洋相关的教育方法和途径。在当前中国致力于拓展蓝色经济空间的背景下，海洋产业的对外输出是一种直接有效的方式。但是如何有效地实现海洋产业"走出去"的目标，如何增强我国海洋产业的国际竞争力，如何统筹兼顾国际、国内两个大局，如何与其他国家合作，共同开发海洋资源，是我们在"一带一路"进程中，亟待解决的问题。

21 世纪海上丝绸之路建设的过程中，海上基础设施和"一带一路"沿线国家工业化进程的建设是重中之重。从海洋经济层面来看，我们的主要任务就是沿线港口建设和改造，这项任务投资周期长，资金需求量大，资金回收时间长，如果仅依靠市场融资，很难达成目标。沿线国家的经济实力不足，很难提供实质性的帮助，中国必须依靠自身的中长

---

① 《十八大报告（全文）》，http://pr.whiov.cas.cn/xxyd/201312/t20131225_148938.html［2019-10-20］。

② 《习近平：决胜全面建成小康社会 夺取新时代中国特色社会主义伟大胜利——在中国共产党第十九次全国代表大会上的报告》，http://www.gov.cn/zhuanti/2017-10/27/content_5234876.htm［2019-10-20］。

期投资、融资和资金雄厚的背景，在 21 世纪海上丝绸之路的建设过程中，加大对项目的支持力度和扶持程度。21 世纪海上丝绸之路沿线的主要城市包括泉州、福州、广州、海口、北海、吉隆坡、雅加达、加尔各答、雅典、威尼斯等地，这些都是海洋经济比较繁荣的城市。21 世纪海上丝绸之路的建设有利于推进我国与沿线国家的多边合作伙伴关系。21 世纪海上丝绸之路的建设包含了很多方面的内容，不是短时间内能够迅速完成的，对于建设这样的海上通道，推动海洋经济合作肯定是其中的重点。随着 21 世纪海上丝绸之路的建成，中国海洋经济的发展必将进入崭新的时代。

6.3.3　当前中国海洋金融发展的阻碍

1. 相关的研究理论匮乏

海洋金融是推动海洋经济的重要手段，近年来其理论及研究方法并没有受到学者的广泛关注。以中国知网检索为例，2016 年相关文献仅为 35 篇，2017 年相关文献仅为 46 篇。检索主题"蓝色金融"，2016 年的相关文献仅为 4 篇，2017 年相关文献仅为 5 篇。足以见得海洋金融领域研究的匮乏。金融服务是发展海洋经济的命脉，但是对于如何建立健全海洋金融服务体系，如何利用好相关的金融工具，如何创新金融产品，并没有相应的研究成果。相关学者应该重视海洋金融，利用金融领域的现有研究工具，深入海洋产业领域，研究海洋金融，为海洋金融的实践提供理论支持。结合中国海洋金融的发展现状，我们还可以创立相关的学科，培养一批高素质的人才，为未来海洋金融的发展储备新生力量。在海洋金融的研究理论方面，学者应当立足于中国的实际情况，不断进行实际调研。

2. 涉海类产业风险较高

新兴海洋产业通常风险比较高，而涉海类金融机构缺乏相关的经验，无法对风险状况进行彻底的评估并进行有效的金融风险管理。以威海市的船舶制造企业为例，2008 年爆发的金融危机，严重冲击了船舶制造业，使得多家中小船舶企业面临倒闭或者破产的风险，形成了 20 多亿元的债务，此次事件不仅影响了银行对于船舶企业的授信额度，而且对整个行业都造成了非常大的负面影响，阻碍了银行对船舶行业发展的进一步支持。加之海洋产业与金融机构之间存在严重的信息不对称现象，金融机构对于该类产业不太了解，不敢盲目扩大信贷规模，当中小型涉海类企业需要资金时，只能使用自有资金或是向亲友借贷，更有甚者，利用高利贷进行融资。

3. 涉海抵押制度不完善

中小型涉海类企业拿不到贷款的另一个重要的原因是当前的抵押制度不够完善。当规模比较小的企业处于初级发展阶段时，它们缺乏满足银行等金融机构要求的抵押品，很难获得银行的信任。相关机构应该对涉海类企业提供特殊的抵押优惠政策，比如，可以通过订单贷、固资贷等方式帮助中小企业融资。

海域使用权贷款是涉海抵押制度的一大创新，不同于土地抵押和房产抵押，我们可以去测度具体的面积,海域使用权属证书上只标有经纬度,在界定海域面积上存在难度,需要去渔业局或者海洋局,进行抵押认证。海域使用权抵押时,其固定附属用海设施随之抵押。在 2018 年 1 月 15 日公布的《关于改进和加强海洋经济发展金融服务的指导意见》中,明确提出鼓励银行业金融机构按照风险可控、商业可持续原则,开展海域、无居民海岛使用权抵押贷款业务。积极、稳妥地推动在建船舶、远洋船舶抵押贷款,推广渔船抵押贷款。开展出口退税托管账户、水产品仓单及码头、船坞、船台等涉海资产抵质押贷款业务。

银行业金融机构应将涉海企业第一还款来源作为信贷审批的主要依据。加强押品管理,合理确定抵质押率,确保押品登记的有效性,强化贷后管理和检查,切实防控化解海洋领域的信贷风险。

4. 金融创新信贷产品不能满足需求

当前中国的金融创新信贷产品尚不能满足海洋经济发展的要求,各大商业银行、政策性银行、金融机构研发金融创新信贷产品的速度非常慢,而且开发和审批的周期长,效率低,这就导致了金融创新信贷产品的研发具有一定的时滞性。当一个问题出现之后,开始创新金融产品,问题的出现和创新开始之间需要一段时间,类似于宏观经济学上的外部时滞,当金融产品研发成功,审批结束,决定推向市场时,也需要一段时间,类似于宏观经济学上的内部时滞。等推向市场之后,这项金融产品已经不再适用于新形势下海洋产业的融资需求,严重阻碍了涉海类企业的融资进程和经营发展。

6.4　促进海洋金融发展的措施

6.4.1　在传统信贷的基础上创新金融产品

在符合监管政策的前提下,鼓励有条件的银行业金融机构设立海洋经济金融服务事业部,依法合规组建海洋渔业、港口航运、物流工程、海洋科技等金融服务中心或特色专营机构,在业务权限、人员配置、财务资源等方面给予适度倾斜。有序推动民营银行常态化发展,提升海洋经济重点地区小微企业的金融服务能力。

在中小企业融资方面,不能过分恪守相关的要求,应当结合海洋产业的特点,适当放宽相关的要求,拓宽中小型涉海类企业的融资渠道。鼓励采取银团贷款、组合贷款、联合授信等模式,支持海洋基础设施建设和重大项目。对协作紧密的海洋产业中的核心企业和配套中小企业,要积极开展产业链融资。积极、稳妥地推广渔民“自助可循环”授信模式。比如,融资租赁对于涉海类企业就是一个很好的融资方式,因为涉海类企业需要众多大型设备,而且这些设备的成本比较高,通过融资租赁的方式,可以有效降低资金的占用率,提高资金的流动性。

但是融资租赁领域仍然存在诸多问题阻碍海洋设备、海洋工程融资租赁的发展,如海洋类产业融资额巨大、融资租赁专业性强、海洋工程设备的变现能力比较差、法律障碍和海外融资汇兑难问题。海洋工程设备具有投资大、损坏率高、技术复杂、操作困难、生命周期短、体积大的特点，因为要用于海洋的勘探和检测，所以需要与海水密切接触，而海水的腐蚀性非常强，对设备的破坏力比较大，而海洋设备的复杂性又加剧了这一破坏程度。一个零件或者一个传感器失效，整个设备都会陷入瘫痪状态。一旦设备坏掉，维修工作也相当复杂，需要通知技术人员实地检测修理，大大增加了设备的维护和维修成本。这对于金融机构来说，是致命一击。但是通过不断地增加对于这些设备和该行业的了解，可以避免信息不对称的情况出现，从而提高机构筛选和整合信息的能力，进而更有效地识别租赁业务，这将有助于海洋工程融资租赁业务的发展。

当前，在海洋设备的融资租赁方面，中集融资租赁有限公司做得非常成功。该公司于 2007 年成立，是中国国际海运集装箱（集团）股份有限公司的全资子公司。作为一家国际公司，它借助全球化运营网络，与美国、澳大利亚，以及我国香港地区的子公司可以轻松交流，降低交易成本。多元化的产业格局有利于其与集团内其他产业联合营销，在海洋工程、空港设备、海工船舶等领域，为客户提供"装备产品+金融服务"的一站式解决方案。

6.4.2　学习伦敦、新加坡、奥斯陆等地区发展海洋金融的经验

不管是海上保险还是海洋基础设施的投融资，国外的发展都早于国内，在学术研究层面也早于国内，因此我们可以深入学习国外相关的理论；在实践层面，派遣相关的学者前往这些国家，进行实地调研，收集第一手的资料，查看海洋金融服务体系的运转情况，取其精华，去其糟粕，吸取别国的经验，总结它们的教训。切忌不顾及中国的国情，直接照搬外国的经验，"橘生淮南则为橘，生于淮北则为枳"，相关的政策制定者，一定要建立适合我国不同地区的海洋金融体系，因地制宜地发展海洋金融。

以青岛、烟台、威海三座城市为例，它们都地处山东半岛，具有相似的地理位置，相似的文化底蕴，但是在海洋金融发展方面，却不能一概而论，必须依托于三地的具体情况。青岛作为新一线城市，是国家在北方发展的重点城市，未来可能在各种资源方面都要远远好于威海和烟台两地，青岛必须紧紧抓住这个机会，大力引进金融机构，采用诸多措施，如放宽落地政策、买房优惠等，招揽金融人才，不断吸引金融资源，力争建成北方"陆家嘴"，在金融的日渐发展中，海洋金融势必会随之壮大。而威海的居住环境非常优越，依山傍海，空气清新，非常适合人类居住。目前，我国很多城市陷入雾霾困境，而人们越来越注重健康和环境，因此威海市在发展海洋经济的同时必须保持环境优良，以吸引更多的优秀年轻人来威海，从而为威海海洋金融的发展贡献自己的力量。而烟台市则偏重于海岸带的发展，中国科学院烟台海岸带研究所是中国专门从事海岸带综合研究的研究机构。2015 年，烟台海岸带研究所共发表学术论文 471 篇，其中被 SCI[①]收录 275 篇。SCI 收录的论文中，影响因子大于 4 的有 42 篇，TOP 期刊 40 篇。2015 年烟台海岸带研究所共申请专利 60 项，其中申请发明专利 58 项；专利授权 34 项，其中发明专利 28 项，软件登记 6 项。烟台应该依托于该研究机构，致力于海岸带的发展，在海岸带从事以资本增值为目

---

① SCI 全称为 science citation index（科学引文索引）。

的的经济活动，以吸引众多的生产要素流入烟台，随后进行要素优化，以此拉动海洋金融的发展。

对于一些相对比较通用的方法，我们可以先在沿海地区试行，查看其效果如何，再在全国范围内展开。加大对海洋经济示范区建设的支持力度，从中选择海洋经济发展成熟、金融服务基础较好的区域，探索以金融支持蓝色经济发展为主题的金融改革创新，集中优势资源先行先试。

6.4.3　贯彻落实"绿色金融"理念

"绿色金融"是最近两年非常热门的一个词语，很多学者对于绿色金融做了研究，也形成了诸多的研究成果。绿色金融是以促进经济、资源、环境的协调发展为目的而形成的信贷、保险、证券、产业基金等金融活动。海洋经济的主要标的物就是海洋及依托于海洋而形成的海洋生物、海洋资源，海洋是生态系统的重要组成部分，因此在发展海洋经济和海洋金融的过程中，无论是政府还是银行业金融机构，都必须贯彻落实"绿色金融"这一理念。

在改革开放初期，中国盲目追求经济发展，甚至以牺牲环境为代价，形成了"先污染后治理"的恶性循环。当前国家对于"绿色"给予了高度重视。党的十八届五中全会正式提出当前中国的五大发展理念——"创新、协调、绿色、开放、共享"，这是中国发展理念的一次重大变革。

2018 年 1 月 15 日公布的《关于改进和加强海洋经济发展金融服务的指导意见》明确提出，银行业金融机构要加强对涉海企业环境和社会风险的审查，建立完善的管理制度和流程，坚持执行"环保一票否决制"，加强涉海企业在环保等方面的合规审查。对涉及重大环境社会风险的授信，依法依规披露相关信息。

当前我国对于污水治理和废气排放都有了非常严格的要求，也有了相应的设备进行优化处理，相关的企业一定要严格遵守相应的要求。在金融支持方面，对于贷款企业的审核要尤其注意这一点，要坚守"绿色信贷"的原则，仔细挑选环境达标的企业发放贷款。政府利用政策性金融工具，能够有效地引导社会投资机构和投资个人的投资选择，使资源节约型、环境友好型的涉海类企业获得更多的投资，获取更多的投资后，相关企业能够利用现有的资金去优化生产设备、提高产品质量，从而在市场竞争中占据优势地位，并且通过这一过程，企业能够形成长期、稳定的竞争力，从而降低了经营风险。同时，通过这样的绿色信贷，企业不得不向社会披露自身的相关指标，以证明自身的"绿色性"，这就大大减少了涉海类企业与信贷机构之间的信息不对称问题。同时，这样能够形成良好的社会效用，在整个社会形成保护环境、节约资源的良好风尚。这一方式使得技术落后、污染严重、经营不善、盈利能力差的企业在市场竞争中处于劣势低位，逐步被市场淘汰。同时，可以对那些破坏环境的企业施加一定的压力，迫使它们进行业务调整和设备升级，促使其成为资源节约型和环境友好型的企业。

6.4.4　建立海洋金融要素聚集区

海洋金融要素聚集区的基础是海洋产业的金融聚集，刘东民等（2015）提出了以"三个基金、一个银行、一个智库"为核心，建立中国海洋金融要素聚集区。"三个基金"是指国家海洋信托基金、中国海洋战略产业投资基金、南海经济圈开发投资基金；"一个银行"是指国际海洋开发银行；"一个智库"是指海洋经济智库，下面将具体阐释这些机构。

1. 国家海洋信托基金

国家海洋信托基金最先出现在美国，《2000 年海洋法》创造性提出了这样一种构想。《21 世纪的海洋蓝图》明确提出建立海洋信托基金，推动海洋类产业的发展，解决海洋产业资金不足的问题，应当每年拨给沿海各州 10 亿美元。

中国可以效仿此方式建立中国的国家海洋信托基金，该基金具有"海洋性、公共性、全国性"三个特色，由财政部主持，国家海洋局配合建立基金管理机构，负责国家海洋信托基金的管理和运营，主要为海洋类产业提供科研经费、管理费用和风险补偿等。建立之初需要国家投入一大笔资金，后期的资金主要来源于两个方面：一是对海洋资源开发利用权征税。海洋资源是国家资源，私人开发和利用并且从中赢利，理应缴纳税款，这是毋庸置疑的。这将会是一笔非常可观的收入，流入基金管理机构之后，未来还会投资到海洋产业中去，从而真正做到"取之于海洋，用之于海洋"。二是对违反相关规定和行业规范（如对于海洋资源的过度开发、有害气体泄漏、污染物违规排放）的企业与个人收费，这些罚款也将构成国家海洋信托基金资金来源的一部分。

除了进行基础性海洋产业的帮扶工作，国家海洋信托基金还将坚持"保护环境"这一基本国策，将资金投向海洋污染的治理这一重要领域。对于具有外部性和公共性的企业，国家海洋信托基金还将对其给予特殊的扶持与照顾，如新技术的研发、毁灭式创造的创新、新设备的引进、可以针对海洋灾害进行有效预测和管理的海洋信息平台的搭建。通过这一方式，能够有效地引导社会基金流向这些领域。

2. 中国海洋战略产业投资基金

2016 年中国海洋战略产业投资基金在香港成立，得到了众多金融机构和企业的大力支持。"一带一路"倡议提出之后，中国成立了"丝路基金"，以满足"一带一路"建设对于资金的需求。中国海洋战略产业投资基金的提出响应了"一带一路"倡议，有助于中国涉海类企业借助于 21 世纪海上丝绸之路，更好地实现"走出去"的目标。中国海洋战略产业投资基金董事长金琨表示，"通过投资带动中国企业'走出去'，为这些企业以更加健康、合理、专业的方式，投资和拓展海外业务，帮助它们熟悉国际资本市场规则，减少盲目投资"[1]。

---

[1] 《中国海洋战略产业投资基金正式成立》，https://world.huanqiu.com/article/9CaKrnJYeoj[2019-10-20]。

3. 南海经济圈开发投资基金

南海是我国海域最大、资源最丰富的海洋国土，培育现代海洋产业，发展海洋经济，是南海经济发展的关键。南海经济圈是我国近些年非常重视的，且具有高度战略意义的一块区域。

中国—东盟海上合作基金于 2011 年正式宣布设立，目前，该基金已经确定了一批重要合作项目。该基金的主要货币为美元，人民币可作为辅助货币，中方的资金可以主要来源于外汇管理局、跨国金融机构及大型涉海类企业。基金主要用于南海资源的开发和利用。南海经济圈开发投资基金的设立也有利于南海经济圈的稳步发展。

南海经济圈开发投资基金的设立也面临诸多阻碍：第一，由于我国海洋经济和金融业繁荣之地，距离南海比较远，对南海海域的经济辐射和产业支持力度有限。第二，南海海域争端严重，在推进南海经济圈开发投资基金时，可能会引发各种所有权、归属权的问题。第三，诚如全国政协委员周春玲所言，"南海是我国面积最大、资源最丰富、战略地位最重要的海域，是我国海上石油、贸易的重要生命线和战略通道，是事关我国海上安全的重要屏障"[1]。如果在该基金发展过程中出现了问题，绝不只是经济问题，而且是关乎国家国防的问题，因此应委派专业的管理人员进行基金的管理，审慎对待关于南海的国际合作问题。第四，各国的经济水平、资金能力不尽相同，各国参与南海经济圈开发投资基金的利益诉求也不同，这可能会阻碍海洋经济合作的推进和项目的开展。各国的政治体制、传统文化、宗教信仰也可能对其产生干扰。

4. 国际海洋开发银行

海洋不同于陆地，海洋面积广阔，连接众多国家，一旦一国出现利用不当，引发生态系统失衡的问题，会迅速影响到其他国家。2011 年 3 月 11 日，日本发生大地震，次日福岛核电站发生核泄漏，日本将污染废水排进海洋后对日本周边海域都产生了不良影响。因此，国际方面有关海洋的合作必不可少。

在经济全球化的背景下，海洋间的合作对于海洋经济的发展至关重要。在国际金融合作方面，中国已经在不断地探索。2015 年亚洲基础设施投资银行成立，这是第一个由中国倡议设立的多边金融机构。"一带一路"为国际海洋开发银行的设立提供了一个非常好的契机。"一带一路"的沿线国家，共同商讨如何利用和开发海洋资源，如何促进国际合作，如何制订合作方案。利用国际海洋开发银行，将国际资本和民营资本结合起来，共同推进海洋产业基础设施的建设，也有利于引进外资，增强海洋企业的融资能力，扩宽业务范围。国际海洋开发银行的建立，将成为推动国际海洋合作的润滑剂，减少合作过程中的摩擦和阻碍，从而更加顺利地推进合作项目的展开和进行。海洋将七大洲联系起来，在日后必将成为国与国之间合作的纽带，可在"人类命运共同体"的指引下建立"人类海洋共同体"。

① 《全国政协委员周春玲：将构建环南海经济圈 作为建设海洋强国重大举措》，http://cnews.chinadaily.com.cn/baiduMip/2017-03/02/cd_28407005.html[2019-10-20]。

5. 海洋经济智库

根据上海社会科学院智库研究中心 2014 年发布的《2013 年中国智库报告》，智库就是"以公共政策为研究对象，以影响政府决策为研究目标，以公共利益为研究导向，以社会责任为研究准则的专业研究机构"。海洋经济智库则是聚焦于海洋经济的专业研究机构。建立海洋经济智库，可以更有效地实施海洋强国这一重大战略。关于海洋强国的顶层设计，需要更多、更专业的人才形成智力平台，深入了解海洋的发展现状，精准探究当前国家海洋经济的形势，密切关注涉海类企业的金融诉求，为国家海洋经济类政策的提出进言献策。

6. 重视海洋类新兴产业

海洋类新兴产业具有高度的正外部性，在其发展阶段能够产生很多新的技术和新的科研成果，这些技术和成果一旦转化成功，就可以广泛应用于其他的产业或领域，将会促进其生产效率的大幅提高。因此，我国银行业金融机构应围绕全国海洋经济发展规划，优化信贷投向和结构，加大对规模化、标准化深远海养殖及远洋渔业企业、水产品精深加工和冷链物流企业的信贷支持力度。坚持有扶有控，重点支持列入"白名单"并有核心竞争力的船舶和海洋工程装备制造企业。加快推动海洋生物医药、海水淡化及综合利用、海洋新能源资源开发利用、海洋电子信息服务等新兴产业的发展，促进海洋科技成果转化。根据滨海旅游业、海洋交通运输业、港口物流园区等特色，积极开发符合产业特征的金融产品和服务模式。

6.5　金融工具在海洋灾害管理中的应用

6.5.1　我国进行海洋灾害管理的必要性

1. 海洋灾害的破坏力非常强大

自然灾害本身的破坏力就非常大，对于人类的人身安全、财产安全都会造成毁灭性的打击。劳动力受到损失以后会直接影响经济的运行和发展。很多时候，不仅海洋灾害本身破坏力巨大，而且由于大陆与海洋相邻，发生在陆地上的灾难因为海洋的助推变得更为严重。因此，海洋灾害的破坏力非常强大，堪称全球自然灾害之首。

2. 我国沿海城市是中国经济发展引擎

我国临近渤海、黄海、东海、南海，与海洋紧密相连。1978 年改革开放以来，我国不断加快对外开放的步伐。1980 年设立深圳、汕头、厦门、珠海 4 个沿海城市作为经济特区，随后又于 1984 年开放了秦皇岛、青岛、福州、烟台、大连、天津、连云港、南通、上海、宁波、温州、广州、湛江、北海这 14 个沿海城市，与之前的 4 个经济特区连成一体，成为拉动我国经济增长的重大引擎。经济的高速发展为这些沿海城市提供了更多的就业机会，因此这些地区为人口聚集之地。一旦中国沿海发生海洋灾害，不仅会对中国经济造成重创，还会对很多中国居民产生生命威胁。因此，做好海洋灾害管理工作，是发展海洋产业的重中之重。

3. 当前中国对于海洋灾害重视不够

1978 年改革开放以来，在很长的一段时间内我国的经济增长都是以速度为导向，对于经济发展中的一些潜在风险重视程度明显不足。多年来，在各类沿海区域经济发展规划的编制和沿海工程项目的审批、建设中，普遍对海洋灾害风险评估重视不足。由于缺乏科学、有效的海洋灾害风险评估和区划作为依据，以及当前的风险评估和风险管理的技术不足，处于沿海地区诸多的核电站、大型石化基地、储油基地等设施规划存在海洋灾害风险隐患。事先如果没有专门的技术体系对此做风险评估，一旦发生重大海洋灾害，将会带来无法估量的损失。随着十九大报告提出"我国经济已由高速增长阶段转向高质量发展阶段"[①]，我们必须重新衡量和审视经济发展中的风险问题。聚焦行业安全，强化海洋灾害风险防控，已成为海洋经济工作的关键。

对于海洋经济来说，最大的威胁在于海洋产业的高风险性，海洋产业的特殊性使得海洋灾害时常发生，并且对海洋经济造成了很大的冲击。除了传统的海洋灾害管理工具，近年来，海洋金融工具在灾害管理中也得到了非常广泛的应用。

6.5.2　海洋灾害保险的典型产品

当前在中国发展比较好并且可以应用于海洋灾害管理的就是海洋灾害保险。海洋灾害保险不同于一般意义上的海洋保险。传统的海洋保险包括海洋货物运输保险、船舶险、船东责任保险、海上旅客人身意外伤害险等，这些保险和我们生活中的人身保险、财产保险都具有高度的相似性。但是海洋灾害保险的保险标的是灾难，而灾难一旦发生，波及范围非常大，损失惨重，因此，海洋灾害保险的赔偿金额高，赔偿范围广，盈利性低。

1. 海洋渔业风险及灾害保险

海洋渔业风险及灾害保险是一种针对渔业生产处置不当和自然灾害带来的渔业损失保险。海洋渔业是一个风险非常高的行业，因此在整个海洋类的保险中，发展相对较早。

我国农业部于 1994 年经民政部批准成立了中国渔业互保协会，开始探索非营利性互助保险业务。2016 年 4 月召开的"发展海洋保险，建设海洋强国"研讨会会议报告显示，我国渔船的承保率已在 30% 左右，渔农承保率在 40% 左右。

虽然我国海洋渔业保险发展比较早，但是还处在政府引导和市场拓展相结合的阶段，海洋渔业保险的发展比起农业保险，还是比较缓慢的，政府和保险公司的重视程度也不够。

海洋渔业保险要注重客户的可承担性。不同地区的经济发展水平不一样，这直接导致

---

① 《习近平：决胜全面建成小康社会 夺取新时代中国特色社会主义伟大胜利——在中国共产党第十九次全国代表大会上的报告》，http://news.cnr.cn/native/gd/20171027/t20171027_524003098.shtml［2019-10-20］。

了客户消费水平和价格承受能力的不同，因此保险公司必须充分了解当地的经济水平，经过多方面实地考察之后确定保费，使得大部分人都愿意为这份渔业保险付费，从而在扩大保险受众面、扩大海洋渔业保险保障范围的同时，实现客户利益最大化，帮助客户用最少的钱，达到最大的保障，并且使自己也能从中赢利。另外，效率性在海洋渔业保险中也非常重要。保险不同于实体经济，可以依赖实际产品的质量和外观招徕客户，保险的产品就是理赔。因此在理赔方面，保险公司不可疏忽，一旦发生灾害事件，需迅速按照之前的合同条款对客户进行足额赔偿，从而凭借优质的服务在行业中赢得良好的声誉，这样才会有更多的人来购买保险。只有投保的人数能够满足"大数定律"，保险公司才能降低自身的风险，从而赚取更多的利润。

2. 海洋巨灾类保险

巨灾具体是指，由于超出控制或者预料的巨大的破坏的原因，人类环境遭到了突发性的破坏，并且引起了一定程度的人身伤亡和经济损失的现象与过程。可见，巨灾的破坏力远远高于普通的自然灾害，因此由政府引导建立海洋巨灾类保险对于有效分散风险、减少损失具有非常重要的意义。

近年来，中国主要依赖灾后紧急财政拨款、改变预算用途等被动的灾后补充机制进行灾害救助，属于应急性措施，保险的作用还未充分发挥。海洋巨灾类保险在中国的发展明显不足，在这方面需要更多学者和政府机构的努力。当前中国已经尝试建立海洋巨灾类保险。海洋巨灾类保险应当是一种不以营利为目的的政策性保险，需要靠国家强制力保证实施。海洋巨灾如果发生，赔偿金额就会非常大，仅依赖商业性的保险公司，并不能足额支付所有的赔偿金，而且海洋巨灾类保险的承保范围非常广，这是由海洋灾害的多样性决定的。普通的商业保险很难对各种发生原因不同、发生频率各异、衍生性巨大的海洋灾害进行费率厘定和保单制定。国家应设立专门的机构，进行海洋风险的检测，判定各类海洋风险的发生频率和损害程度，然后通过保险精算的方法，制定合理的保费和保单。国家应与商业保险公司相互合作，共同促进海洋巨灾类保险的发展。

3. 海水养殖保险

海水养殖保险是指在海水水域人工养殖水产品，在出现灾害以后由保险机构提供赔付的一种保险。按照养殖对象不同，分为鱼类养殖保险、虾类养殖保险、藻类养殖保险、贝类养殖保险、海带养殖保险等。按养殖场所和养殖方式的不同，分为滩涂养殖保险、海上网箱（渔排）养殖保险、海上贻贝吊养保险、扇贝笼养保险和底播养殖保险。国际上海水养殖保险承保的风险包括两大部分：自然灾害，包括风暴、暴风雨、海涌、海啸、海震、地震、火山爆发、洪水、雪崩、泥石流；意外事故，包括疾病、海藻或水母引起的赤潮、污染、水中缺氧、不完善的水供应、偷窃、碰撞。但是由于国内保险技术相对落后，保险人对道德风险的控制手段有限，所以保险责任比国际同行要少一些；同时对于南海和东海的部分水域由高温造成的保险标的的死亡责任，一般不在承保的范围之内。

国外的海水养殖保险发展很快，作为农业保险的重要组成部分，很多国家在海水养殖保险领域已具有丰富的经验。目前欧洲的海水养殖保险市场发展相对比较完善，保险公司可以根据客户的经济能力、风险状况等因素为其提供不同的承保方案,并且能顺利地通过再保险市场实现分保。欧洲以外的其他地区在海水养殖保险方面,也有不同层次的发展情况。海水养殖保险通常具有较好的法律支持,并且借助国家强制力,推动了渔业共济业务,建立起了国家、县、村三级渔业共济及分保体系,韩国也在法律层面加大力度,依法建立了水产养殖保险制度,同时,政府也会对该保险提供补贴。当前中国仅有中国太平保险集团有限责任公司、中国人民保险集团股份有限公司等几家保险公司开设了针对扇贝、海参、部分鱼类和虾类的保险产品,并且只在部分地区进行了局部运行,整体来看,我国的海水养殖保险覆盖范围小,发展进程缓慢。

6.5.3　中国海洋灾害保险中存在的问题及解决措施

1. 相关专业人才匮乏

对于海洋灾害保险来说,需要根据不同的海洋产业的特征,制订不同的保险方案,如养殖类、海洋渔业、海水淡化、能源开发等不同的行业具有不同的特点,在推出保险产品前,必须要有专业的人员,能够用相关的专业知识,进行精算,计算出相对比较准确的保费和承保的范围。目前我国大多数保险公司,主要聚焦于人身保险、财产保险、重疾险等比较传统的、需求量大的保险业务,对涉海类保险的关注度非常少。

在国内,对涉海类保险定价研究的学者非常少。在 2019 年,以中国知网的检索为例,以 "海洋灾害保险" 作为关键词进行检索,所有年份相关文献仅有 26 篇,2016 年的相关文献仅有 2 篇,足以见得,当前中国在海洋灾害保险方面尚未形成完善的理论体系和知识架构,建议国家重视这个方面的科研,给予更多的科研基金鼓励高等院校的学者进行这方面的研究,同时建议在高等院校和职业技校开设相关的海洋保险专业或课程,培养一批能够致力于发展海洋保险的人才。

2. 国家对海洋金融灾害管理缺乏足够的支持

保险最基本的原理就是 "大数定律",然而在海洋保险方面,海洋金融灾害一旦发生,牵连的范围非常广泛,理赔金额巨大。为了能够盈利,保险公司势必要提高保费,此时相关的企业或者个人就可能因为高额保费而望而却步,不再投保,从而导致海洋保险业务难以开展,以营利为主要目的的保险公司自然也就不再大费周折地开发保险产品。此时,就需要国家的大力支持去推动海洋保险的发展。一方面,给保险公司以补贴或者其他方面的优惠政策,使保险公司降低保费,或者保费由国家承担一部分。另一方面,可以建立政策性的保险公司来防范海洋灾害,减少商户或者居民的损失,这样有利于灾后城市重建和经济行业的快速恢复。从这个角度上考虑,海洋保险更像是一种政策性保险而非商业保险,在海洋保险推出的初期,国家和政府理应承担更多的责任,投入更多的资金,等这一保险业务逐渐步入稳定状态时,可以将主要控制权移交至商业保险公司。

3. 涉海类企业和个人的保险意识淡薄

整个保险市场在中国的发展都处于初级阶段，我国居民的保险意识普遍比国外居民淡薄，原因主要有以下两方面：一方面，保险进入中国的时间比较晚，很多人对于保险并没有一个准确而客观的认识，加之从事保险业的人专业素质参差不齐，使得人们把保险和推销挂钩，甚至混为一谈；另一方面，传统的小农经济意识在中国仍有很大的影响，很多人认为保险并没有什么作用，将支付保费视为乱收费，认为得不到赔付就吃了亏。还有一些人怀有侥幸心理，认为灾害不会发生在自己身上，致使行为短期化，只顾眼前利益，不顾将来可能遭受的损失；只想发财致富，而不懂如何珍惜已有的胜利果实。不愿用少量保费换取可靠的经济保障，或者想不到用保险来取得经济保障。国家有关机构应当加强相关教育，增强涉海类企业和个人的保险意识。另外，海洋巨灾保险具有很强的社会性，国家层面可以要求强制购买。

4. 相关法律缺失

我国当前在海洋巨灾保险的承保制度方面还不够完善，对于如何界定相关的损失，如何进行理赔，在保险行业都存在诸多的争议。国家层面应当对海洋巨灾保险加以重视，通过单独立法、综合立法或者普通立法的方法，将海洋巨灾保险纳入中国的法律体系，不管是对于保险公司还是投保人，都是一种保障。相关法律制度的完善有利于海洋保险公司的平稳运作，也有利于提高公民对于海洋巨灾保险的认可度和信心。

随着我国海洋经济的快速发展，海洋经济对海洋保险的需求也越来越高，海洋灾害等各类海洋风险带来的巨大不确定性对海洋保险公司的经营能力提出了越来越高的要求。对于一些专业的海洋保险公司来说，亟须改变较为单一的经营模式，不断丰富保险品种，健全风险分散机制等，从而为海洋经济保驾护航。总的来说，政府要鼓励有条件的地方对海洋渔业保险给予补贴。规范发展渔船、渔工等渔业互助保险，积极探索将海水养殖等纳入互保范畴。探索建立海洋巨灾保险和再保险机制。加快发展航运保险、滨海旅游特色保险、海洋环境责任险、涉海企业贷款保证保险等。推广短期贸易险、海外投资保险，扩大出口信用保险在海洋领域的覆盖范围。

5. 海洋灾害风险证券化

风险证券化出现的原因是人们对于自然资源的过度开发导致了自然灾害频繁发生。对于日益严重的巨灾损失，仅依靠传统的再保险体系是无法承担的，因此，具有远见卓识的经济人开始将目光投向有巨大资本容量的资本市场。

巨灾风险证券化是指保险人利用资产证券化技术将其承保的巨灾风险进行再分割和出售，以使保险风险转移到资本市场。重大海洋灾害作为巨灾的一种表现形式，同样适用于风险证券化。当前，我国海洋灾害债券和海洋灾害期权的发展情况如下。

（1）海洋灾害债券。中国再保险（集团）股份有限公司于 2015 年在境外成功发行了一只以国内地震风险为保障对象的债券，这是中国第一只巨灾类债券，开启了中国巨灾债券时代，也是中国巨灾风险证券化的第一步。同样，我们可以将该思想应用于海洋灾害，以海洋灾害发生与否作为是否停止债券本金和利息偿还的标准。在海洋灾害没有发生的时候，海洋灾害债券和普通债券一样，定期支付利息，到期偿还本金，一旦发生了海洋灾害，利息和本金就无法提取。通过该种方式，可以成功地将海洋灾害损失和灾后的重建费用转嫁到债券的购买者身上，从而成功地实现了风险的分散和转移。这个原理非常简单，但是操作起来还是相当复杂的。灾害类债券的定价问题得到了众多学者的关注，合理选择定价模型，衡量好利率的期限结构，清晰巨灾的分布，选择合适的触发条件都是在定价时必须要注意的问题。在美国，巨灾类债券市场非常繁荣，交易量逐年增加。我国的海洋灾害频发，海洋灾害债券在我国具有很好的发展空间和发展前景，但是其发展必须依托于完善和成熟的证券市场与资本市场，因此需要引导投资者更多地关注巨灾类债券，理性投资。

（2）海洋灾害期权。海洋灾害期权是以海洋灾害损失指数为标的物的期权合同。承保海洋灾害的保险公司可以在期权市场上缴纳海洋灾害期权费之后购买海洋期权合同。根据期权的性质，买方此时能够获得在未来一段时间内的一种价格选择权。期权对于买卖双方来说，权利义务关系是不对等的。对于买方来说，只享有是否要执行期权的权利，而无须履行任何义务；而对于卖方来说，不能决定对方是否要执行期权，一旦对方选择执行期权，他必须要履行相应的义务。在海洋灾害合同内，会约定一个执行价格，此时市场上也会有一个价格。当海洋灾害发生，并且海洋灾害损失指数满足触发条件时，海洋灾害期权的购买者就可以选择行使该期权，拿到收益，以补偿灾害发生的损失。海洋灾害期权须在场内进行交易，具有标准化、交易速度快、流通性好等优点。通过这种方式，实现了海洋灾害风险的分散和转移。但是如何对于巨灾期权进行定价，是阻碍灾害类期权发展的最主要问题。期权定价模型可以针对传统的期权、互换期权、期货产品进行定价，但是对于巨灾类保险，并没有一个完善的定价模型可以在实际中进行应用。

海洋金融业的发展在我国研究方面和实践领域都呈现出了大片空白，坚持"政府引领，市场驱动"的原则，利用政策性金融引导资金流向海洋产业，开发海洋类证券、海洋类股票、海洋工程融资租赁、海洋基金、海洋旅游投资、海洋投资信托、海洋教育投资、船舶与渔业保险等金融产品，提高金融创新产品的研发效率，提高人们对于海洋产业的重视程度和关注度，形成"受益于海洋、回报于海洋"的良好发展理念，不过分掠夺自然资源，保持生态系统的平衡和稳定，坚决不破坏海洋环境，推动资源的有效利用和良性循环。加大海洋教育投资，使更多的年轻人热爱海洋，愿意投身到海洋事业尤其是海洋金融行业中，从而为海洋金融行业输送更多新鲜的血液并增强海洋金融行业的活力。在海洋金融行业的腾飞下，海洋产业必将迎来新一轮高速增长，从而推动实体经济的复苏和繁荣。

第7章 海洋生态环境综合治理政策

海洋是生命的摇篮,哺育了一代又一代的生物,同时海洋又是巨大的资源宝库,供人类开发利用。随着人类对海洋资源的不合理开发,海洋生态环境遭到了日益严重的损害。重金属、矿物质、有机物污染毒害导致的水质恶化、赤潮频发、绿潮频发、生物多样性减少等一系列严峻的环境问题,威胁着海洋生态系统的健康。海洋生态环境治理的必要性与严峻性显而易见。海洋生态环境的治理主要关注资源的合理利用与开发、污染源的控制和稀有动植物的保护,旨在协调人海关系、维护海洋健康、推动人与自然和谐发展,功在当代,利在千秋。

2007年党的十七大报告中首次提出了"生态文明建设",并且将其上升到最高国策和政治纲领,而海洋生态文明建设是其中的重要组成部分。党的十八大报告指出要"提高海洋资源开发能力,发展海洋经济,保护海洋生态环境,坚决维护国家海洋权益,建设海洋强国"[①]。党的十八届三中全会全面深化改革,将滩涂等自然生态空间管制和实行资源有偿使用制度纳入"加快生态文明制度建设"的任务范畴。党的十九大报告指出要"坚持陆海统筹,加快建设海洋强国"。虽然,党的十九大报告没有延续十八大报告将"建设海洋强国"的表述在"大力推进生态文明建设"部分阐明的做法,而是将其置于"建设现代化经济体系"部分中,但是中国仍将一如既往地重视海洋生态环境保护,此次将建设海洋强国从生态文明建设移至建设现代化经济体系部分,也并不意味着未来的海洋开发将重于保护。党的十九大对生态环境的保护可谓达到了空前重视的程度,报告首次提出建设"富强民主文明和谐美丽"的社会主义现代化强国目标,并正式将"绿水青山就是金山银山"的理念写入其中,从而进一步完善了将"生态文明建设"纳入到"五位一体"的总布局。

在海洋生态环境保护方面,1982年颁布的《中华人民共和国海洋环境保护法》,作为我国第一部相关法律,标志着我国开始建立起海洋生态环境治理与保护的基本制度,其后经过历次修改,逐渐完善。海洋生态环境的治理与保护在生产力和生产关系方面均有涉及,涉及人类生活的方方面面,由早先的行政管理逐渐转变为综合运用法律、政策、经济和技术手段的更高层次的治理。要实现真正的海洋生态环境综合治理,在法律政策方面,就需要海洋环境法制、行政及执法的同步改进,法制层面为海洋环境综合治理提供了法律保障,而行政层面是海洋环境综合治理的关键决策层面,执法层面是海洋环境综合治理的实现手段;而经济与技术方面的手段,同样是海洋环境综合治理的有效措施。

---

① 《胡锦涛在中国共产党第十八次全国代表大会上的报告》,http://cpc.people.com.cn/n/2012/1118/c64094-19612151.html [2018-10-16]。

7.1　海洋生态环境治理的法制建设

海洋生态环境恶化的问题得到了世界各国的广泛关注。在我国，党和政府高度重视海洋生态环境和海洋资源的保护与利用，致力于防控海洋污染，维护海洋生态平衡。1982年 8 月通过了《中华人民共和国海洋环境保护法》，之后进行了多次修订、修改或修正。该法对海洋环境的监督管理、海洋环境污染损害的防治等各方面做了具体规定，标志着国家对海洋生态环境保护与治理的法律法规体系开始建立。自其颁布至今，全国及地方各级人民代表大会、政府及所有涉海行政部门，依据该法的规定，分别制定并通过了一系列政策，我国涉海法律法规和规范性文件划分为涉海法律、涉海行政法规、国务院涉海规范性文件、涉海部门规章、国家海洋局规范性文件及沿海各省区市出台的地方性涉海法规等。以《中华人民共和国海洋环境保护法》为基础，表 7-1 列出了国家现行主要的涉海法律法规。

表 7-1　我国现行主要的涉海法律法规列表

名称	日期
《中华人民共和国海洋环境保护法》	2000 年 4 月 1 日施行 2017 年 11 月 4 日修订
《中华人民共和国海域使用管理法》	2002 年 1 月 1 日施行
《中华人民共和国海岛保护法》	2010 年 3 月 1 日施行
《中华人民共和国渔业法》	1986 年 7 月 1 日施行 2013 年 12 月 28 日修订
《中华人民共和国海洋倾废管理条例》	1985 年 4 月 1 日实施 2017 年 3 月 21 日修订
《中华人民共和国防止船舶污染海域管理条例》	1983 年 12 月 29 日发布 2010 年 3 月 1 日起废止
《防治船舶污染海洋环境管理条例》	2010 年 3 月 1 日实施
《中华人民共和国海洋石油勘探开发环境保护管理条例》	1983 年 12 月 29 日发布
《中华人民共和国防治海岸工程建设项目污染损害海洋环境管理条例》	1990 年 8 月 1 日施行 2008 年 1 月 1 日修订
《防治海洋工程建设项目污染损害海洋环境管理条例》	2006 年 11 月 1 日施行

这些法律法规的施行规范了我国海域空间资源使用和海洋生态环境保护行为，逐渐形成了相对系统且较为有效的海洋生态环境治理政策体系，也成为国家治理与保护海洋生态环境最直接的工具，对推动我国海洋资源保护和利用、促进海洋经济的发展具有保障作用。

国家处理海洋环境事务的各种宏观或具体治理政策，体现了在海洋生态环境治理上的国家意志。我国的海洋生态环境治理体制实行"统一监督管理、分工分级负责"，相关主管部门与地方政府共同监督管理，在各自权限范围内，制订海洋生态环境的治理与保护规划、标准，并进行监测和控制。确立了一些相关的法律制度，并做出了对违反相关法律法规行为追究行政责任、赔偿责任和刑事责任的规定。

7.1.1　重点海域污染物总量控制制度

《中华人民共和国海洋环境保护法》中明确要求，各个重点海域需要建立和实施排污总量控制制度，这一制度的实施，可以有效地遏制近岸海域环境质量日趋恶化的趋势，是改善海洋环境、控制海域污染的重要手段。重点海域污染物总量控制工作受到党和国家的高度重视，其发布的文件如《中共中央 国务院关于加快推进生态文明建设的意见》和《水污染防治行动计划》中均提出了"严格控制陆源污染物排海总量，建立并实施重点海域排污总量控制制度"的要求。

我国近岸海域生态环境质量，整体上受污染排放的影响较重，虽然在局部地区得到改善，但是大部分重点海域的生态环境治理形势依然严峻，而且社会公众对此反映较为强烈。因此，依法加快建立并实施总量控制制度，对近岸海域污染排放实施有效控制，加快贯彻和落实党的十九大做出的"实施流域环境和近岸海域综合治理"重要部署，降低海域污染物排放，解决群众重点关注的海洋环境污染问题，实现海洋生态环境质量的总体改善，具有十分重要的现实意义。

《全国海洋环境监测与评价业务体系"十二五"发展规划纲要》对我国 2011～2015 年海洋环境监测与评价工作进行了总体规划，要求各地尽快出台重点海域排污总量控制制度，坚持陆海统筹、河海统筹、部门联动。沿海各省区市要根据当地海域环境容量的实际情况，以改善海域环境质量、保证沿海社会经济可持续发展为目标，尽快实施重点海域排污总量控制制度。

2018 年 1 月，国家海洋局发布了《关于率先在渤海等重点海域建立实施排污总量控制制度的意见》《重点海域排污总量控制技术指南》，以推动排污总量控制制度率先在渤海等重点海域建立试点并实施，然后逐步全面推广。《关于率先在渤海等重点海域建立实施排污总量控制制度的意见》指出要充分发挥各级地方政府的主体责任和积极作用，按照"质量改善、政府抓总、陆海统筹、分步实施"的原则，依据"查底数、定目标、出方案、促落实"的推进思路和实施步骤，推动总量控制制度实施与落实，"以保护生态系统、改善环境质量为目标"，通过渤海等重点海域排污总量控制制度建立和实施，不断健全与完善此制度的框架和相关的标准规范，为我国重点海域全面建立总量控制制度打下良好基础。《重点海域排污总量控制技术指南》作为污染总量控制技术层面的操作指导手册，对总量控制区域边界确定、陆源及海上污染物入海总量调查评估、海域水质调查与评价、污染物允许排放量计算、总量控制指标识别及水质目标制订、污染物削减总量分配及总量控制成效考核等技术流程和方法做出了详细的规定。

7.1.2　海洋污染事故应急制度

随着海洋资源的开发和利用，海洋的重要性已经越来越被各国所重视，海洋资源的开发能力也越来越强。但是，人类对海洋资源索取的无限性，造成了海洋环境的严重污染与海洋资源的过度消耗。随着各国对于保护海洋生态系统、可持续利用海洋资源认识的提高，各国均开始探索和创新海洋管理的方式。海洋自然保护区制度的建立，就是一种行之有效的创新管理方式。

从 1995 年开始，我国有关部门制定了《海洋自然保护区管理办法》，贯彻养护为主、适度开发、持续发展的方针，将各类海洋自然保护区划分为核心区、缓冲区和试验区，加强海洋自然保护区建设和管理。具体的海洋保护区分类如表 7-2 所示。

表 7-2 我国海洋保护区分类

类型	保护对象
海洋自然保护区	海洋生物物种、海洋生态系统、海洋自然历史遗迹
海洋特别保护区	重点区域海洋生态保护和重要资源价值开发、涉及维护国家海洋权益及其他需要

截至 2017 年 2 月我国先后分 6 批批准建立了 49 个国家级海洋公园，81 个国家级海洋保护区，250 余处全国各级各类海洋自然保护区、特别保护区，总面积约为 12.4 万平方千米。通过加强海洋生态系统的保护，有效地保护了多个重要海洋生物物种和多种海洋自然景观与遗迹，进而保护和完善了海洋生态系统。我国国家级海洋自然保护区清单、国家级海洋特别保护区、中国国家海洋公园名录分别如表 7-3～表 7-5 所示。

表 7-3 我国国家级海洋自然保护区清单

序号	保护区名称	所在区域	建立时间
1	蛇岛-老铁山国家级自然保护区	辽宁省大连市	1980 年
2	河北昌黎黄金海岸国家级自然保护区	河北省秦皇岛市	1990 年
3	天津古海岸与湿地国家级自然保护区	天津市	1992 年
4	滨州贝壳堤岛与湿地国家级自然保护区	山东省滨州市	2006 年
5	江苏盐城湿地珍禽国家级自然保护区	江苏省盐城市	1992 年
6	浙江象山韭山列岛海洋生态国家级自然保护区	浙江省宁波市	2011 年
7	南麂列岛国家级自然保护区	浙江省平阳县	1990 年
8	福建深沪湾海底古森林遗迹国家级自然保护区	福建省晋江市	1992 年
9	厦门珍稀海洋物种国家级自然保护区	福建省厦门市	2000 年
10	广东南澎列岛国家级自然保护区	广东省南澳县	2012 年
11	惠东港口海龟国家级自然保护区	广东省惠东县	1992 年
12	广东徐闻珊瑚礁国家级自然保护区	广东省徐闻县	2007 年
13	广东雷州珍稀海洋生物国家级自然保护区	广东省雷州市	2012 年
14	广西山口红树林生态自然保护区	广西壮族自治区合浦县	1990 年
15	海南万宁大洲岛国家级海洋生态自然保护区	海南省万宁市	1990 年

续表

序号	保护区名称	所在区域	建立时间
16	海南三亚国家级珊瑚礁自然保护区	海南省三亚市	1990 年
17	合浦儒艮国家级自然保护区	广西壮族自治区合浦县	1996 年
18	北仑河口国家级自然保护区	广西壮族自治区防城港市	2000 年
19	辽宁鸭绿江口滨海湿地国家级自然保护区	辽宁省东港市	1997 年
20	辽宁双台河口国家级自然保护区	辽宁省盘锦市	1988 年
21	大连斑海豹国家级自然保护区	辽宁省大连市	1997 年
22	大连城山头滨海地貌国家级自然保护区	辽宁省大连市	2001 年
23	荣成大天鹅国家级自然保护区	山东省荣成市	2007 年
24	山东长岛国家级自然保护区	山东省烟台市	1988 年
25	山东黄河三角洲国家级自然保护区	山东省东营市	1992 年
26	江苏大丰麋鹿国家级自然保护区	江苏省大丰区	1997 年
27	上海崇明东滩鸟类国家级自然保护区	上海市	2005 年
28	上海九段沙湿地国家级自然保护区	上海市	2000 年
29	厦门海洋珍稀生物国家级自然保护区	福建省厦门市	2000 年
30	漳江口红树林国家级自然保护区	福建省漳州市	2003 年
31	广东内伶仃岛-福田国家级自然保护区	广东省福田市	1988 年
32	湛江红树林国家级自然保护区	广东省湛江市	1997 年
33	珠江口中华白海豚国家级自然保护区	广东省深圳市	2003 年

表 7-4　国家级海洋特别保护区

序号	名称	建立时间
1	江苏海门市蛎岈山牡蛎礁海洋特别保护区	2006 年
2	浙江乐清市西门岛国家级海洋特别保护区	2005 年
3	浙江嵊泗马鞍列岛海洋特别保护区	2005 年
4	浙江普陀中街山列岛国家级海洋生态特别保护区	2005 年
5	浙江渔山列岛国家级海洋生态特别保护区	2012 年
6	山东昌邑国家级海洋生态特别保护区	2007 年
7	山东东营黄河口生态国家级海洋特别保护区	2008 年
8	山东东营利津底栖鱼类生态国家级海洋特别保护区	2008 年
9	山东东营河口浅海贝类生态国家级海洋特别保护区	2008 年
10	山东东营莱州湾蛏类生态国家级海洋特别保护区	2009 年
11	山东东营广饶沙蚕类生态国家级海洋特别保护区	2009 年

续表

序号	名称	建立时间
12	山东文登海洋生态国家级海洋特别保护区	2009 年
13	山东龙口黄水河口海洋生态国家级海洋特别保护区	2009 年
14	山东烟台芝罘岛群海洋特别保护区	2010 年
15	山东威海刘公岛海洋生态国家级海洋特别保护区	2009 年
16	山东乳山市塔岛湾海洋生态国家级海洋特别保护区	2011 年
17	山东烟台牟平沙质海岸国家级海洋特别保护区	2011 年
18	山东莱阳五龙河口滨海湿地国家级海洋特别保护区	2011 年
19	山东海阳万米海滩海洋资源国家级海洋特别保护区	2011 年
20	山东威海小石岛国家级海洋特别保护区	2011 年
21	辽宁锦州大笔架山国家级海洋特别保护区	2009 年

表 7-5 中国国家海洋公园名录

序号	海洋公园名称	获批建立时间
1	广东海陵岛国家级海洋公园	2011 年
2	广东特呈岛国家级海洋公园	2011 年
3	广西钦州茅尾海国家级海洋公园	2011 年
4	厦门国家级海洋公园	2011 年
5	江苏连云港海州湾国家级海洋公园	2011 年
6	刘公岛国家级海洋公园	2011 年
7	日照国家级海洋公园	2011 年
8	山东大乳山国家级海洋公园	2012 年
9	山东长岛国家级海洋公园	2012 年
10	江苏小洋口国家级海洋公园	2012 年
11	浙江洞头国家级海洋公园	2012 年
12	福建福瑶列岛国家级海洋公园	2012 年
13	福建长乐国家级海洋公园	2012 年
14	福建湄洲岛国家级海洋公园	2012 年
15	福建城洲岛国家级海洋公园	2012 年
16	广东雷州乌石国家级海洋公园	2012 年
17	广西涠洲岛珊瑚礁国家级海洋公园	2012 年
18	江苏海门蛎岈山国家级海洋公园	2012 年
19	浙江渔山列岛国家级海洋公园	2012 年

续表

序号	海洋公园名称	获批建立时间
20	山东烟台山国家级海洋公园	2014 年
21	山东蓬莱国家级海洋公园	2014 年
22	山东招远砂质黄金海岸国家级海洋公园	2014 年
23	山东青岛西海岸国家级海洋公园	2014 年
24	山东威海海西头国家级海洋公园	2014 年
25	辽河口红海滩国家级海洋公园	2017 年
26	辽宁绥中碣石国家级海洋公园	2014 年
27	辽宁觉华岛国家级海洋公园	2014 年
28	辽宁大连长山群岛国家级海洋公园	2014 年
29	辽宁大连金石滩国家级海洋公园	2014 年
30	广东南澳青澳湾国家级海洋公园	2014 年
31	辽宁团山国家级海洋公园	2014 年
32	福建崇武国家级海洋公园	2014 年
33	浙江嵊泗国家级海洋公园	2014 年
34	辽宁大连仙浴湾国家级海洋公园	2016 年
35	大连星海湾国家级海洋公园	2016 年
36	山东烟台莱山国家级海洋公园	2016 年
37	青岛胶州湾国家级海洋公园	2016 年
38	福建平潭综合实验区海坛湾国家级海洋公园	2016 年
39	广东阳西月亮湾国家级海洋公园	2016 年
40	红海湾遮浪半岛国家级海洋公园	2016 年
41	海南万宁老爷海国家级海洋公园	2016 年
42	昌江棋子湾国家级海洋公园	2016 年
43	辽宁凌海大凌河口国家级海洋公园	2017 年
44	北戴河国家级海洋公园	2017 年
45	宁波象山花岙岛国家级海洋公园	2017 年
46	玉环国家级海洋公园	2017 年
47	锦州大笔架山国家级海洋公园	2017 年
48	普陀国家级海洋公园	2017 年

海洋经济的发展，海洋资源的过度开发利用，造成了海洋生物锐减，生物物种逐渐退化。设立海洋自然保护区，可以极大地改善和恢复海洋生态环境、保持海洋生物多样性。

通过严格管控人类活动对自然生态系统的干扰和破坏活动，协助生态系统恢复生机与活力，保持海洋物种多样性和生态系统的稳定性，从而实现海洋资源的良性开发与利用。

7.1.3　海洋倾废管理制度

海洋倾废是各国处理废弃物（包括废弃的飞机、舰船、建筑垃圾、疏浚的泥沙、放射性物质等）的一种通行做法。其目的是减少陆地上的污染，改善陆上环境，但是可能会造成海洋污染。如果不对向海洋倾倒废弃物的行为加以控制，将会对海洋环境造成极大的破坏。第二次世界大战之后，世界各国开始在保护海洋环境方面做出积极努力，签署了众多的国际公约，各国国内与海洋倾废相关的法律法规也被制定和实施，我国自 1985 年开始制定海洋倾废管理制度，同年加入《1972 伦敦公约》，并在管理控制海洋倾废方面发挥了巨大的作用。表 7-6 所列为国际、国内相关的法律法规清单。

表 7-6　海洋倾废法律法规清单

法律法规名称	签发国家	实施及修订时间
《防止船舶和飞机倾废造成的海洋污染公约》	西北欧 12 国	1972 年 2 月 15 日
《防止倾倒废物及其他物质污染海洋的公约》	79 个国家	1975 年 8 月 30 日
《关于海洋倾废的规则》	美国	1973 年 10 月
《中华人民共和国海洋倾废管理条例》	中国	2017 年修订
《中华人民共和国海洋倾废管理条例实施办法》	中国	2016 年修订
《倾倒区管理暂行规定》	中国	2003 年 11 月 14 日
《废弃物海洋倾倒许可证审批管理办法》	中国	2005 年 1 月 1 日
《海洋倾废记录仪管理规定》	中国	2011 年 8 月 17 日

我国在《海洋倾废管理条例实施办法》中规定，海洋倾废实行许可证管理，许可证分别对应三类废弃物的倾倒许可：海洋倾倒区分为一类、二类、三类倾倒区；实验倾倒区；临时倾倒区。通过行政许可及分类、分区倾倒，严格监测并确保海洋倾废对海洋环境的污染和破坏程度降到最低。

7.1.4　陆源污染防治制度

陆源污染物的种类多、排放数量大，对近岸海域环境会造成很大的破坏。据世界资源研究所最新研究成果显示，由于受到人类活动与开发的影响，"世界上 51%的近海生态环境系统受到污染，处于显著的退化危险之中，其中 34%的沿海地区正处于潜在恶化的高度危险中，17%处于中等危险中"。陆源活动对海洋的危害是导致这些危险的最主要原因。

据统计，目前进入海洋的全部污染物中来自陆地污染源的占 80%以上，主要为农药和化肥、城镇生活污水、工业生产废水、沿海油田的油污等，这些污染物通过河流或沿岸的直排口排入大海。全球 60%的人口居住在沿海地带，沿海地带居住人口数量一直在上升，人类活动产生的大量污染物进入海洋，造成海洋环境退化和生态系统被破坏，海洋生物多样性加速消失，沿海地区开发和陆源污染对海洋环境造成了重创。

我国对陆源污染物的控制与防治政策的发展经历了起步、形成、发展和完善四个阶段。

（1）起步阶段。我国海洋环境保护立法的起步阶段是在 1972～1982 年，这也是防治陆源污染物污染海洋环境的开始。

（2）形成阶段。我国防治陆源污染物污染海洋环境的法律制度形成阶段是在 1982～1992 年。1982 年《中华人民共和国海洋环境保护法》颁布，我国防治陆源污染物污染海洋环境工作开始有法可依，在此基础上，防治陆源污染物污染海洋环境的立法工作全面展开。

（3）发展阶段。我国于 1994 年颁布了《中国 21 世纪人口、环境与发展白皮书》，该文件对我国防治陆源污染物污染海洋环境的制度做出了规划。

（4）完善阶段。2003 年开始，国家海洋局组织开展了沿海主要陆源入海排污口调查和重点排污口及其邻近海域环境监测工作，摸清了实底，各级海洋行政主管部门开始行使"监督陆源排污"的行政职责，全面加强对陆源入海排污的监督管理工作。

我国政府高度重视陆源污染问题，继《中华人民共和国海洋环境保护法》以后，陆续颁布了一系列的政策法规，表 7-7 是我国有关陆源污染防治的政策法规清单。

表 7-7　我国有关陆源污染防治的政策法规清单

颁布时间	政策法规	有关陆源污染的内容
1982 年开始颁布，2017 年最新修订	《中华人民共和国海洋环境保护法》	国务院环境保护行政主管部门作为对全国环境保护工作统一监督管理的部门，对全国海洋环境保护工作实施指导、协调和监督，并负责全国防治陆源污染物和海岸工程建设项目对海洋污染损害的环境保护工作；对于陆源污染管理部门、入海排污口位置的选择、污染物排放的种类、数量、浓度等具体内容做出了规定
1990 年	《中华人民共和国防治陆源污染物污染损害海洋环境管理条例》	是我国专门针对防止陆源污染损害海洋环境管理的条例。对陆源污染中"陆源"的概念做出了定义；规定了陆源污染主管部门；对于陆源污染物排放程序、入海排污口设置、污染排放物处理办法等内容做出了规定；对陆源污染物排放的处罚和标准做了说明
1997 年	《关于加强生态保护工作的意见》	沿海各级环境保护部门要严格执行《中华人民共和国海洋环境保护法》及有关法规，强化对海洋环境保护的统一监督管理，搞好近岸海域的污染防治和生态保护，加强海岸工程和排海工程建设项目的环境管理。建立近岸海域环境功能区划管理制度，对海域环境实行分类管理。严格控制陆源污染物入海总量，将陆源污染物入海总量控制纳入当地污染物总量控制总体计划，并监督实施。开展渤海、黄海、东海和南海沿岸陆地与近海的同步监测，逐步形成制度。沿海各级环境保护部门要按环境监测规范的要求，开展近岸海域环境监测
1999 年	《近岸海域环境功能区管理办法》	对入海河流河口、陆源直排口和海水排海工程排放口附近的近岸海域，可确定为混合区；向近岸海域环境功能区排放陆源污染物，必须遵守海洋环境保护有关法律、法规的规定和有关污染物排放标准。对现有排放陆源污染物超过国家或者地方污染物排放标准的，限期治理
2001 年	《关于加强海洋赤潮预防控制治理工作的意见》	加强对陆源污染的治理，降低海水富营养化程度，是控制赤潮灾害发生的重要措施。沿海地方海洋行政主管部门要依据《中华人民共和国海洋环境保护法》，加强海洋环境的监督管理，加大执法监察力度，严格控制陆源污染物直接排海，逐步实施重点海域污染物入海总量控制制度。"十五"期间，沿海地方政府要采取强有力的措施，使地市级以上的城市实现污水集中处理、离岸排放，并逐步禁止含磷洗涤用品销售和使用

续表

颁布时间	政策法规	有关陆源污染的内容
2001 年	《渤海碧海行动计划》	该计划投资 555 亿元，实施 427 个项目，重点是治理渤海周边污染，恢复渤海海域和海岸带的海洋生态环境
2003 年	《中国 21 世纪初可持续发展行动纲要》	完善全国海洋环境监测网络，强化海洋污染及生态环境监测；逐步减少陆源污染物向海排放和各种海洋生产、开发活动对海洋造成的污染，实施污染物入海总量控制制度；开展重点海域的环境综合整治，加大海岸带生态环境保护与建设力度
2008 年	《国家海洋事业发展规划纲要》	严格控制陆源污染物排海，陆源污染物排放必须达标。逐步实施重点海域污染物排海总量控制制度。改善近岸海域环境质量，重点治理和保护河口、海湾和城市附近海域，继续保持未污染海域环境质量。加强入海江河的水环境治理，减少入海污染物。加快沿海大中城市、江河沿岸城市生活污水、垃圾处理和工业废水处理设施建设，提高污水处理率、垃圾处理率和脱磷、脱氮效率。限期整治和关闭污染严重的入海排污口、废物倾倒区。妥善处理生活垃圾和工业废渣，严格限制重金属、有毒物质和难降解污染物排放。临海企业要逐步推行全过程清洁生产。加强沿海地区污染物控制，积极发展生态型种养殖
2009 年	《国家海洋局关于进一步加强海洋环境监测评价工作的意见》	针对节能减排及总量控制制度的实施要求，确定区域氮、磷等营养盐污染状况，优化陆源入海排污口监测评价。广东、福建、厦门、浙江、天津等省市要率先制定本地氮、磷污染物入海量减排指标，加强与当地环保部门的沟通，建立污染物排海总量监督管理的联动机制，在海洋污染减排工作领域实现海陆统筹，以海定陆
2012 年	《全国海洋环境监测与评价业务体系"十二五"发展规划纲要》	以陆海统筹为出发点，建设以陆源污染源为主的多种入海污染源档案，加强对各类入海污染源的监测评估，开展重点海域环境容量与纳污能力评估，推进排污总量控制制度实施；突破关键技术瓶颈，切实推进渤海污染防治和重点海域排污总量控制
2012 年	《全国海洋经济发展"十二五"规划》	严格控制污染物排放。根据海洋功能区环境保护要求，严格执行陆源入海排污口及海上人工设施污染物达标排放标准，规范入海排污口设置，评估近岸海域环境容量，对重点海域实施入海主要污染物排放总量控制
2013 年	《国务院关于促进海洋渔业持续健康发展的若干意见》	加强海洋生态环境监测体系建设，强化监测能力。严格控制陆源污染物向水体排放，实施重点海域排污总量控制制度
2015 年	《中共中央国务院关于加快推进生态文明建设的意见》	严格控制陆源污染物排海总量，建立并实施重点海域排污总量控制制度
2015 年	《国家海洋局海洋生态文明建设实施方案（2015-2020 年）》	实施总量控制和红线管控，侧重于从总量控制和空间管控方面对资源环境要素实施有效管理，包括实施自然岸线保有率目标控制、实施污染物入海总量控制和实施海洋生态红线制度
2017 年	《全国海洋经济发展"十三五"规划》	加强污染源监控的数据共享，实施联防联治，建立并实施重点海域排污总量控制制度，确定主要污染物排放总量控制指标。沿海地方政府要加强对沿海城镇入海直排口的监督与管理

　　面对海洋陆源污染的治理问题，我国政府已经出台了一系列的政策法规，并制定了相关的规程标准。随着治理工作的深入，其政策法规将更加合理和完善，将出台和细化更多的具有指导性和可操作性的规程标准，我国海洋陆源污染治理法律体系将更加完善。

7.1.5　海岸工程建设海洋污染防治制度

　　海岸工程建设项目是指位于海岸或者与海岸连接，工程主体位于海岸线向陆一侧，对海洋环境产生影响的新建、改建、扩建工程项目。具体包括港口、码头、航道、滨海机场工程项目；造船厂、修船厂；滨海火电站、核电站、风电站；滨海物资存储设施工程项目；

滨海矿山、化工、轻工、冶金等工业工程项目；固体废弃物、污水等污染物处理处置排海工程项目；滨海大型养殖场；海岸防护工程、砂石场和入海河口处的水利设施；滨海石油勘探开发工程项目；国务院环境保护主管部门会同国家海洋主管部门规定的其他海岸工程项目。

我国防治海洋工程污染海洋环境的立法过程主要包括以下三个阶段。

（1）起步阶段。1979 年出台的《中华人民共和国环境保护法（试行）》中规定海岸工程建设应当符合法律规定和有关标准。

（2）发展阶段。1982 年出台，最后于 2017 年 11 月 4 日修订后的《中华人民共和国海洋环境保护法》第五章，专门用一章的篇幅对防治海岸工程建设项目对海洋环境的污染损害进行了制度规定。

（3）完善阶段。1990 年 6 月 25 日发布的《中华人民共和国防治海岸工程建设项目污染损害海洋环境管理条例》，自 1990 年 8 月 1 日起实施，2017 年 3 月进行了修订。该条例首先定义了"海岸工程建设项目"，详细列举了十大类项目清单，规定了本条例的适用范围及相关管理部门的职责工作范围。该条例制定的各项制度，符合海洋环境管理的工作实际，是对《中华人民共和国海洋环境保护法》的细化和完善，增强了针对性和可操作性，同时为各级海洋行政主管部门依法行政提供了有力的法律依据。

7.1.6　海洋工程建设海洋污染防治制度

海洋工程，是指以开发、利用、保护、恢复海洋资源为目的，并且工程主体位于海岸线向海一侧的新建、改建、扩建工程。近年来随着我国海洋开发能力的增强，海洋工程越来越多，对海洋生态环境的污染与破坏越来越大，海洋工程的建设中如果不能预先评估和严格管控环境影响风险，那么对海洋生物资源、海水质量、海洋生态及人类健康等的危害性将是十分巨大的。

我国防治海洋工程污染海洋环境的立法过程主要包括以下三个阶段。

（1）起步阶段。1979 年的《中华人民共和国环境保护法（试行）》颁布，其中对于海洋环境保护只是做了原则性的规定。当时，我国的经济发展水平还比较低，海洋工程比较少，虽然意识到了海洋工程会对海洋环境造成危害，但并没有配套制定更详细的法律法规。

（2）发展阶段。1982 年我国出台了《中华人民共和国海洋环境保护法》，随着我国海洋经济的发展，海洋工程的增多，人们对海洋工程污染海洋环境的认识水平不断提高，因此该法也在不断完善，最初的法律条文中对于石油勘探开发的海洋工程有了详细的规定。在 1999 年修订了《中华人民共和国海洋环境保护法》，针对防治海洋工程污染海洋环境，增加了海洋工程建设项目必须进行环境影响评价和严格执行"三同时"制度等；2017 年 11 月 4 日修订的《中华人民共和国海洋环境保护法》则在第六章用一章的篇幅对防治海洋工程污染海洋环境做出了制度规定。

（3）完善阶段。2006 年 11 月 1 日起施行的《防治海洋工程建设项目污染损害海洋环境管理条例》，是针对海洋工程项目海洋污染管理的专门法规文件，是海洋保护法相关法律规定的可操作性的细化。该条例首先给出了"海洋工程"的定义，并列举了九大类海洋工程的名称，规定了相关部门在海洋工程项目污染防治中的重点职责与工作范围，这些制度与规定，为各级海洋行政主管部门依法行政提供了有力的法律依据。

7.1.7　船舶油污损害民事赔偿制度

我国既是航运大国，又是石油消费大国。随着国民经济的快速发展，对石油的需求量持续增长。2017 年我国石油表观消费量达 5.9 亿吨，原油进口量突破 4 亿吨，2015～2017 年增长速度均在 10%左右，原油进口量仍处于逐年上涨态势。这些进口原油主要通过海上船舶承运。石油运量的增加及大型油轮数量的日益增加，造成了船舶水上溢油污染事故的风险不断增加。据统计，我国自 20 世纪 70 年代起发生过大大小小的船舶溢油事故 2200 多起，大约溢油 22 000 吨。溢油量 50 吨以上的大事故大概有 50 多起。船舶溢油污染将对海洋生态环境造成严重破坏，使得海洋渔业和旅游业蒙受巨额损失。如果溢油造成的损失得不到合理赔偿，则可能造成社会的不稳定。

《中华人民共和国海洋环境保护法》是我国针对海洋环境保护的基本法律，条文中有关船舶油污损害赔偿制度的规定是"国家完善并实施船舶油污损害民事赔偿责任制度；按照船舶油污损害赔偿责任由船东和货主共同承担风险的原则，建立船舶油污保险、油污损害赔偿基金制度""造成海洋环境污染损害的责任者，应当排除危害，并赔偿损失"。以《中华人民共和国海洋环境保护法》为基础，我国陆续出台了一系列的条例和制度，并加入了相关的国际公约，同时建立了国内的船舶油污保险制度和油污基金制度。船舶油污损害保险作为第一层保障，船舶油污损害赔偿基金作为第二层保障，使得油污污染受害者得到了更可靠的赔偿保障。表 7-8 为我国依据《中华人民共和国海洋环境保护法》构造的船舶污染损害民事赔偿法律体系。

表 7-8　我国与船舶污染损害民事赔偿相关的法律体系

法律法规名称	施行日期	作用
《防治船舶污染海洋环境管理条例》	2010 年 3 月 1 日实施，经历了 5 次修订，最后修订日期 2017 年 3 月 1 日	进一步明确了船舶油污损害民事责任保险制度，用以保障船舶在发生油污事故后，能够具备与其赔偿责任限额相匹配的赔付能力
《中华人民共和国船舶油污损害民事责任保险实施办法》	2010 年 10 月 1 日起施行，2013 年 8 月进行修正	这是与《防治船舶污染海洋环境管理条例》配套的规章，在其原则性规定的基础上对其予以细化和明确
《国际油污损害民事责任公约》	2000 年 1 月 5 日	这些法规规定了适用船舶应投保油污损害民事责任保险。我国是上述公约的缔约国，相关船舶均按要求投保油污损害民事责任保险
《国际燃油污染损害民事责任公约》	2009 年 3 月 9 日	
《船舶油污损害赔偿基金征收使用管理办法》	2012 年 5 月 11 日发布，同年 7 月 1 日开始施行	此文件落实了《防治船舶污染海洋环境管理条例》中规定的"在中华人民共和国管辖水域内接收海上运输的持久性油类物质货物的所有人或者代理人应当缴纳船舶油污损害赔偿基金"

经过多年的探索与实践，我国的船舶油污损害民事赔偿制度体系日趋完善，以《中华人民共和国海洋环境保护法》为依据，建立了"船东与货主共担风险共同赔偿"的保险与

基金机制，保障了船舶油污事故受害者的赔偿。

7.1.8　海洋生态补偿制度

《中华人民共和国海洋环境保护法》第三章第二十四条明确规定，要"建立健全海洋生态保护补偿制度"，这是开展海洋生态文明建设的重要举措。近年来，国家海洋局高度重视，围绕海洋生态补偿的制度建设，进行了大量的试点工作，出台了一系列可操作、具有指导意义的制度规章。

国家海洋局发布了《国家海洋局海洋生态文明建设实施方案（2015-2020 年）》，出台了《海洋生态损害评估技术导则》《海洋生态资本评估技术导则》《海洋开发利用活动生态保护补偿管理办法》《海洋类保护区生态保护补偿管理办法》，制定了海洋生态损害评估及海洋生态补偿的相关标准；加大了对重点生态功能区的资金支持力度，探索多种补偿机制，包括流域-海域生态补偿机制和海洋工程建设项目生态补偿机制。

沿海省区市通过试点工作，积极探索海洋生态补偿机制，对补偿标准、补偿方法、补偿关系等方面进行探索和实验。山东省、海南省均制定了海洋生态补偿的相关管理规定和技术标准，并开展了一定的生态补偿工作；威海市、连云港市、深圳市作为全国海洋生态补偿试点城市，从海洋开发活动生态补偿、海洋保护区生态补偿和海洋生态修复工程生态补偿三方面推进海洋生态补偿的试点工作。山东、福建、广东等省份坚持环境治理海陆统筹，在围填海、跨海桥梁、航道、海底排污管道等工程建设中开展海洋生态补偿试点，由开发利用主体缴纳生态补偿费用，主管部门统筹安排海洋生态保护补偿工作或由开发利用主体直接采取工程补偿措施进行生态修复与整治。

我国的海洋生态补偿制度还处于逐步探索和完善的过程中，正在通过各沿海省区市的试点工作，探索建立多元化的生态保护补偿机制，从而逐步扩大补偿范围。另外，要加快海洋生态保护补偿管理办法及相关配套技术标准的研究制定，进一步规范海洋开发利用活动的生态保护补偿工作。

7.1.9　湾长制

我国开发力度大的重点海湾深受陆源污染排放、湾内开发利用的影响，多数海湾中的海洋生态环境遭到了极大的破坏，治理与修复任务紧迫而且艰巨。为了落实海湾生态环境治理的责任主体，国家海洋局决定推行湾长制，构建海湾的长效管理机制，着力改善海洋生态环境质量，维护海洋生态安全，以"陆海统筹、河海兼顾、上下联动、协同共制"为推进原则，探索海湾生态环境管理的新模式和新机制。

2017 年 9 月，国家海洋局印发《关于开展"湾长制"试点工作的指导意见》，该文件确定了湾长制试点的基本原则、职责任务和保障措施。确定在河北省秦皇岛市、山东省胶州湾、江苏省连云港市、海南省海口市和浙江全省开展湾长制试点工作。该文件对抓实抓细试点工作提出了明确要求，进行了详尽安排。

2017 年 8 月 21 日，山东省青岛市发布全国首个"湾长制"实施方案——《关于推行湾长制加强海湾管理保护的方案》，方案确定 2017 年 10 月底前，在全市建立湾长制组织体系，全面推行湾长制，青岛市成为全国首个推行湾长制的城市，其目标是：力争到 2020 年，建立健全湾长制工作机制，显著提升管理保障能力，使得海湾的水质优良比例稳步提高，生态环境明显好转。海湾的经济社会功能与自然生态系统更加协调，从而实现水清、岸绿、滩净、湾美、物丰的蓝色海湾治理目标。

在启动河北、山东、江苏、浙江、海南湾长制试点后，上海、广西、广东等也申请成为湾长制试点省区市。湾长制是一种海湾管理模式的创新，目前全国沿海省区市正处于摸索与试点中。通过湾长制试点工作，各地陆续在实践中创新和发展海湾管理模式，创新海湾管理机制，落实海湾管理的主体责任，逐渐建立健全海湾长效管理机制，平衡好发展与环保的关系，有效地控制污染物的排放，恢复海湾净化功能，尽早恢复碧海蓝天。

7.2 海洋生态环境分区域治理情况

7.2.1 海域

我国海岸线长 1.8 万千米，管辖的海域面积约 300 万平方千米，根据地理位置、海洋环境特点，可以将其划分为渤海、黄海、东海、南海 4 个海域。每个海域均有不同的海洋环境、生物多样性、人口分布情况、滨海城市经济发展情况等，这使得各个海域各具特点，各海域污染情况也不同。因此，各海域的环境保护与污染治理政策应根据各自特点分别制定并实施。

关于海域的使用、保护与开发管理，我国出台了多部法律法规，包括《中华人民共和国海域使用管理法》《中华人民共和国海岛保护法》《中华人民共和国深海海底区域资源勘探开发法》《无居民海岛开发利用审批办法》《全国海洋主体功能区规划》《国家海洋局海洋生态文明建设实施方案》《海岸线保护与利用管理办法》《围填海管控办法》《海洋督察方案》。同时，随着海域治理工作的深化与创新，又陆续出台了生态红线制度、重点海域污染物总量控制制度、海洋生态补偿制度、海洋生态损害赔偿制度、资源环境承载能力监测预警制度、区域限批制度等一系列制度。2016 年 6 月 16 日，国家海洋局印发《关于全面建立实施海洋生态红线制度的意见》，并配套印发《海洋生态红线划定技术指南》，全国海洋生态红线划定工作全面启动。上述法规制度的贯彻和落实，使得海域治理有法可依、有章可循，各地陆海统筹，积极开展治理工作，海洋生态环境得到了初步的改善。

（1）渤海海域。2001 年国家环境保护总局印发《渤海碧海行动计划》，2001～2015 年的 15 年间，每 5 年为一个阶段，分三为阶段，投入 555 亿元用来治理渤海海域的生态环境，并由国家环境保护总局牵头实施；2008 年 2 月，国家海洋局公布《渤海环境保护总体规划》，计划追加 400 亿元用于渤海海域环境治理。周边的河北省、天津市、辽宁省和山东省于 2009 年建立了渤海环境保护省部际联席会议制度，以协调渤海环境治理过程中的利益冲突；2017 年 5 月 18 日，国家海洋局印发《国家海洋局关于进一步加强渤海生态环境保护工作的意见》，通过编制和修订海洋空间规划、加强入海污染物联防联控、加强海洋空间资源利用管控、加强海洋生态保护与环境治理修复、加强海洋生态环境监测评价与风险防控、加强海洋督察执法与责任考核、加强渤海生态环境保护关键问题研究和技术攻关等具体办法改善和恢复渤海海域的生态环境。

（2）黄海海域。黄海是我国海水养殖比较集中的海区，黄海与渤海共同构成了黄海大海洋环境系。黄海海域环境治理工作主要结合联合国开发计划署的"黄海大海洋生态系"项目的实施来展开的，该项目实施的目的在于促进黄海海域相关国家和政府建立可持续性的制度、政策及做出相应的财政安排，从而对黄海生态系统的治理与改善进行有效管理。2017 年 12 月 28 日，"联合国黄海大海洋生态系二期项目"中国区工作会议在大连召开，二期项目参与国将为减缓生物资源下降速度和恢复黄海鱼类资源付出努力。

（3）东海海域。东海海域包括长江入海口、杭州湾舟山群岛南麂列岛等，舟山渔场是世界四大渔场之一。受过度捕捞、陆源污染等影响，生物资源骤减、赤潮频发，海洋环境已经比较脆弱。这一区域海洋生态环境治理的主要目标是保护和培育海洋生物群落，促使其恢复平衡，从而使整个海域生态环境恢复平衡。

（4）南海海域。南海属于热带和亚热带气候，滩涂与近海曾经大量分布着珊瑚礁和红树林，海域内海洋生物多样，但是多年的违法用海、过度开发与采伐，使得依赖红树林和珊瑚礁生存的海洋生物丧失了栖息地，此区域的环境治理以保护、恢复红树林，保护珊瑚礁，控制捕捞量，促进浅海区生物资源的恢复为主，以保护和恢复南海海域多样性的生物资源。

7.2.2　海岸带

海岸带是沿海城市空间与生态环境体系的重要组成部分。在我国海洋强国战略实施与海洋生态文明建设的背景下，沿海城市海岸带的管理越来越受到重视。城市海岸带的空间治理及生态与环境保护，对于建成生态文明城市具有重要意义。

美国于 1970 年颁布的《海岸带管理法》，标志着海岸带综合管理理论的诞生。由此学者们开始探讨具体的海岸带管理模式。而后，有很多国家基于这套理论研究适合各自国家的海岸带管理模式。就中国来说，海岸带的敏感性与脆弱性日益显现，海岸带的科学管理迫在眉睫。由于经济发展等原因，我国长时间存在人口的"趋海流动"趋势，巨大的人口压力与频繁的经济开发活动，使得城市海岸带面临污染加剧、资源退化、生物多样性减少、海岸侵蚀严重等生态环境问题。因而，沿海城市的人海关系矛盾日益突出，严重影响了该地区的可持续发展。在海洋生态文明建设的背景下，全国各地积极响应国家号召，划定近岸海域环境功能区，控制陆源、海岸工程、海洋工程、海洋倾废等对于海岸带的污染，并高度重视本地生态环境管理与修复。其中，各个沿海城市是海洋生态文明建设的主战场，遵循海陆统筹的原则，走可持续发展之路，是城市海岸带管理工作的关键所在。

目前我国尚没有专门的关于海岸带管理的综合法律法规，但各沿海省区市均在积极探索，纷纷制定地方海岸带管理法规。例如，江苏省 1991 年曾出台《江苏省海岸带管理条例》，但于 2010 年 9 月 29 日废止。福建省 2017 年底发布《福建省海岸带保护与利用管理条例》，自 2018 年 1 月 1 日起实施。目前《山东省海岸带综合管理条例》也在积极立法过程中。其他沿海省区市则依据各级各类涉海法律法规来管理和积极治理海岸带生态环境。

2017 年 12 月 21 日，国家海洋局印发《关于开展编制省级海岸带综合保护与利用总体规划试点工作的指导意见》，在保障海岸带生态安全方面，该指导意见要求，陆海联动防治海洋污染，实施流域环境和近岸海域综合治理，实施环境准入制度；陆海协同推进生态保护，划定并严守生态保护红线，编制实施海岸带生态修复规划，创新海岸带生态产品供给方式；陆海联防联控海洋灾害，划定海岸带灾害重点防御区，健全海洋灾害观测监测、预报预警业务体系及应急管理体系，统筹运用工程减灾措施，完善生态系统减灾服务功能。

7.2.3　海岛

1982 年《联合国海洋法公约》第 121 条明确规定："岛屿是四面环水并在高潮时高于水面的自然形成的陆地区域。"海岛大多具有面积狭小、环境相对封闭、生态系统构成单一、生物多样性指数小且稳定性差等特征。

2009 年全国人大常委会通过了《中华人民共和国海岛保护法》，并针对海岛的生态环境确立了海岛规划制度、海岛生态保护制度、无居民海岛国家所有权及有偿使用制度、特殊用途海岛特殊保护制度、海岛保护监督检查制度等，并且逐渐完善相关规定。

2016 年 12 月 28 日，《全国海岛保护工作"十三五"规划》中提到，规划期限为 2016～2020 年，并提出全国海岛保护与管理工作的总体要求、主要任务、重大工程和保障措施，其中有关海洋生态保护的工作任务与目标为：新增涉岛国家级保护区 10 个；进入国家保护名录的海岛数量达到 10%；海岛自然岸线保有率要求各省达标；实现生态岛礁工程大于 50 个。该规划的实施将有助于更好地实现海岛生态环境的保护与恢复，极大地改善岛礁及其伴生的生物多样性。

7.2.4　治理模式

1. 制定综合性管理政策

（1）海洋综合管理立法。海洋管理的协调机制需要有相应的法律法规来赋予管理委员会相应的权力，从而发挥统筹海洋管理工作的效果。但是我国目前还未建立起统一和相对完善的海洋管理法律法规体系，对于综合性管理体制等诸多问题，并没有做出统一的规定。所以通过立法的形式，构建长效协调管理机制，有利于缓解城市海洋在开发、规划、管理等过程中的体制机制性障碍，从而促进陆海经济统筹发展。另外，制定促进空间资源开发的法律法规，通过优惠的扶持政策，给予专业人才适当的财政补贴与税收减免，鼓励企业合理开发海洋空间资源，改善胶州湾空间资源开发的广度与深度不足的现状。

（2）部门间政策协调。因为海洋综合管理工作涉及多个政府部门的参与，所以必须建立起综合协调的体制来协调好各部门的职责分工，以便集中力量进行海洋管理。协调体制的模式之一是建立有行政能力的管理委员会。它可以由协调领导小组、海洋专家组与海洋管理办公室构成。其中，协调领导小组可以由主要政府部门的正职官员，如市长出任组长，其他市级政府机关委办局的领导组成委员会，从而实现海洋管理的跨部门协调。海洋专家组负责提供政策建议并进行相关政策评价，由海洋科学家、工程师、法学家、经济学家等共同组成。各个部门经过协调机制的统筹规划，可以高效完成海洋的资源开发与生态保护工作。

2. 建立可持续性融资机制

（1）税收收入与非税收收入。将海洋规划与管理所需经费纳入财政预算是一个常规的方法，但是利用中央或地方的税收收入来进行海洋项目投融资具有其局限性。我国财政预算以年度预算为主，在进行长期、大型项目的融资方面，税收收入的作用甚微，而非税收收入是一个可行的融资来源，如征收使用费、许可证费和服务费等，但是需要相关机构来对这些资金的使用进行管理，如从事渔业捕捞、娱乐经营活动需要渔业局的特许经营许可证，排放污染物的港口需要排污许可证等。但无论哪种筹资方式都必须建立在目前青岛市政府获得的财政资源上，不过政府的融资来源还是相对受限的。

（2）公共私营合作制。公共私营合作制可以减轻海洋综合管理的融资负担。如今，公共私营合作制项目已应用于包括环境治理在内的很多基础设施建设领域，通过政府投资拉动私人部门投资，从而实现互惠互利，风险共担。私营部门不再是传统意义上的项目执行者，而是可以在项目的起草、决策、执行方面全方位地参与其中。政府可以通过制定一些激励性政策形成公平的投资环境，鼓励私人部门投资，将环境问题转化成为投资机会。海洋综合管理在各种利益相关者之间达成共识，并形成激励私营部门投资的政策和社会环境。

（3）其他融资方式。在海洋综合管理中，中央政府向公众举债可以解决期限可控的资金需要。地方政府在具有借债权后，也可以通过举借地方债来筹措资金。中央银行可以通过公开市场操作来满足中央政府与地方政府的融资需要。各个管理部门之间的预算不一，协调机制可以合理配置不同部门的可用资源，并通过转移支付的手段，宏观调控各个部门的管理开发资金，从而实现海洋综合管理效率的提高。

3. 推进海洋灾害与风险管理

（1）风险评估。科学家和政府人员系统地评估海洋管理项目的风险及代价，对管理过程的潜在风险达成共识，并反馈有利于决策的信息。风险评估分为回顾性风险评估与预测性风险评估。回顾性风险评估旨在确定现有海洋生态损害的原因，并展开系统的评估，从而得出各种原因导致的海洋退化程度的差异。预测性风险评估研究未来因素会对海洋生态环境产生的风险，并将风险评估的结果应用于管理，从而确保资源分配到恰当领域，从而有助于管理者平衡生态保护与经济发展的关系。

（2）预警系统。预警系统的建立可以在很大程度上减轻受灾的损失。预警系统可在突发灾害发生前的小段时间内预见灾害，并及时将信息传递给海洋综合管理的各个部门，使其做到充分应对。预警系统除了需要科学的准确预测，还需要有通畅的信息传递渠道。因此，在海洋综合管理规划时，需要考虑潜在受灾的强度和范围与接受灾害信息区域的状况和环境，还需要预备保障救援所需的物资，以保证应急预案的实施。

4. 引导利益相关者参与管理

（1）利益相关者分析。利益相关者是指受海洋资源开发与环境保护直接或间接影响的当地各部门、各行业。在评估海洋管理项目时，政府除了需要考虑自身利益，还需要对利益相关者进行分析，同时需要利用相关机构的专业知识来确定利益相关者在海洋管理项目中的利益关系，从而评价其影响力，并为其选择合适的参与方式。分析的结果在早期的海洋管理项目规划中是非常重要的，通过分析相关者利益，可以更清晰地认识管理过程，减少项目实施的阻碍。

（2）利益相关者参与和咨询。利益相关者的参与涉及整个海洋管理过程，利益相关者包括资源开发利用中的获利者、社区人员和海洋管理的各个部门。除了私人部门的不当开发会造成环境退化以外，公共部门的不当决策也不利于自然资源的开发利用。虽然政府管理可能存在官僚主义和管理不当等问题，但是海洋管理一旦脱离了政府框架，获利者将难以可持续利用资源。不过仅靠公共部门的管理，将会忽视多方利益相关者的参与，对海洋环境的管理也不会有效。切实有效的城市海洋管理，要求所有利益相关者都参与其中，而其参与方式共有参与计划、民主管制、公共参与、社会交流四种。

7.3　海洋生态环境分领域治理情况

7.3.1　陆源污染

2017 年 3 月国家海洋局发布的《2016 年中国海洋环境状况公报》显示，监测的 368 个陆源入海排污口中，工业排污口占 28%，市政排污口占 43%，排污河占 23%，其他类排污口占 6%，见图 7-1。全年入海排污口达标排放次数占监测总次数的 55%。其中，93 个入海排污口全年各次监测均达标，69 个入海排污口全年各次监测均超标。不同类型入海排污口中，工业类、市政类和其他类排污口达标排放次数比率分别为 68%、51%、65%。排污河达标排放次数比率为 44%，见图 7-2。入海排污口排放的主要污染要素为总磷、化学需氧量、悬浮物和氨氮。

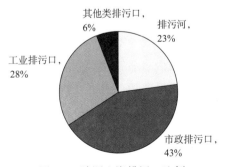

图 7-1　陆源入海排污口比例

资料来源：《中国海洋生态环境状况公报》

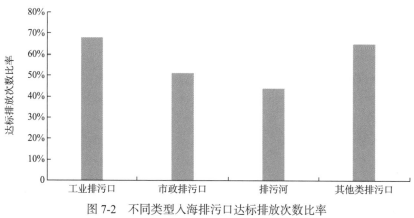

图 7-2　不同类型入海排污口达标排放次数比率

资料来源：《中国海洋生态环境状况公报》

海洋环境污染的 80%以上来自陆源污染。我国政府治理陆源污染的原则是"陆海兼顾"和"河海统筹"，各级政府纷纷出台政策和措施或专门行动计划，严格控制陆源污染物排放，积极地做好陆源污染的防治工作。

1. 我国控制陆源污染的法制建设

1982 年我国政府颁布实施了《中华人民共和国海洋环境保护法》，在此基础上，随后数年中，针对陆源污染的防治工作，颁布实施的法律法规有《中华人民共和国防治陆源污染物污染损害海洋环境管理条例》（1990 年）、《中华人民共和国防治海岸工程建设项目污染损害海洋环境管理条例》（1990 年）、《近岸海域环境功能区划分技术规范》（2002 年）、《近岸海域环境功能区管理办法》（1999 年）等，这些法律法规，成为我国沿海地方各级政府在地方经济建设过程中有效控制陆源污染的法律依据和指导。

2. 旨在改善海洋生态环境的行动计划

国家环保局制定了《"三河三湖"水污染防治"十五"计划汇编》，汇编指出到 2010 年，要使淮河、海河、辽河、巢湖、滇池、黄河中上游等 6 个重点流域集中式饮用水水源地得到治理和保护，跨省界断面水环境质量明显改善，重点工业企业实现全面稳定达标排放，城镇污水处理水平显著提高，水污染物排放总量得到有效控制，流域水环境监管及水污染预警和应急处置能力显著增强；组织编制了《渤海碧海行动计划》，以整治陆源污染为重点，陆域范围涉及环渤海三省一市辖区内的 13 个沿海地市，海域范围涉及整个渤海和部分黄海海域，区域内各省市协调行动，努力控制污染排放，确保环渤海地区的可持续发展。长江口、珠江口海域、黄河、松花江等流域的地方政府也已开始编制和实施碧海行动计划。2017 年，国务院正式批复《重点流域水污染防治规划（2016-2020 年）》，这是我国第五期重点流域水污染防治五年专项规划，为各地水污染防治工作提供了指南。

除了以上全国性流域的环境保护计划与规划之外，各省区市采用流域管理与行政区域管理相结合的模式应对跨区域的环境污染与生态保护问题，制订了大量的中小流域水污染防治计划与规划,几乎涵盖了我国主要的中小流域。

3. 对重点海域实施污染物排海总量控制制度

全国各地针对本地域经济发展特点,对重点海域污染物排海总量制定控制指标及控制计划,制订并实施主要入海河流断面水质保护管理方案,落实各项海洋环境污染防治措施,使陆源污染物排海管理工作制度化、目标化、定量化。

4. 严格防控滨海城市的工业污染

滨海城市工业污染排放也是海洋陆源污染的一个重要构成部分,我国对于滨海城市的工业污染防控高度重视,工业污染的防控工作主要通过以下几方面进行:一是对于临海城市的产业结构和产品结构做出调整,采用高新技术改造传统产业,推进全过程清洁生产、减少工业污染产业;二是对于污染物排放实行总量控制与排污许可证制度,对企业进行环境影响评价并实行"三同时"制度,严禁工业污染源中的有毒、有害物质排放,对工业污染物进行专业处理,杜绝工业废水直排大海。

7.3.2　海水养殖污染

随着我国经济的发展和人民生活水平的不断提高,我国水产养殖业迅速发展,产量逐年递增。联合国粮食及农业组织统计数据显示,我国 2015 年水产养殖量达到 6153.6375 万吨。而海水养殖是水产养殖的重要组成部分,随着海水养殖面积的增加,在海水养殖过程中,人工投喂饵料剩余的残饵、生物排泄物、使用的药物等,会使海水富营养化。高密度的海水养殖区的水体交换能力差,污染物不容易自然净化。因此,海水养殖污染成为近海污染的一个主要原因。

农业农村部在《2015 年中国渔业生态环境状况公告》中指出,根据海水重点养殖区监测点数据统计,无机氮、活性磷酸盐超标面积占监测面积的比例分别为 68.1%、52.1%。

因此,在发展海水养殖业的同时,对海水养殖污染的防治要常抓不懈,并不断提高海洋生态环境保护意识,探索一条既要保发展又要保生态环境的可持续发展途径。

我国海域面积广大,海水养殖区域广泛,养殖品种、养殖模式、海域状况等方面均有很大差异性。因此,在海水养殖污染的防护和治理方案上就需要因地制宜地具体分析问题,对污染源头进行查找和分析,注重区域差异性,制订针对本地区的治理方案,并采取相应的防治措施。

海水养殖污染的治理需要国家及地方政府制定、完善相关政策法规,明确对污染的监督、监察、管理责任,落实各级部门的管理职责,构建海水养殖污染的具体治理体系,全面开展污染综合整治工作,切实、有效地减少海水养殖污染。海水养殖污染治理体系如表 7-9 所示。

表 7-9　海水养殖污染治理体系

机构	政策
中央及地方政府	1. 法律层面：2017 年 11 月我国新修订的《中华人民共和国海洋环境保护法》第二十八条：新建、改建、扩建海水养殖场，应当进行环境影响评价。海水养殖应当科学确定养殖密度，并应当合理投饵、施肥，正确使用药物，防止造成海洋环境的污染 2. 各级政府依据本区域养殖量的需求和环境承载力，科学规划、合理布局 3. 依据标准合理、有序地发放养殖许可证 4. 明确各级部门的任务和责任，完善环境质量考核与污染责任追究机制 5. 强化党政同责，加强海水养殖监督管理，严格环境执法 6. 制定海水生态补偿等污染治理激励政策
养殖企业和专业户	1. 采用环保、高效的生态海水养殖模式 2. 依据本地海域的资源条件，合理引进新品种，合理使用药物 3. 加强新技术和新理论的学习，树立可持续发展的环保理念 4. 引进先进养殖模式和技术：生物修复养殖模式、循环水养殖技术、集约化养殖模式等
科研院所及相关专家	1. 研制绿色渔业药物 2. 研制高效、环保的养殖新工艺 3. 开发海水污染治理的新技术

7.3.3　围填海

围填海是指通过人工修筑堤坝、填埋土石方等工程技术手段，将天然海域空间改变成陆地，作为人类社会经济发展活动的空间。世界各沿海国家，为了拓展有限的土地资源，都曾进行围填海开发活动，向海洋要土地。

中华人民共和国成立初期，所进行的围填海活动主要是围海晒盐，形成了沿海地区四大盐场；20 世纪 60 年代中期至 70 年代，主要进行围海养殖，进入 21 世纪，围填海建设主要围绕机场、港口、沿海工程项目及房地产开发进行。

随着人们对生态环境保护意识的不断提高，人们逐渐意识到，围填海中的不当行为对近海海洋生态系统的渔业与沿岸环境等产生的破坏性日益严重。一方面，城市工业废水和生活污水等陆源污染物大量排入海中，使得海水富营养化，产生赤潮，对水生动植物危害严重；另一方面，过分围填海导致近海湿地大面积消失，沿海湿地是鸟类的重要栖息地，也是海洋中鱼类的繁殖孵化地，湿地的减少极大地破坏了海洋生态平衡。

2012 年，党的十八大报告中提出要"大力推进生态文明建设"。2017 年，国家海洋局组建了第一批国家海洋督察组，分别进驻辽宁、河北、江苏、福建、广西、海南，开展了第一批海洋督察，重点对围填海进行专项督察，调查、解决围填海管理方面存在的问题。

2018 年 1 月 17 日，国家海洋局召开新闻发布会，将我国第一批国家海洋督察情况及时向社会公布，并发布了我国历史上最为严格的围填海管控措施，并结合督察整改工作，提出了十个"一律"、三个"强化"，严格对围填海进行管控。

海洋督察发现围填海的共性问题和十个"一律"、三个"强化"分别如表 7-10、表 7-11 所示。

表 7-10　海洋督察发现围填海的共性问题

问题	具体表现
节约集约利用海域资源的要求贯彻不够彻底	部分地区脱离实际需求盲目填海、填而未用、长期空置，个别项目违规改变围填海用途，用于房地产开发，浪费海洋资源，损害生态环境
违法审批，监管失位	1. 有些地方的审批与监管部门，责任不落实、履职不到位问题突出；违反海洋功能区划审批项目，化整为零、分散审批等问题频发 2. 基层执法部门对于政府主导的未批先填项目制止难、查处难、执行难问题普遍存在 3. 违法填海罚款由地方财政代缴，或者先收缴再返还给违法企业，行政处罚流于形式
近岸海域污染防治不力	1. 陆源入海污染源实底不清，局部海域污染依然严重 2. 排查出的各类陆源入海污染数量与沿海各省区市报送的入海排污口的污染数量差距巨大

表 7-11　十个"一律"、三个"强化"

规定	措施
十个"一律"	违法且严重破坏海洋生态环境的围海工程，分期分批，一律拆除
	非法设置且严重破坏海洋生态环境的排污口，分期分批，一律关闭
	围填海形成的、长期闲置的土地，一律依法收归国有
	审批监管不作为、乱作为，一律问责
	对批而未填且不符合现行用海政策的围填海项目，一律停止
	通过围填海进行商业地产开发的，一律禁止
	非涉及国计民生的建设项目填海，一律不批
	渤海海域的围填海，一律禁止
	围填海审批权，一律不得下放
	年度围填海计划指标，一律不再分省下达
三个"强化"	坚持"谁破坏，谁修复"的原则，强化生态修复
	以海岸带规划为引导，强化项目用海需求审查
	加大审核督察力度，强化围填海日常监管

7.3.4　渤海生态环境治理

　　渤海是我国的半封闭型内海，水交换周期长，污染自净能力弱，导致海洋生态环境承载能力有限。另外，随着环渤海的辽宁省、河北省、山东省和天津市经济的快速发展，陆源污染物的排放和海岸带开发利用活动，使得海洋生态环境污染日益严重。当前，京津冀协同发展国家战略的实施，迫切需要国家重拳治理好渤海生态环境污染问题，大力推进生态文明建设。

　　国家海洋局宣传教育中心李航指出，80%以上的海洋污染来自陆源，80%以上的陆源污染来自河流入海排放。国务院、国家海洋局及各环渤海省（市），对于渤海生态环境治理，主要针对入海污染物量大、典型生态系统均处于亚健康状态、溢油事故、赤潮灾害频发等问题，从海洋空间利用规划，入海污染物防控，海洋空间资源利用的管控，海洋生态环境的检测、评价、风险评估，海洋生态环境的修复治理技术的研究与公关，督察执法责任的落实与考核等方面对渤海生态环境进行治理和管控，并陆续出台了一系列政策法规，多措并举，加强渤海生态环境的治理工作。

2015 年国务院关于印发《全国海洋主体功能区规划》的通知，其中渤海湾被确定为"优化开发区域"；2017 年 5 月 18 日，国家海洋局印发《国家海洋局关于进一步加强渤海生态环境保护工作的意见》，文件指出，"保护好渤海生态环境，事关国家海洋生态安全，事关京津冀协同发展国家战略实施，事关环渤海地区人民群众的民生福祉"；2018 年 3 月，国家海洋局召开会议，提出生态环境治理的八点建议，被称为"渤海八条"，要求切实打好渤海污染防治攻坚战。环渤海的山东、辽宁、天津、河北陆续针对上述措施出台了本地配套措施，严抓共管，深入贯彻落实，切实改善渤海生态环境。

7.3.5 海洋生态环境监测

2013 年 4 月，国家海洋局发布了《国家海洋事业发展"十二五"规划》，其中着重强调了要提高海洋生态监测能力，进行海洋环境监测与评价的重要性，通过加强海洋生态环境监测，提高国家和各级机关的监管力度，使得海洋生态环境管理由事后管理转变为全过程监管；2015 年 7 月国家海洋局印发《国家海洋局海洋生态文明建设实施方案（2015-2020 年）》，进一步提出海洋生态环境在线监测网建设的规划，提出组建系统的海洋生态环境监测网络体系，提升现有设备的先进程度和技术水平，实现对我国管辖海域内各类生态环境系统的监测，对监测数据建立共享与评价体系，加快海洋生态环境监测机构的标准化建设；2015 年 12 月国家海洋局印发《关于推进海洋生态环境监测网络建设的意见》，要求"优化监测网络布局，提升海洋环保能力"，进一步明确了海洋生态环境监测网络的职责。

我国海洋生态环境监测评价业务体系不断发展完善，逐步形成了覆盖全国各级地方区划的海洋生态环境监测机构体系，截至 2017 年 6 月，全国海洋生态环境监测机构总数达到 235 个。

7.3.6 海洋生态系统修复

2016 年国家海洋局积极开展"蓝色海湾""南红北柳""生态岛礁"整治行动，加大对沿海各省区市实施海域、海岛和海洋生态整治修复工作的支持力度，建立和完善海洋生态治理项目库，组织开展各项海洋生态系统建设整治和修复工作，逐步实现海洋生态文明建设目标。海洋生态系统建设整治修复规划如表 7-12 所示。

表 7-12　海洋生态系统建设整治修复规划

具体措施	整治目的
规划整治修复岸线 270 余千米	提高自然岸线恢复率，改善近岸海水水质
修复沙滩约 130 公顷，恢复滨海湿地 5000 余公顷	增加滨海湿地面积
种植红树林 160 余公顷、翅碱蓬约 1100 公顷、柽柳 462 万株、岛屿植被约 32 公顷	修复受损海岛，维护海岛生态系统的完整性
建设海洋生态廊道约 60 千米	保护海洋生态系统

2017 年 3 月 22 日，国家海洋局公布了《2016 年中国海洋环境状况公报》，评价了我国河口、海湾、滩涂湿地、珊瑚礁、红树林、海草床等 21 个典型生态系统的健康状况，其中约 3/4 的生态系统处于亚健康和不健康状态，监测的河口、海湾与滩涂湿地的生态系统健康状况基本为亚健康，而锦州湾和杭州湾的生态系统健康状况为不健康；珊瑚礁、红树林和海草床生态系统健康状况为亚健康和健康。处于亚健康和不健康状态的生态系统占比相对 2016 年降低了 10%，表明海洋生态系统的总体健康状况有逐渐好转的趋势。

2014 年河北省政府正式批复《河北省海域海岛海岸带整治修复保护规划（2014-2020年）》，此规划对 2014～2020 年 7 年间河北省沿海的海域、海岛和海岸带的整治修复工作进行了规划与部署。山东省、浙江省、江苏省也纷纷发布海岸带整治修复规划，大力开展海洋生态修复工作，使得海洋生态系统的总体健康度有所提高。

7.3.7　海洋溢油灾害应急响应

随着世界各国经济的不断发展，石油及其制品需求量迅速增加，海上运输量的日益增大，导致海上溢油事故经常发生，其造成的污染对海洋自然资源和渔业资源的破坏十分严重，严重破坏了海洋生态环境。为了正确判定溢油事故的原因及迅速做出正确的应急响应，使溢油污染及时、有效地得到控制和清除，就需要采取科学、合理的应急措施和方案。

近年来，我国逐步建立了海洋溢油灾害应急响应体系，2016 年 1 月交通运输部出台了《国家重大海上溢油应急能力建设规划（2015-2020 年）》，为我国海上溢油应急处理响应能力建设，做好了顶层设计。

1. 海上溢油灾害法律体系

《中华人民共和国环境保护法》《中华人民共和国海洋环境保护法》《中华人民共和国突发事件应对法》《中华人民共和国海上交通安全法》《中华人民共和国防止船舶污染海域管理条例》构成了相关海上溢油灾害处置的法律体系。

2. 海上溢油应急预案计划体系

目前，我国各级海上污染应急处理机构按照法律的规定，建立了各级海上溢油应急反应预案体系。按照《1990 年国际油污防备、反应和合作公约》和《中华人民共和国海洋环境保护法》第十八条的规定，"国家根据防止海洋环境污染的需要，制定国家重大海上污染事故应急计划"。"沿海县级以上地方人民政府及其有关部门在发生重大海上污染事故时，必须按照应急计划解除或者减轻危害"。2015 年 4 月国家海洋局印发了《国家海洋局海洋石油勘探开发溢油应急预案》，优化和完善了原有预案体系的应急组织机构、职责、应急程序等。

3. 海上溢油应急支持保障体系

（1）资金保障。溢油灾害资金的来源有三个：首先是政府的财政资金；其次是承担环境损害责任的保险和建立海上溢油事故应急专项基金；最后是捐赠。

（2）应急物资保障。我国建立了应急物资储备管理制度，包括一般生活物资和救灾用的应急救援工具与设备。一旦灾害发生，沿海省区市即可动用此类储备物资进行救灾工作。

（3）应急通信网络与信息服务的保障。当海上采油平台或者船舶发生溢油事故时，可以通过通信设备和溢油应急通信网络向相关部门发出报告，使相关主管部门及时得到溢油事故信息；利用现有的信息系统和数据库扩充并建设海上溢油应急信息服务系统，实现溢油相关信息共享。

（4）海上溢油应急设备库保障。《国家重大海上溢油应急能力建设规划（2015-2020年）》数据显示，到 2020 年我国将建成设备库 191 座，其中新建 25 座；2016 年 3 月交通运输部海事局印发《关于加强国家船舶溢油应急设备库运行管理的指导意见》，对于国家船舶溢油应急设备的运行管理予以规定。

4. 海上溢油监测预警系统

我国海上溢油监测预警系统通常由信息收集、加工、决策、警报和咨询等五部分构成，采用航空航天遥感监视系统进行采集和解译，并充分利用各类雷达和视频监视系统进行监测；所有信息经海上溢油应急指挥中心分析评估后，发出行动指令。

5. 海上溢油响应处理协调机制

（1）应急处理机制。收集海上溢油信息、制订应对方案、启动应急预案、发出溢油预警通告、进行溢油应急协商、成立监督小组、组织专家进入现场进行应急处置和指导。

（2）指挥协调机制。主管部门发布海上溢油预警公告，启动应急管理预案；海上溢油指挥中心商讨溢油处理问题并派遣工作组到现场；主管部门领导在受灾地区组织安排救灾活动。

6. 海上溢油清除恢复机制

我国中央和各沿海省区市在海上溢油清除恢复过程当中采取"政府统一领导，部门分工负责，灾害分级管理，属地管理为主"的减灾救灾领导体制，灾害恢复过程中实行主管领导坐镇，分管领导指挥，相关主管部门负责和专人落实的方式。这种机制对于溢油灾害的恢复重建工作起到了重要的保障作用。

第 8 章 海洋承载力与技术创新生态化

8.1 海洋承载力概述

8.1.1 相关概念辨析

承载力 (carrying capacity) 首先产生于工程地质领域，指地基的强度能够承受的建筑物的重量，即地基承载力。Park 和 Burgess (1921) 首次将承载力引入生态学领域。20 世纪 60 年代至 70 年代，随着人口和经济快速增长，社会发展与资源短缺之间的矛盾日益凸显，生态系统遭到破坏，人们越来越关注生态系统的状况，因此关于资源和环境的承载力逐渐受到关注。"资源承载力"一词在 20 世纪 80 年代被联合国教育、科学及文化组织定义为：一个国家和地区在可预见的时期内，利用地区内自然资源及其他资源所能够持续供养的人口数量。此后，承载力的概念被环境、经济、社会等各个领域广泛应用，并出现了一系列的承载力。

(1) 土地资源承载力。作为人类赖以生存和发展的大系统，土地在向人类提供各种资源的同时，具有容纳生产生活所产生废弃物的功能。土地资源承载力是指在相对稳定的前提下，在一定时间内，一个地区的土地资源所能够容纳的人口数目和经济规模。我国属于人口多而土地资源相对稀缺的国家，人地矛盾日益凸显，并且经济长期发展不平衡，导致一些地区土地资源承载力日益衰退，因此，针对土地资源承载力的研究广泛展开。

(2) 水资源承载力。1989 年，新疆软科学课题组首次提出"水资源承载力"的概念：在一定时期内，一个地区的水资源能够维持的人口、农业、工业可开发的最大的规模。施雅风和曲耀 (1992) 对水资源承载力做出了解释：某一地区的水资源，在不破坏社会和生态系统的前提下，在一定的社会发展阶段能够容纳的农业、人口、城市、工业的最大量。水资源是被人类广泛利用的资源，对人类的进步及社会的发展做出了巨大贡献，更是人类不可或缺的生命物质，所以对水资源承载力的研究具有重要意义。

(3) 环境承载力。环境承载力是指在一定时期内，某个区域环境对人类社会经济活动支持的最大限度。国内关于"环境承载力"的研究最早出现在福建湄洲湾环境报告中，之后一些学者相继描述了环境承载力的本质和特点。环境承载力决定着一个地区的社会经济发展规模与速度，当人类的活动对环境的影响超过了该地区的环境承载力时，会造成该地区的资源枯竭，导致社会经济发展缓慢甚至停滞不前，这体现了人类社会经济活动与环境之间的相互关系。

(4) 生态承载力。生态承载力与其他承载力相比，更加注重对生态环境的影响，即在不破坏生态环境的前提下，生态系统所能够承受的社会人口及其经济方式的总量。

1921 年，Park 和 Burgess 将"生态承载力"定义为：某种个体在特定环境下能够存在数量的最高极限。这个阶段的承载力是一个绝对数量的概念，代表着一种极限容纳量。国内关于生态承载力的研究始于 1990 年，王家骥等（2000）将生态承载力解释为自然系统自然调节能力的原始反馈。之后，国内对生态承载力的研究（曲修齐等，2019）日益增多。

（5）海洋资源环境承载力。苗丽娟等（2006）将海洋生态承载力定义为：在维持海洋生态系统最大限度资源供给和自净能力的前提下，能够允许沿海地区人类社会经济活动的最大限度。2015 年国家海洋局在发布的《海洋资源环境承载力监测预警指标体系和技术方法指南》中提到了海洋资源环境承载力：在一定时期内，一个区域在维持可持续发展且海洋生态环境系统稳定的前提下，能够承载人类各种社会经济活动的能力。海洋资源环境承载力的承载对象是涉海经济活动，承载体是海洋资源和生态系统。

海洋生态环境承载力是海洋资源环境承载力的一部分。1986 年联合国海洋污染科学问题专家组提出海洋环境容量的概念，这一概念被国际社会普遍接受，而后海洋环境容量发展成为海洋生态环境承载力。2015 年国家海洋局对海洋生态环境承载力给予定义：一定时期一定地区内，在保持良好的生态环境的前提下，近岸海洋生态环境能够允许海洋开发活动产生的最大容量。海洋资源环境承载力还包括海域空间资源承载力、海岛资源环境承载力。随着海洋资源环境承载力的发展，内容不断完善，综合了社会、经济、环境、生态等多方面的因素，不仅要考虑海洋系统为人类活动提供资源的能力，还要考虑人类社会经济活动对海洋生态系统的影响。海洋作为一个特殊的区域，其承载力应该考虑海域资源的特殊性及区域承载力的一般性。区域承载力的一般性指区域的自我调节能力和区域内社会经济发展能力；海域资源特殊性主要是指地域方面的特殊性，海域包括内水、领海水面、水体、海床及底土资源。虽然国内已有一些关于海洋承载力的研究，但是目前还处于初级阶段。

8.1.2　海洋资源环境承载力的内涵与特征

1. 海洋资源环境承载力的内涵

（1）海洋环境保护。海洋环境保护是指人们为了保障社会经济可持续发展，协调海洋环境与人类之间的关系所采取的行动。党的十九大报告提出要加快建设海洋强国，这标志着我国海洋事业的发展进入前所未有的高速发展时期。然而随着海洋经济的快速发展，各种不合理的人类活动，如污水入海、围填海、侵占海滩，使得海洋生态系统遭到严重威胁，资源环境供给与经济发展需求的矛盾日益凸显。因此，探索协调海洋环境与人类活动之间关系的路径，对实现海洋经济健康、绿色发展有着重要意义。

（2）海洋资源的供给能力。海洋资源的供给能力是指海洋资源能够支撑人类经济社会发展的能力，对人类经济社会的发展有着至关重要的作用，因此必须重视海洋资源的供给能力，对海洋资源数量、潜在价值等加以考虑。

（3）海洋产业的经济功能。海洋产业的经济功能是指利用海洋资源形成的海洋产业对社会经济的推动作用。中国沿海地区用占全国 13%的土地，养育了 40%的人口，创造了 60%的产值。2018 年全国海洋工作会议数据显示，2017 年 GOP 达到 7.8 万亿，占 GDP 的 10%。从海洋产业产值及增长速度可以看出人类对海洋资源的利用程度。

2. 海洋资源环境承载力的特征

（1）海洋资源环境承载力区域的特定性。由于海洋的性质不同于陆地的性质，海域在地域方面具有特殊性，海域包括内水、领海水面、水体、海床及底土资源，每一片海洋资源的承载力都是有区别的，在评价海洋承载力时，需要根据海域的特征对某一片海域进行界定。

（2）海洋资源环境承载力的动态性与发展性。海洋资源环境承载力体现了人类经济活动和海洋生态系统之间的相互关系，影响着一个地区的社会经济发展规模与速度，当人类活动对海洋生态系统的影响超过了该海域承载力时，会造成该海域海洋资源的枯竭，导致社会经济发展缓慢甚至停滞不前。海洋生态系统具有自我调节能力，如果人类的社会经济活动对海洋的影响在海洋资源环境承载力范围之内，海洋生态系统会通过自我调节达到更高一级的水平。

（3）海洋资源环境承载力影响范围的集中性和广延性。海洋资源环境承载力影响着社会经济发展规模与速度，影响力主要集中在某个沿海地区及其周边地区，但是其影响范围具有广延性，因此也会影响到其他地区的社会经济。

3. 海洋资源环境承载力的评价方法

2015 年国家海洋局发布了《海洋资源环境承载力监测预警指标体系和技术方法指南》，该指南确定了海洋资源环境承载力的指标体系、评估方法及监测预警方法。指标体系需按照承载对象和承载主体的特征，遵循指标体系构建原则加以构建。指标体系构建原则：科学性，选取的指标能反映所研究区域内海洋资源与环境的特征，指标之间具有独立性，测定方法准确，统计方法可靠，能够反映海洋资源环境的现实状况；层次性，根据承载对象和承载体的特征划分为不同的层次，将总目标分解成小目标，使目标能够直观具体；可操作性，指标的选取要符合国家规范，避免过于复杂并且能够量化，要确保个别数据不会对评价结果产生显著的影响。

按照上述原则，王萌（2016）构建了目标层—准则层—指标层的指标体系，对我国沿海地区 11 个省区市的海洋资源环境承载力进行评价。目标层是海洋资源环境承载力，准则层包括海洋资源和海洋环境，指标层包括 15 个指标：海域面积、海洋捕捞产量、海水养殖产量、海水养殖面积、海洋原油产量、海洋天然气产量、海盐产量、海洋化工产品产量、沿海地区星级饭店数量、生产用码头数量、海洋自然保护区数量、工业废水直排入海、工业固体废弃物、风暴潮直接经济损失、污染治理项目竣工数。整个指标体系如表 8-1 所示。

表 8-1　沿海地区海洋承载力指标体系

目标层	准则层	指标层	权重										
			河北	天津	山东	江苏	辽宁	浙江	上海	广东	广西	海南	福建
海洋资源环境承载力	海洋资源	海域面积	0.060	0.094	0.061	0.098	0.062	0.098	0.115	0.223	0.081	0.067	0.122
		海洋捕捞产量	0.024	0.113	0.089	0.005	0.093	0.003	0.010	0.076	0.049	0.014	0.061
		海水养殖产量	0.085	0.054	0.055	0.022	0.017	0.010	0.129	0.077	0.011	0.015	0.019
		海水养殖面积	0.106	0.073	0.055	0.009	0.021	0.001	0.119	0.011	0.011	0.006	0.008
		海洋原油产量	0.083	0.069	0.043	0.209	0.084	0.235	0.011	0.021	0.185	0.208	0.229
		海洋天然气产量	0.026	0.027	0.080	0.209	0.104	0.235	0.006	0.073	0.185	0.208	0.229
		海盐产量	0.000	0.048	0.046	0.033	0.083	0.037	0.150	0.042	0.005	0.011	0.025
		海洋化工产品产量	0.114	0.065	0.045	0.017	0.060	0.044	0.150	0.003	0.185	0.208	0.038
		沿海地区星级饭店数量	0.142	0.053	0.056	0.046	0.077	0.015	0.005	0.040	0.045	0.030	0.007
		生产用码头数量	0.085	0.029	0.205	0.019	0.037	0.030	0.012	0.013	0.015	0.019	0.082
	海洋环境	海洋自然保护区数量	0.014	0.112	0.014	0.134	0.060	0.167	0.150	0.088	0.027	0.061	0.010
		工业废水直排入海	0.020	0.065	0.035	0.029	0.092	0.019	0.014	0.075	0.108	0.016	0.027
		工业固体废弃物	0.077	0.093	0.086	0.037	0.093	0.042	0.057	0.094	0.034	0.038	0.045
		风暴潮直接经济损失	0.169	0.031	0.040	0.104	0.046	0.045	0.014	0.107	0.041	0.085	0.056
		污染治理项目竣工数	0.034	0.073	0.090	0.030	0.069	0.017	0.028	0.058	0.017	0.012	0.043

注：各列权重之和可能不等于 1，是因为有些数据进行过舍入修约

基于主观赋权与客观赋权相结合的思想，分别运用层次分析法和熵值法进行权重计算，进而取算术平均值得到指标的综合权重如表 8-1 所示。为消除各指标量纲的差异，采用极差法对原始数据进行标准化处理，公式为

$$x'_{ij} = \begin{cases} \dfrac{x_{ij} - x_i^{\min}}{x_i^{\max} - x_i^{\min}}, \text{正向指标} \\ \dfrac{x_i^{\max} - x_{ij}}{x_i^{\max} - x_i^{\min}}, \text{负向指标} \end{cases} \quad (8\text{-}1)$$

其中，x_{ij} 表示指标实际值；x'_{ij} 表示指标的评定值；$x_i^{\max}$，$x_i^{\min}$ 分别表示第 i 个指标的最大值和最小值。

运用加权法构建评价模型求得我国沿海地区海洋资源环境承载力综合评价指数。计算公式如下：

$$E = \sum_{m=1}^{p} v_m \left(\sum_{i=1}^{n} w_i x'_{ij} \right) \quad (8\text{-}2)$$

其中，E 表示海洋资源环境承载力综合评价指数；x'_{ij} 表示第 i 项准则层指标第 j 年的评定

值；w_i 表示第 i 项准则层指标的权重；v_m 表示第 m 项指标层的权重；p、n 分别表示准则层和指标层。

8.2　我国海洋资源环境承载力状况分析

王萌（2016）利用上述熵值法计算得出了 2006～2013 年我国沿海省区市海洋资源环境承载力如表 8-2 所示。

表 8-2　2006～2013 年我国沿海省区市海洋资源环境承载力

年份	天津	辽宁	河北	山东	广东	江苏	上海	福建	浙江	广西	海南
2006	0.1081	0.1300	0.1075	0.0816	0.1363	0.0343	0.2452	0.0975	0.0343	0.0466	0.0451
2007	0.1397	0.1036	0.0928	0.0742	0.2612	0.1077	0.1522	0.1365	0.1241	0.0366	0.0684
2008	0.1257	0.1871	0.0854	0.1243	0.1074	0.0223	0.0446	0.1059	0.1581	0.1803	0.0463
2009	0.1342	0.1399	0.1241	0.1126	0.1219	0.0488	0.0287	0.0657	0.0366	0.0451	0.0783
2010	0.1233	0.1281	0.1155	0.1151	0.0933	0.1078	0.0144	0.0434	0.0285	0.0307	0.0251
2011	0.1189	0.0943	0.1570	0.1135	0.0994	0.1212	0.0186	0.0328	0.0365	0.0378	0.0743
2012	0.1603	0.1352	0.1866	0.1386	0.0814	0.1092	0.0390	0.0274	0.0312	0.0319	0.0189
2013	0.1899	0.1518	0.1911	0.2401	0.0910	0.0316	0.0079	0.0331	0.0804	0.0363	0.0181
平均值	0.1375	0.1338	0.1325	0.1250	0.1240	0.0729	0.0688	0.0678	0.0662	0.0557	0.0468

根据表 8-2 计算得出每个地区 2006～2013 年的平均海洋资源环境承载力，根据平均值将沿海地区分为三个级别：海洋资源环境承载力在 0.06 以下的地区为承载力较弱区；承载力在 0.06～0.1 的地区为承载力一般区；承载力在 0.1 以上的地区为承载力较强区。我们可以看到天津、辽宁、河北、山东、广东为海洋资源环境承载力较强区；江苏、上海、福建、浙江为海洋资源环境承载力一般区；广西、海南为海洋资源环境承载力较弱区。

显然，由图 8-1 可以看出，2006～2013 年天津市海洋资源环境承载力的平均值在我国沿海省区市中占据领先地位。由图 8-2 可以看出，2006～2011 年天津市海洋资源环境承载力处于相对稳定状态，波动不大，在 2011 年以后开始上升，由 2011 年的 0.1189 上升到 2013 年的 0.1899。这是因为早期天津市的海洋资源在很长一段时间内并没有得到有效开发，加上海洋自然资源供给能力较弱，受到的污染比较严重，导致天津市海洋资源环境承载力在 2011 年以前并没有明显的提高。2011 年以后天津市海洋资源环境承载力开始上升，是因为 2011 年是"十二五"规划的第一年，也是天津市海洋经济和海洋事业发展的"十二五"规划的第一年，天津市大力发展海洋经济，合理开发利用海洋资源，充分利用油气资源、港址资源及旅游资源，明确了四大港区的定位，促进了海洋事业的整体发展。天津市在未来的海洋事业发展中，应该继续充分利用各种海洋资源，促进港区形成良好的竞争格局。另外，在海洋资源开发过程中，要加大环保力度，促进海洋产业综合发展，提高海洋资源环境承载力。

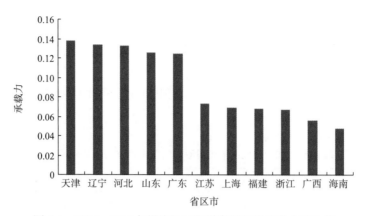

图 8-1　2006～2013 年沿海地区海洋资源环境承载力平均值

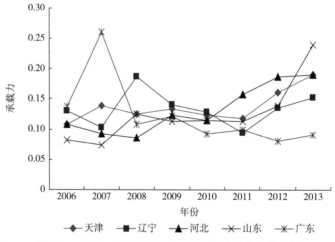

图 8-2　2006～2013 年海洋资源环境承载力较强地区

　　山东省的海洋资源环境承载力总体处于上升阶段，在 2006 年山东省的海洋资源环境承载力是承载力较强地区中的最差地区，在 2011 年以后上升趋势愈加明显，2013 年跃居第一位。山东省具有丰富的海洋自然资源，但是 2000～2011 年过度开发利用海洋资源导致海洋生态环境遭到破坏，使得海洋资源环境承载力有所下降。但是近年来，山东省积极优化产业结构，加大环境保护力度，开发利用港口资源和旅游资源，积极建设特色旅游带，使得海洋资源环境承载力呈现明显上升趋势。山东省在未来海洋事业的发展过程中，要注意减少渔业污染，积极开发旅游资源，平衡各港口区发展，在维持海洋生态系统稳定的前提下，促进海洋经济快速发展。

　　广东省海洋资源丰富，自然资源产业和服务资源产业发达，并且广东省注重环境保护，属于海洋资源环境承载力较强地区之一。但是从 2007 年开始，广东省海洋资源环境承载力总体呈现下降阶段，这是由于广东省在经济发展的过程中，污水排放入海量增加，石油

开采对海洋造成的污染日益严重。党的十八大提出要加强环境保护,建设海洋强国,这将
会促进海洋社会经济可持续发展,提高海洋资源环境承载力。广东省在未来海洋资源开发
时,首先要重视利用岛礁浅海保护珍贵海产品;其次要加大对海洋资源的开发力度;最后
要积极完善旅游区建设,加大旅游资源开发投入。

河北省海洋资源环境承载力在 2006~2008 年有所下降,2008 年以后总体呈现上升趋
势。河北省 2006~2008 年工业废水和固体废弃物排放量持续增加,海洋水质受到影响,
海洋资源环境承载力呈现下降趋势。之后,政府采取控制环境污染、提高科技水平的政策
取得了一定的成果,这是河北省海洋资源环境承载力逐渐上升的主要动力。河北省在未来
海洋资源开发利用过程中,必须要加大海洋环境的保护力度,继续控制环境污染,加大科
技投入。

如图 8-3 所示,江苏省在 2006~2008 年是海洋资源环境承载力一般地区中最差的一
个地区,主要原因在于:江苏省近海的大部分地区无人居住,交通不发达,导致海洋经济
发展缓慢,资源利用率不高;江苏省近海海域适宜养殖的品种较少。而 2008~2012 年,
江苏省资源开发利用率提高,积极开发旅游资源,积极发展海洋产业,使得海洋资源环境
承载力呈现上升趋势。但是随着经济的发展,对海洋环境的破坏日益加剧,使得从 2012
年开始,海洋资源环境承载力持续下降。江苏省要充分利用港口资源和旅游资源,积极寻
找适合近海海域养殖的品种,注重环境保护,提高海洋资源环境承载力。

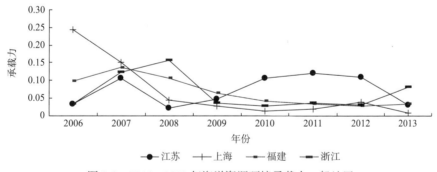

图 8-3　2006~2013 年海洋资源环境承载力一般地区

福建省有丰富的矿产资源、滨海旅游资源等,因此福建省海洋资源的供给功能比较大,
但是开采力度不够使得海洋经济不能够快速发展。另外,福建省的海洋灾害比较严重,特
别是风暴潮灾害和赤潮灾害造成福建省的海洋资源环境承载力总体呈现下降趋势。福建省
在未来海洋事业的发展过程中,首先要充分利用地理区位优势,有效利用旅游资源,大力
发展旅游业;其次要注重海洋生态保护,加大环保投入,改善海洋生态环境。

上海市经济发达,有丰富的港口资源和滨海旅游资源,海洋经济起步较早,早期海
洋资源环境承载力较高,但是上海海洋自然禀赋较低。上海市在促进经济发展时忽略了
海洋环境的保护,造成海洋资源环境承载力很长一段时间内处于低水平状态,因此上海
市在发展海洋事业时,首先要积极发展养殖业,实施养殖业"两头在内、一头在外"的
经营模式;其次要加快港口运输,完善港口运输网络;最后要加快船舶工业建设。另外,

要重视环境保护。

浙江省海水养殖业发达，服务资源和滨海旅游资源丰富。但是浙江省的自然灾害非常频繁，造成其海洋资源环境承载力有所下降。近年来由于对自然灾害的防治比较及时，浙江省维持着比较好的生态环境，海洋资源环境承载力有所回升。浙江省在未来海洋事业的发展过程中，首先要注重与上海市港口的联动与互补，加快港口建设；其次要防御自然灾害；最后要加强环保投入等。

如图 8-4 所示，广西壮族自治区和海南省是承载力较弱地区。广西壮族自治区资源稀缺，海洋资源开发利用水平较低，海洋经济发展缓慢，再加上海洋灾害比较多，环境保护投入较少，从而造成海洋资源环境承载力较弱。广西壮族自治区在未来海洋事业发展过程中，首先要重视自然灾害的防治，减轻自然灾害造成的危害；其次要充分利用区位优势，积极开发港口、港址资源；最后要加快渔港现代化、专业化建设，大力发展海水养殖业。海南省海洋资源较丰富，但是开发利用水平同样比较低，自然灾害较多，海洋服务业起步较晚，导致海洋资源环境承载力较弱，落后于其他沿海地区。海南省在未来海洋事业发展过程中，要对产业合理定位，协调发展支柱型产业、发展型产业和服务型产业，从而加快海南省海洋事业的综合发展。

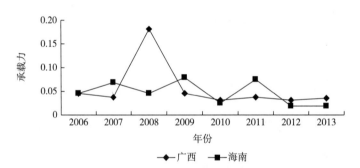

图 8-4　2006～2013 年海洋资源环境承载力较弱地区

8.3　海洋技术创新生态化

8.3.1　海洋技术

海洋技术是研究海洋自然资源及其规律，开发利用自然资源，保护海洋生态环境的方法、技术、设备的总称。海洋中蕴藏着丰富的自然资源，对社会经济的发展发挥着积极的作用。随着陆地资源的日趋减少及污染问题的出现，人们开始加强对海洋资源的开发利用，加快发展海洋技术。根据技术的属性，可将海洋技术划分为：海洋探测技术、海洋开发技术。

1. 海洋探测技术

海底不仅蕴藏着丰富的资源，如石油、天然气等，也是板块构造和古典海洋学等的发源地，因此探索海底的奥秘具有十分重要的经济价值和科学意义。海底探测装备包括科学考察船，主要用于调查海洋的生物资源、海水的化学成分、海洋水深、海流与潮汐、海洋地震等情况；潜水器包括载人潜水器和无人潜水器，主要用于水下考察、海底勘探及海底打捞等；海水卫星可利用传感技术测度海面温度、海浪高度等海洋实时状况。

2. 海洋开发技术

海洋开发技术是指开发利用海洋矿产资源、海水资源、能源等资源的技术方法。按照海洋开发的性质，我们将海洋开发技术分为海洋生物技术、深海采油技术、海水综合利用和海洋环境保护等专项开发技术，并将海洋开发技术应用于各个海洋产业。例如，将海洋生物技术应用于海水养殖业，促进了养殖业的发展；将深海采油技术应用于海洋油气业，使海洋油气业的产值大幅度上升等。但是，人类对海洋的依赖性逐渐增强，对海洋资源的开采力度不断加大，加之海洋技术不够成熟，导致部分地区海洋生态系统遭到破坏，影响了海洋的可持续发展。因此，在利用海洋开发技术开发海洋资源的同时，还应该充分利用海洋环境技术，注重环境保护。以下我们将着重介绍海洋环境技术。

海洋环境技术是指通过保护或者节约海洋资源，减少因人类活动产生的环境负荷，从而保护海洋环境的生产设备、生产方法、产品设计等。环境技术由硬技术和软技术两部分组成，其中，硬技术包括环境监测器、清洁生产技术等；软技术包括废物管理和环境规划、环境评价、环境信息系统的研制和维护等保护环境的活动。

（1）清洁生产技术。清洁生产技术是指对原有生产技术进行改进，将污染产生量及毒性降到最低甚至消除的技术。随着经济的增长，对环境的破坏日趋严重，而清洁生产技术是协调经济和环境胁迫关系的重要手段，提高了环境绩效和经济绩效。清洁生产技术不仅能够降低污染的排放，还能够提高产品的质量，提高企业生产效率。清洁生产技术普遍存在于经济生活中，涉及多个产业领域。例如，将清洁生产技术应用于海洋产业。鱼类养殖会产生大量的残饵、粪便等废物，造成水质污染和水体富营养化，因此，鱼类养殖业可持续发展的重点是要将废物控制在水体自净范围内。通常利用深水网箱养殖清洁生产技术降低鱼类养殖产生的污染，这对保护海洋生态环境具有重要意义。2013 年中国科学院海洋研究所完成了"红鳍东方鲀工业化循环水清洁生产技术研究与应用"项目，克服了河鲀鱼在北方养殖的难题。河鲀鱼的养殖需要每天换一次水，消耗大量的能源加热海水，清洁生产技术的使用使得水资源节约 90%，并且大大提高了水产养殖的产量。在海洋石油开采时，在环境净化中采用井筒热洗技术及地膜隔离技术等不仅使环境污染程度降低，而且使资源能耗降低、原油开采的经济价值提高。

（2）海洋环境监测。海洋环境监测是指在一定的时间和空间内，使用可比的采样和检测手段，获取海洋环境质量要素和陆源性入海物质的资料，从而了解海洋生态环境状况和污染治理情况。海洋环境监测的目的是掌握自然因素和人类活动对海洋生态环境的影响，以便制定合理的对策，协调海洋经济发展与生态环境之间的关系。

（3）其他海洋环境保护技术。①自动海洋生物分析器。自动海洋生物分析器是美国研究人员为了研究海洋环境中真实的生物而开发出的一种海洋环境保护技术。这种技术可以在不同的海洋区域和不同深度的海水中收集水样，分析其化学成分，还可以快速分析出所采集生物的结构、细胞构造、DNA[1]种类等信息。人们利用自动海洋生物分析器将海洋生物信息和海水信息相结合，从而判断海洋生态环境状况，以便制定合理的对策进行海洋环境保护工作。②太阳能舰船。太阳能舰船是以太阳能为动力的船，通过绿色能源驱动，大大减少了噪声和油污对海洋环境的污染。③海水锂电池。海水锂电池是由美国研究人员首次研究开发的，在锂的表面有电解质薄膜，可以让海水与锂慢慢发生反应。海水锂电池可以应用于船舰的发动机，用电动发动机代替燃油发电机可减少燃油对海洋生态环境的污染。

8.3.2 海洋科技创新生态化

1. 海洋科技创新

1）海洋科技创新概述

熊彼特（2012）提出了技术创新的概念，即建立一个生产函数，将一种从来没有过的生产要素和其他生产要素结合起来投入生产，转化为可获利的产出。我国引入熊彼特的创新理论后，国内一些学者对科技创新进行了研究，如王乃明（2005）对科技创新进行了定义：科技创新是指在科学技术上的创新，应用于社会生产之后会产生明显的效益。通过综合已有研究，我们将科技创新看作知识的创新、技术的创新、工艺的创新、生产方式和管理模式的创新，利用科技创新可以生产新产品，产生明显的效益。

根据科技创新的概念，综合已有研究，倪国江（2010）将海洋科技创新定义为：通过经济社会的一系列安排，多个有关部分协同合作，应用新知识、新技术、新工艺、新方法，产生新产品，从而创造显著的生态效益、经济效益、社会效益。

2）海洋科技创新的基本方式

根据已有研究，倪国江从科技创新源头出发，将海洋科技创新的基本方式分为三种：模仿创新、合作创新和自主创新。以下将对这三种基本方式进行简单介绍。

模仿创新是指海洋有关机构、海洋企业及其他海洋有关部门通过模仿领先者的创新成果，引进先进的科学技术并对其进行研究和破译，在改进和完善引进的创新成果的基础上投入应用；合作创新是指海洋企业及其他涉海部门通过相互合作的方式，从合作伙伴的共同利益出发，在海洋科技创新的过程中共同投入、共同研究，促进科技进步，部门之间除了相互合作的关系外，也可以是相互竞争的关系，通过相互竞争可以促进科技创新；自主创新并非是指引进外部技术进行破译，而是通过长期海洋实践活动积累经验，自主研发核心技术并进行应用。当前社会经济高速发展，全球经济、科技竞争激烈，对科技的要求越来越高，实现科技创新有利于摆脱对发达国家的技术依赖，从而促进海洋产业高端化发展，优化海洋产业结构，壮大经济规模，提高我国的国际地位。

2. 海洋科技创新生态化

经济的发展往往伴随环境质量的恶化，在经济提升人们生活品质的同时，环境的污染

---

① DNA 全称为 deoxyribonucleic acid，脱氧核糖核酸。

和破坏却降低了人们的生活舒适度。而且随着环境污染越发严重，经济增长也受到了不同程度的影响。根据 2008 年联合国政府间气候变化专门委员会第四次评估报告统计，全球气温每升高 4 摄氏度，全球的 GDP 将会损失 5%。目前，中国政府正在大力倡导发展循环经济，建设资源节约型、环境友好型社会，并出台了一系列环境规制政策，且采用了多种环境规制手段。已有政策能够起到一定的效果，减少企业的污染行为，但是其政策效果是有限的。要想从长效机制出发，实现环境保护和经济发展的双赢，必须在执行环境规制政策的基础上辅以节能减排型环境技术的推进，以达到更好的执行效果。

现有很多研究表明，技术进步是促进经济增长与环境质量改善的重要驱动力（Aghion et al.，2012）。Grossman 和 Krueger（1995）开创性地用环境库兹涅茨曲线来揭示经济增长与环境质量的统计规律。对于我国来说，非常有必要探索经济增长与环境质量改善的动力机制——绿色技术进步。如果我国被动等待拐点的到来，则无法承受日益加大的环境压力。然而我国的石化工业、钢铁工业、火电工业、煤炭工业等污染密集型产业在可预见的未来将持续存在，因此需要大力促进节能减排型技术进步。对于海洋产业来说，随着海洋经济的发展，对海洋资源的开采力度加大，海洋生态环境遭到越来越严重的破坏，因此需要大力开发绿色技术，而这种环境偏向性技术进步的驱动力主要是环境科技创新。

海洋环境偏向性技术创新即海洋科技创新生态化完全不同于传统的科技创新，而是指运用生态学思想，通过技术预见和生态实验，推动节能减排技术、海洋观测技术、海洋生态环境修复技术等创新，从而促进海洋生态系统的可持续发展。

海洋科技创新生态化把生态学思想引入海洋科技创新，不仅要求科技创新成果有显著的经济效益，还要求在应用过程中充分考虑资源环境利用率，关注海洋生态环境保护，降低经济发展给海洋造成的污染。从海洋科技创新生态化的概念理解，它有两个比较突出的特点：第一，在海洋事业发展过程中，海洋科技创新生态化不仅考虑经济社会利益，还追求生态效益。它不同于传统的技术创新，传统的海洋科技创新忽略了生态效益，不注重环境的保护，导致经济社会发展与环境之间产生了胁迫关系，使二者之间的矛盾日益凸显，而海洋科技创新生态化将生态效益纳入考虑范围，能够缓解人类与海洋之间的矛盾。第二，海洋科技创新生态化注重协调发展与可持续发展。海洋科技创新生态化将人类与海洋的关系看作和谐共存的关系，而并非利用与被利用的关系，人类需要依靠海洋丰富的资源得以发展，海洋需要人类挖掘其巨大的价值。在海洋资源开发的过程中，海洋科技创新生态化偏向于环境技术，注重环境的保护，用环境技术提高海洋资源开发利用率，追求海洋资源环境承载力下的经济可持续增长。

3. 我国海洋科技发展现状

我国海洋科技发展现状包括海洋科研机构数量、科技从业人员数量、科技活动人员数量、发表科技论文数量及科研经费收入等方面。2014 年我国海洋环境工程科研机构共 14 所，比上年增加 3 所。海洋环境工程技术从业人员共 1194 人，比上年增长 14%，占海洋科技从业人员总数的 2.9%。科研经费收入共 7323 万元，比上年增长 19%。研发人员 399 人，比上年增长 13%。另外，发表海洋工程科技论文 199 篇，申请课题 274 个。我国海洋科技发展情况和海洋环境工程技术发展情况分别如表 8-3 和表 8-4 所示。

表 8-3　我国海洋科技发展情况

科研情况	2006 年	2007 年	2008 年	2009 年	2010 年	2011 年	2012 年	2013 年	2014 年
科研机构个数/所	136	136	135	186	181	179	177	175	189
海洋科技从业人员/人	18 271	18 669	19 138	34 076	35 405	37 445	37 679	38 754	40 539
科技活动人员/人	13 941	14 825	15 665	27 888	29 676	30 642	31 487	32 349	34 174
科研经费收入/百万元	52.89	77.39	87.70	160.16	1 955.08	2 322.19	2 577.23	2 655.64	3 100.99
申请发明专利/个	434	475	672	2 160	3 275	3 667	4 202	4 398	4 813
发表科技论文/篇	8 492	9 104	9 485	14 451	14 296	15 547	16 713	16 284	16 908
课题数/个	6 593	7 617	8 327	12 600	13 466	14 253	15 403	16 331	17 702
研发人员/人	—	—	—	—	—	25 077	26 151	27 424	28 243

资料来源：《中国海洋统计年鉴 2018》

表 8-4　我国海洋环境工程技术发展情况

科研情况	2006 年	2007 年	2008 年	2009 年	2010 年	2011 年	2012 年	2013 年	2014 年
海洋环境工程科研机构个数/所	11	11	11	11	11	11	11	11	14
海洋环境工程技术从业人员/人	908	913	845	877	889	975	1030	1047	1194
科技活动人员/人	797	803	760	786	795	807	837	914	1057
科研经费收入/百万元	2.38	2.83	2.74	3.78	53.28	45.88	49.78	61.55	73.23
申请发明专利/个	4	4	9	7	16	6	8	12	10
发表海洋工程科技论文/篇	137	156	112	187	187	144	234	164	199
课题数/个	199	195	192	219	212	215	223	241	274
研发人员/人	—	—	—	—	285	263	352	399	

资料来源：《中国海洋统计年鉴 2018》

1）海洋环境工程科研机构数量

海洋科研机构在海洋科技创新中占据着举足轻重的地位,对海洋科技的整体发展有着重要的影响,海洋环境工程科研机构也属于海洋科研机构,同样在海洋科技发展中承担着重要任务。图 8-5 显示了 2006~2014 年我国海洋科研机构个数和海洋环境工程科研机构个数的变化趋势。从图中可以看出,我国海洋科研机构个数在 2008 年以前均保持稳定状态,2008~2009 年呈现上升趋势,但在 2009~2013 年呈现平稳下降的趋势,从 186 所下降到 175 所,2014 年又呈现上升趋势。与之相对应,我国海洋环境工程科研机构数量从 2006~2013 年一致呈现稳定不变的状态,均为 11 所,但在 2014 年上升到 14 所。2014 年即为海洋科研机构总数的一个增长点,也是海洋环境工程科研机构数量的增长点,当年的海洋科研机构数量达到 189 所,海洋环境工程科研机构数量为 14 所,均为统计年份中数量最多的一年。

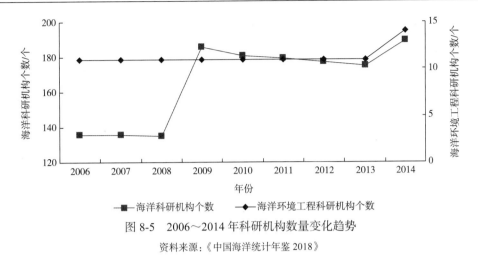

图 8-5　2006～2014 年科研机构数量变化趋势

资料来源:《中国海洋统计年鉴 2018》

2）海洋环境工程技术从业人员数量

科研机构从业人员是科技领域的一线工作者, 海洋环境工程技术从业人员是环境偏向性技术进步的直接推动者。图 8-6 显示了 2006～2014 年海洋科技从业人员数量和海洋环境工程技术从业人员数量发展情况。从图 8-6 可以看出, 海洋科技从业人员数量总体呈现上升趋势, 2009 年是一个爆发式的增长年份, 此后一直处于稳定上升的趋势, 与之相对应, 海洋环境工程技术从业人员在 2006～2008 年总体呈现下降趋势, 2009 年是其转折点, 从 2009 年开始, 海洋环境工程技术从业人员数量开始上升, 此后呈现稳定上升的趋势。2009～2014 年海洋环境工程技术从业人员从 877 人上升到 1194 人, 平均年增长率 6.4%。在整个发展过程中, 2009 年既是海洋科技从业人员数量爆发式的增长年份, 也是海洋环境工程技术从业人员数量的转折点。

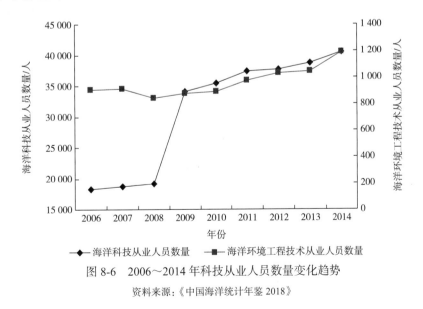

图 8-6　2006～2014 年科技从业人员数量变化趋势

资料来源:《中国海洋统计年鉴 2018》

3）海洋科技活动人员数量

海洋科技活动人员是指从事海洋科技的专业技术人员。图 8-7 显示了 2006～2014 年我国海洋科技活动人员与海洋环境科技活动人员的发展状况。从图 8-7 可以看出，海洋环境科技活动人员数量在 2006～2008 年总体呈现下降的趋势，2009 年是其转折点，在 2009 年海洋环境科技活动人员数量开始上升，此后呈现稳定上升的趋势。2009～2014 年海洋环境科技活动人员数量从 786 人上升到 1057 人，平均年增长率 6.1%。与科技从业人员发展状况类似，2009 年既是海洋科技活动人员数量爆发式的增长年份，也是海洋环境科技活动人员数量的转折点。

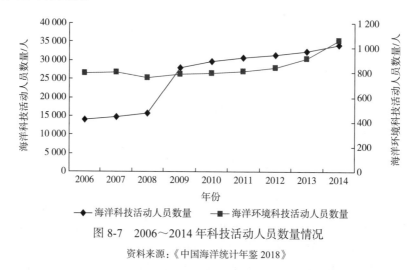

图 8-7　2006～2014 年科技活动人员数量情况

资料来源：《中国海洋统计年鉴 2018》

　　人才是海洋环境科技发展的重要因素，因此人才对海洋科技创新生态化起着重要作用。图 8-8 和图 8-9 显示了 2014 年我国海洋科技人员和海洋环境科技人员学历分布。从图 8-8 可以看出，我国海洋科技人员中大专生占 9%，硕士生占 33%，本科生占 32%，博士生占 26%；海洋环境科技人员中大专生占 7%，本科生占 56%，硕士生占 32%，博士生占 5%。不难看出，海洋环境科技人员学历状况与海洋科技人员学历状况相比，博士占比较低，本科生占比较高，总体来说学历水平偏低。因此，在海洋环境工程领域还应大力引进高层次人才，促进海洋生态可持续发展。

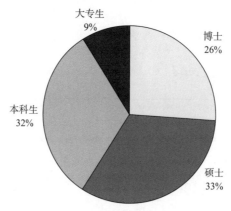

图 8-8　2014 年海洋科技人员学历分布

资料来源：《中国海洋统计年鉴 2018》

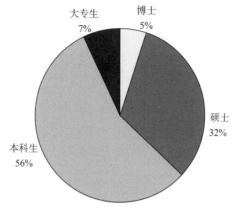

图 8-9 2014 年海洋环境科技人员学历分布

资料来源:《中国海洋统计年鉴 2018》

4）海洋环境工程科研经费收入

海洋环境工程科研经费收入显示了国家海洋环境工程技术的投入规模和力度。图 8-10 显示了 2006～2014 年海洋环境工程科研经费收入及其在海洋科研经费总收入中所占比例。从图 8-10 可以看出，2006～2009 年海洋环境工程科研经费收入总体呈现稳定增长的趋势，2010 年是一个爆发式的增长年份，从 2009 年的 378 万元上升到 2010 年的 5328 万元，增加了 13 倍，此后，2011 年略有下降，2011 年以后稳步增长，到 2014 年增长至 7323 万元。2006～2009 年海洋环境工程科研经费收入在海洋科研经费总收入中所占比重呈现显著下降的趋势，2010 年有所回升，但是 2011 年和 2012 年又开始下降，2013 年开始缓慢回升。

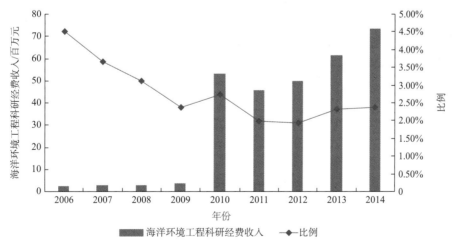

图 8-10 2006～2014 年海洋环境工程科研经费收入及其所占比例

资料来源:《中国海洋统计年鉴 2018》

5）海洋环境工程技术产出情况

海洋环境工程技术产出是综合运用科技资源的直接结果，包括多种科技成果，主要有科技论文和专利等，产出情况能够反映海洋环境的科技水平。科技实力的高低很大程度上依赖于其环境技术成果的丰硕程度。因此，我们将对海洋环境工程科技课题、科技论文及发明专利申请情况进行描述，以了解我国海洋环境工程技术产出情况，如图 8-11所示。

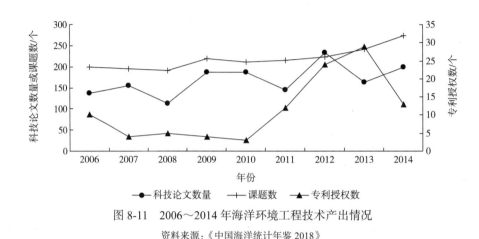

图 8-11　2006～2014 年海洋环境工程技术产出情况

资料来源：《中国海洋统计年鉴 2018》

（1）课题概况。课题数量的多少体现了国家海洋环境科技对前沿领域问题的关注情况和重视程度。2006～2014 年海洋环境工程技术课题数总体呈现稳定上升的趋势，只在 2009年出现了微小的波动，2006～2008 年缓慢下降，2008～2009 年经历了一个快速的上升期，2009 年课题数为 219 个，比上年增长 14%，2010 年与 2009 年相比课题数下降了 3.2%，此后一直呈现上升的趋势，但是增长速度放缓，到 2014 年课题数达到 274 个，从 2010年到 2014 年平均增长率为 7.3%。海洋环境工程技术课题包括基础研究、应用研究、试验发展、成果应用、科技服务五类。表 8-5 显示了 2006～2014 年海洋环境工程技术各类课题的数量，图 8-12 显示了 2006～2014 年海洋环境工程技术各类课题的比重。由图 8-12可以看出，基础研究课题数量所占比重一直处于最低的状态，从 2006～2013 年一直都是0，从 2013 年开始缓慢上升。试验发展课题数量所占比重从 2006～2008 年呈现明显的上升趋势，从 12.5%上升到 29.2%，此后波动幅度不大，在 25%上下波动。应用研究课题数量所占比重总体呈现波动上升的趋势，2012 年达到峰值，占比达到 13.5%。成果应用课题数量所占比重在 2012 年之前呈现稳步上升的趋势，2012 年达到峰值 25.6%，此后波动幅度较大，2013 年下降为 13.9%。成果应用是理论成果的实践，与实际接轨，2013 年以后却呈现下降趋势，因此国家应重视科技成果的应用。上述课题数量所占比重从 2006 年以来总体均呈现上升趋势，但是科技服务课题数量所占比重却呈现下降的趋势，从 2006年的 75.9%大幅下降为 2012 年的 35.4%，2012 年以后呈现上升状态。2012 年是各类课题数量所占比重的转折点，2012 年以前，课题内在结构变化较大，2012 年以后，课题内在结构趋于平衡。

表 8-5　2006～2014 年海洋环境工程技术各类课题数量（单位：个）

课题	2006 年	2007 年	2008 年	2009 年	2010 年	2011 年	2012 年	2013 年	2014 年
基础研究	0	0	0	0	0	0	1	1	4
应用研究	3	9	4	25	12	15	30	31	30
试验发展	25	44	56	55	63	57	56	70	76
成果应用	20	16	19	27	33	38	57	33	43
科技服务	151	126	113	112	104	105	79	106	121

资料来源：《中国海洋统计年鉴 2018》

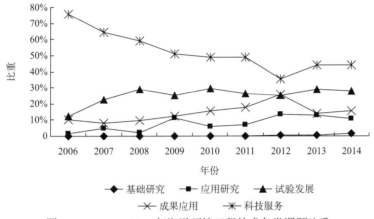

图 8-12　2006～2014 年海洋环境工程技术各类课题比重

资料来源：《中国海洋统计年鉴 2018》

（2）专利概况。专利授权数量是科技成果的一种表现形式，海洋环境工程科技专利授权数量是海洋环境科技投入的产出成果。表 8-6 显示了 2006～2014 年海洋环境工程科技专利数量，图 8-13 显示了 2006～2014 年我国海洋环境工程科技专利数量变化趋势。数据表明，申请专利数量总体呈现上升趋势，但是上升过程比较曲折，2010 年是一个爆发式的增长年份，数量达到 27 个，2011 年又下降为 16 个，此后呈现上升趋势。申请专利数量中发明专利数量与申请专利总数发展趋势类似，呈现波动上升趋势。专利授权数量从 2010 年到 2013 年呈现大幅度上升趋势，从 2010 年的 3 个上升到 2013 年的 29 个，约增加了 9 倍，之后 2014 年下降为 13 个。授权专利中发明专利授权数量同授权专利总数发展趋势也类似，呈现先上升后下降的趋势，2012 年达到峰值。

表 8-6　2006～2014 年海洋环境工程科技专利数量（单位：个）

专利数量	2006 年	2007 年	2008 年	2009 年	2010 年	2011 年	2012 年	2013 年	2014 年
申请专利数	11	9	14	10	27	16	23	28	28
申请发明专利数量	4	4	9	7	16	6	8	12	10
专利授权数	10	4	5	4	3	12	24	29	13
发明专利授权数	5	2	1	3	1	3	9	6	4

资料来源：《中国海洋统计年鉴 2018》

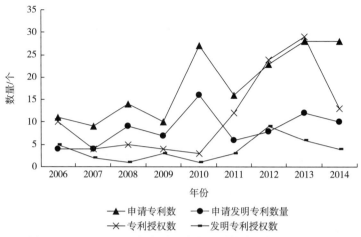

图 8-13　2006~2014 年海洋环境工程科技专利数量变化趋势

资料来源：《中国海洋统计年鉴 2018》

（3）发表科技论文概况。从发表科技论文的情况来看，2014 年发表海洋工程科技论文 199 篇，与 2013 年相比，增长率为 21.3%。由图 8-11 可以看出，研究期内，2012 年海洋环境工程科技论文发表数量达到峰值 234 篇，2008 年为谷值 112 篇，峰谷值相差 122 篇。

8.4　海洋资源环境承载力与技术创新生态化

8.4.1　提高海洋资源环境承载力要求技术创新生态化

1. 提高海洋资源环境承载力迫在眉睫

作为一个海洋生物多样性丰富的国家，我国的海洋物种多样、资源丰富，为海洋经济的发展提供了良好的资源条件。海洋渔业及其他产业对国民经济的贡献率不断提高。中国沿海地区用占全国 13% 的土地，养育了 40% 的人口，创造了 60% 的产值。2017 年 GOP 达到 7.8 万亿元，占 GDP 的 10%（全国海洋工作会议，2018）。十九大报告提出要加快建设海洋强国，这标志着我国海洋事业的发展进入前所未有的高速发展时期。然而随着海洋经济的快速发展，各种不合理的人类活动，如污水入海、围填海、侵占海滩，使得海洋生态系统遭到严重威胁，资源环境供给与经济发展需求的矛盾关系日益凸显（黄备等，2016）。

海洋经济与生态环境之间存在相互影响的关系，海洋事业的快速发展造成了环境的恶化，而环境的恶化又抑制了经济的发展（高乐华和高强，2012）。在 2000~2009 年，河北、山东的海洋经济与生态环境之间的相互影响关系略有缓和，而辽宁、天津等地的生态经济系统协调模式为生态脆弱型。近年来，我国海洋生态压力更是居高不下（Chen et al.，2017），江苏、上海、福建、浙江、广西等地海洋资源环境承载力均呈现下降趋势，因此，提高海洋资源环境承载力，缓解经济与环境的矛盾刻不容缓。

2. 海洋科技创新是提高海洋资源环境承载力的主导力量

近年来，我国大部分地区不合理开发海洋资源，过度追求经济利益，导致海洋资源环境承载力整体呈现下降趋势，海洋生态系统的整体稳定性和协调性遭到破坏。针对这一现象，有很多学者做了对策研究，研究发现，海洋科技创新对维持海洋可持续开发利用有着重要的作用，对其实现程度起着决定性的作用，能够克服制约其发展的因素。

为了促进海洋资源的合理开发，需要对不同海域的资源、环境、生态状况进行检测和调查，而调查和检测过程需要辅以科技手段，以便确定各类海域的发展现状，从而制订合理的开发计划。

经济的发展及不合理的海洋资源开发活动使海洋生态环境遭到的破坏越来越严重。为了解决污染对海洋环境的威胁，需要借助科技的力量加强对海洋事业的综合管理，不仅要加强对污染排放的控制，还要加强对环境工程技术的支持力度，加快技术成果转化，从而推进环保工作进程。借助科技手段，减少污染源的排放，减少污染排放入海量，并采用相应的环境技术对海洋中已有污染进行无害化处理，从而减少海洋污染，有效治理海洋生态环境，抑制海洋资源环境承载力的降低，维持海洋可持续发展。

孟庆国等（2001）提出科技创新具有双重作用，倪国江（2010）用图 8-14 来表示海洋科技创新对海洋可持续发展的双重作用。当海洋发展的实际状态处于临界发展状态线以上时，海洋系统的发展是可持续的；当海洋发展的实际状态处于临界发展状态线以下时，海洋系统的发展是不可持续的。随着海洋开发活动的大规模开展，海洋资源长期处于过度开发或者不合理开发的状态，给海洋带来了严重的污染并且使其资源严重浪费，从而造成了海洋资源环境承载力的下降。为了减少海洋科技创新的负面效应，需要海洋科技创新生态化，推进环境偏向性技术进步。在当前经济迅速发展的前提下，已经不能再继续使用传统的技术对海洋进行不可持续的开发，不注重环境保护。海洋资源的开发利用需要考虑资源的合理利用，以及海洋环境保护等问题。倪国江（2010）提出要将生态学思想纳入海洋科技创新中，以减少科技开发和使用带来的消极影响，从而促进海洋的可持续发展。

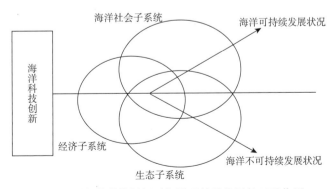

图 8-14　海洋科技创新对海洋可持续发展的双重作用

8.4.2　海洋技术创新生态化对海洋资源环境承载力的作用

根据李华（2017）的研究理论，我们可以发现海洋经济与海洋资源环境承载力之间也存在动态的相互作用关系。

如图 8-15 所示，最初的曲线表示海洋经济发展初期，经济刚开始发展，资源的开发利用处于探索阶段，故此时人类对环境的破坏作用有限，随着经济的发展生态环境状态逐渐变差，但是仍然处于海洋能够承受的范围之内。随着经济的进一步发展，海洋资源的开发力度不断加大，海洋资源环境承载力不断下降，生态环境不断恶化，达到生态阈值。此时，根据人类不同的经济社会活动，经济与生态的互动曲线会产生三种不同的趋势：如果人类继续维持之前的开发力度或者开发强度，不注重环境保护，则海洋环境会继续恶化，互动曲线会呈现 I 的趋势；如果人类在生态压力的作用下，对海洋经济发展规模进行适当的调整，使得生态压力处于比较稳定的状态，则海洋经济与海洋生态之间的矛盾会处于磨合阶段，互动曲线会呈现 II 的趋势；如果人类认识到海洋生态环境恶化带来的严重后果，积极采取环保措施，加大科技创新，促进环境偏向性技术进步，生态环境会逐渐好转，互动曲线会呈现 III 的趋势。

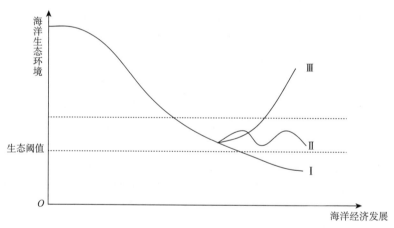

图 8-15　海洋经济发展与海洋生态环境的互动演化曲线

通过上述分析发现，改善海洋生态环境需要海洋科技创新生态化，海洋科技创新生态化会促进绿色技术进步，使环境技术得以发展，从而提高海洋资源环境承载力。

（1）海洋科技创新生态化能提高海洋资源的利用率，促进可持续发展。例如，"红鳍东方鲀工业化循环水清洁生产技术研究与应用"项目，克服了河鲀鱼在北方养殖的难题。河鲀鱼的养殖需要每天换一次水，消耗大量的能源加热海水，而清洁生产技术的使用使得水资源节约了 90%，并且大大提高了水产养殖的产量；在海洋石油开采时，在环境净化中采用井筒热洗技术及地膜隔离技术等不仅使得环境污染程度降低，而且使得资源能耗降低、原油开采的经济价值提高。海洋环境技术可以有效保护海洋生物资源，提高能源利用率和经济价值。

（2）海洋科技创新生态化能够促进产业结构优化。目前，海洋科技进步已经成为海洋事业综合发展的动力，绿色技术进步降低了工业企业的生产成本，扩大了生产规模，促进了新能源的开发，使得海洋产业结构不断优化。第三产业，如滨海旅游业、海洋交通运输业等发展趋势良好，在海洋产业中的比重持续上升；第二产业，如海洋油气业、深海采矿业等，随着海洋科技的进步，海洋环境技术的发展，海洋资源可持续开采的力度不断加大，使得第二产业的比重不断提高；第一产业，如海洋渔业，由于生态环境保护的需要，在海洋产业结构中的比重逐步下降。

（3）海洋科技创新生态化能够改善海洋生态环境，提高海洋资源环境承载力。例如，利用深水网箱养殖清洁生产技术降低鱼类养殖产生的自身污染，对保护海洋生态环境具有重要意义；在海洋石油开采时，在环境净化中采用井筒热洗技术及地膜隔离技术等降低了环境污染程度和资源能耗。

8.5　结论与建议

总体来看，海洋环境和经济之间存在的矛盾关系不会马上得到消除，但是可以缓解。这种矛盾关系如何发展最终还是取决于人类的经济社会活动，如果人类不重视环境保护，只追求经济利益，将会使得两者之间的矛盾越来越深。但是，如果人类在社会经济活动中能够将环境保护纳入其中，将会使得两者之间的矛盾得到缓解。因此，为了促进海洋资源、环境、生态系统可持续发展，需要做到以下两点：一方面我们需要加强对海洋资源环境的保护，促进海洋经济社会可持续发展；另一方面需要加快海洋科技生态化创新，促进绿色技术进步，使环境技术得以发展，从而促进海洋资源的合理开发利用，提高海洋资源环境承载力。

8.5.1　加强对海洋资源环境的保护

1. 提高全社会海洋环保意识

我国海洋资源丰富，但是如果人类不注重环境保护，无节制地开发滥用，海洋资源环境承载力会不断下降，海洋资源环境会受到严重威胁，成为海洋经济发展的严重障碍。因此，环保意识对治理环境污染起着关键性的作用，要提高海洋资源环境承载力，需要提高全社会海洋环保意识。一方面，要树立正确的海洋发展观。在海洋资源的开发利用过程中，要以可持续发展为基础，既要考虑当前经济发展的需要，还要考虑海洋经济的未来发展。摒弃"先污染，后治理"的观念，本着可持续的观念开发利用海洋资源。另一方面，需要加强对社会公民的海洋资源保护教育。海洋资源的保护离不开每一个人的努力，应当加强海洋资源环境保护的宣传，并通过多种渠道普及海洋资源环境的知识，使人们自觉地注重环境保护。

2. 坚持陆海并重的海洋环保方针

每年陆地有大量的污染物排放入海，给海洋环境带来威胁，因此改善海洋生态环境，要坚持陆海并重的环保方针。第一，要根据海洋区域的自净能力建立污染物排放的控制目标，对排放入海污染物的数量、速度、浓度、种类进行控制，使污染物达标排放；第二，推行绿色生态模式，减少海洋渔业等对海洋环境的污染；第三，开展地区间污染处理协调工作，各地区要联合治理污染，相互监管，保证污染物达标后排放。

3. 加强海洋环境保护的执法力度

加强海洋环境保护，立法是根本，执法是保证。行政执法部门要做到依法行政、依法治理污染、严格执法，使各企业在污染物排放及资源开发利用过程中严格遵守有关海洋环境保护制度，对超标排放的企业要严厉查处。

8.5.2 促进环境偏向性技术进步

1. 加大海洋环境技术研发投入

根据已有研究发现，海洋科技的不断推进可以使得海洋经济与环境之间的矛盾得到调解。因此，应加大海洋科技投入，提高科研成果技术转化率，进一步推动资源集约利用，充分发挥其对海洋经济与生态矛盾关系的调节作用。加大科研投入时，要特别关注短期难以出现经济效益的领域及公共相关领域，并通过优惠政策鼓励研发资本和民间风投资本加大对海洋环境技术的研究投入，从而为我国海洋环境工程技术的研发提供更多的资金来源。

2. 注重海洋环境技术课题内部研发机构平衡

根据本书相关分析，我国海洋环境技术课题基础性研究十分匮乏。基础性研究是海洋环境工程技术进步的基础，当前，基础性研究和科技服务等研究出现失衡状态，因此需要提高对二者研究的协调性。另外，成果应用是理论成果的实践，要做好科技成果的应用研究，与实际接轨，促进海洋资源合理开发，推动海洋生态系统可持续发展。

3. 注重海洋科技人才的培养

科技人才对海洋经济社会及生态系统的发展具有重要意义，从生态环境可持续发展的角度出发，要重视海洋科技人才尤其是环境技术人才的培养。第一，国家应制定合理、有效的海洋科技研发人员的培养战略，从政策法规方面保证海洋科技人才的培养。第二，高等院校应该注重环境技术课程的开设，培养学生对海洋科技的兴趣，培养各层次人才。近年来，海洋环境科技方面硕士、博士数量增长速度缓慢，使我国海洋科技研发缺乏后劲，因此，高校应当注重建立合理的人才培养体系。第三，科研机构应该引进海洋环境技术人才，对提高环境质量做出贡献。另外，对于资源环境评价体系来说，海洋资源环境承载力的评价需要各学科人才共同参与，需要从不同角度考虑海洋资源环境的承载力，因此还要注重团队建设。

第9章 海洋经济与环境协调发展

9.1 我国海洋经济的发展状况

9.1.1 我国海洋经济的发展历史

1. 古代海洋经济发展

海洋是生命的摇篮，是财富的宝库，而我国一直以来都是海洋大国，在悠久的历史发展过程中，海洋为国民的生存和发展提供了丰富的物资，海洋文化更是中华传统文化的重要组成部分，海洋经济也伴随着漫长的海洋开发利用活动逐渐发展壮大起来。我国的海洋经济有着漫长而悠久的历史，中国科学院研究员宋正海在《东方蓝色文化——中国海洋文化传统》（宋正海，1995）一书中将我国古代海洋文化的发展划分为六个阶段，从海洋文化演进的过程中，我们可以感受到海洋经济是伴随着海洋文化共同繁荣发展起来的。

早在公元前21世纪的原始社会石器时代，我国沿海地区便有人类活动的迹象，"贝丘遗址"证实当时的人类就开始在沿海地区采挖、捕捞小型海产动物。第二个阶段是公元前21世纪到公元前771年的夏商西周时期，这个时期我国已经由石器时代转向了铜器时代，海洋经济也由简单的采挖、捕捞小型海产品发展起来：沿海农业开始形成，以海盐为主的商业活动逐渐壮大，各种各样的海产品开始从沿海地区向中原进贡。根据《易经》记载，最早的海洋开发意识就是在这个时期形成的。当进入第三个阶段即春秋战国时期时，也就是公元前770年到公元前221年，南方沿海的吴国、越国和北方沿海的齐国、鲁国充分利用先天的沿海优势，从海盐交易中获益。公元前220年到公元581年秦汉南北朝这段时期，国家得到了统一，生活环境稳定，生产力得到了极大的提高和发展，人们对海洋的认识也逐渐扩展。人们不断进行海洋活动、扩展海洋产业，先秦的《世本》中便已经提到"煮海为盐"的海洋生产活动了。由此，各代帝王开始重视海洋经济的发展，秦始皇多次巡视山东半岛，并派遣徐福东渡，为海上丝绸之路的开启奠定了最初航线。汉代的统治者更加重视海洋经济的发展，从而使得汉代的航海贸易发展壮大，海上丝绸之路也最终在汉代形成，至此，古代中国走上了海上强国之路。而《东方蓝色文化》一书中提到的第五个阶段是公元581年到公元1368年的隋元时期，伴随着生产力的发展和航海技术的进步，航海业和海洋贸易更加繁荣壮大起来。唐朝鉴真东渡日本，传播医学、建筑学等中华文化，指南针的发明和航海知识的丰富促进了中国航海事业的高速发展和中国海军的不断强大。从宋代开始了海产品的人工养殖，海上丝绸之路使得中国与其他各国的贸易往来日渐增多，海洋贸易达到了空前的繁荣状态，并且随着对海洋的探索，关于海洋、海产、潮汐等的著作也逐渐增多并且更加详细、切实。

第六个阶段，即明清时期，我国的海洋贸易已经相当发达，海洋经济蓬勃发展，海水养殖业、捕捞业、海盐业发展迅速，郑和奉命七下西洋，途经 37 个国家和地区，最终航线远至非洲东海岸，促进了明朝与沿途各国各地区的贸易往来，郑和通过远下西洋实现了与他国进行海上贸易的壮举，与此同时，郑和也领悟到海洋对一个国家发展的重要性，做出"欲国家富强，不可置海洋于不顾"的论断。只是，郑和从七次下西洋中总结出的论断并没有被明朝统治者重视，结束了最后一次航行，明政府便下令不得造远航船只，至此，中国海上霸主的地位开始动摇。清朝代替明朝之后，禁海锁国政策更甚，实行的禁海政策使古代中国的对外海上贸易逐渐没落，海洋产业迅速衰落的同时我国的海洋贸易优势不复存在，明清两代不仅没能巩固我国海上霸主的地位，而且禁海锁国政策的实施未能使我国古代海洋经济进一步发展，甚至还使得海洋经济发展从此没落。而在中国禁海锁国期间，欧洲各国开始意识到海洋的重要性，加强海上贸易，控制海上要道，壮大海上力量，直到最后，我国大门被西方列强的大炮从海上打开。

2. 近代海洋经济发展

1840 年的鸦片战争再次使得清朝统治者意识到海洋的重要性，促使其扩建海军以增强海洋防御能力，而当时的政府对海洋的认识仅为抵御外敌而已，没有意识也没有余力发展海洋经济、壮大国民经济，从而在国力上抵御外敌。最终，中国彻底沦为半殖民地半封建社会，中国人民陷入水深火热之中。

后来，孙中山先生意识到了海洋对于一个国家的重要性，也看到了海洋对于国家存亡的关键作用，提出与清政府"重陆禁海"完全相反的论断"国力之盛衰强弱，常在海而不在陆"，并提出中国人民应该通过海洋谋生存求出路，应该积极发展海洋实业，建设海军，加固海防。孙中山先生倡导积极发展海洋事业，增强海洋经济实力，从而壮大整体国民经济，他对海洋经济的认识和重视体现了他的高瞻远瞩，只是当时的环境未能使孙中山先生的想法得以实施，我国海洋经济依旧不景气，后来，袁世凯窃取了革命胜利的果实之后，孙中山先生在海洋发展方面做出的努力付诸东流，我国再次丧失了发展海洋经济的大好机会。

我国海洋经济在战争年代并没有得到发展，衰退没落，停滞不前，而中华人民共和国成立以来，我国综合国力发展壮大，持续增长的 GDP 促使海洋经济成为一个新的经济增长点。近几年来，海洋经济发展势头迅猛，发展海洋经济已成为我国重大发展战略之一，从而引起了人们的广泛关注和重视，其相关概念也逐渐得到了丰富和完善。

1）海洋经济

海洋经济一词在我国最早是由众多经济学家在 1978 年举办的哲学与社会科学规划会议中提出的，《全国海洋经济发展规划纲要》将我国海洋经济定义为：人类开发利用海洋资源所形成的各种海洋产业及相关经济活动的总和。

海洋经济依赖于丰富、多样的海洋资源从而得以发展，资源是经济发展的基本要素，海洋资源越丰富越有利于促进海洋经济的持续增长，而形成合理、优化、高效配置的海洋产业是决定海洋经济快速发展的关键。

2）丰富多样的海洋资源

海洋资源和海洋经济两者属于供需关系，海洋经济要发展需要源源不断的资源供应，而海洋资源就是因为能促进经济的大力发展而被重视进而得到开发、利用，从而得以创造经济效益。海洋的经济资源不仅包括自然资源，还包括大量的社会资源。

我国有丰富的海洋自然资源，其中包含四大类，分别是：海洋水体资源、海洋生物资源、海洋矿物资源、海洋空间资源。其中，海洋水体资源即狭义的大海，海水本身即为海洋资源更是海洋中其他资源的载体。海洋生物资源即在海洋中可以被人类利用的生命体，我国海洋生物种类繁多，有将近 20 300 种海洋生物。海洋矿物资源是指在海洋中的石油、天然气、铜、煤等由于地理原因形成的天然化合物资源。海洋空间资源是指由临近海面的高空、海中、海底构成的整体空间，我国海洋空间资源非常丰富，海岸线长约 18 000 千米，主管海域范围达 354 万平方千米。我国四大海区的面积情况如下：31 120 平方千米的渤海领域面积；30 330 平方千米的黄海领域面积；38 980 平方千米的东海海域面积和 23 330 平方千米的南海领域面积。除此之外，我国还有 5000 多个大于 500 平方米的岛屿分布在各个海域中。

我国海洋经济的社会资源同样分为四类，分别是海洋经济资本、海洋经济劳动者、海洋经济科学技术和海洋经济信息。海洋经济资本是指发展海洋经济活动需要的资金，即为开发海洋资源促进海洋经济发展而筹集的经费。而海洋经济劳动者同一般劳动者的概念相同，区别在于海洋经济劳动者从事的是海洋经济活动，是海洋经济活动的行为主体，海洋经济劳动者由于具备从事海洋经济活动的专业知识和技能，能熟练地进行海洋经济开发活动，是推动海洋经济发展的重要因素。海洋经济的增长需要大量从事海洋事业的劳动者，所以加强从事海洋事业的劳动者的培养有利于促进海洋经济发展。海洋经济科学技术是海洋科学和海洋技术的总称，海洋科学是有关海洋规律、运动的理论，而海洋技术也就是我们普通概念中的技术，只不过，海洋技术的实施对象是海洋资源、海洋环境等。海洋技术的应用加快了人们开发、利用海洋资源的速度，提高了其开发效率，并有利于海洋环境的监督、保护。海洋经济要进一步发展，就必须优先提高海洋科学技术能力。海洋经济信息是指有关海洋的信息，正确地掌握海洋信息就可以对从事的海洋活动做出正确的判断，从而更好地促进海洋经济增长，使得海洋经济发展高效率、低代价，进而达到最优化。不仅是海洋，在如今的大数据信息时代，掌握正确的信息并结合实际情况熟练运用在各行各业、各个方面都显得尤为重要和关键。

3）海洋经济产业

海洋经济产业主要是指一些开发、生产及服务的行业，如海洋渔业和海洋旅游业。对海洋经济产业的划分是为了便于海洋经济的分类统计和管理，进而可以看出海洋三次产业在海洋生产总值中所占比重如何随着经济的持续发展而变化。其中，海洋经济第一产业包括海洋水产品业及其相关产业，而海洋经济第二产业包括海洋加工业及其相关产业，海洋经济第三产业包括除了海洋经济第一产业和海洋经济第二产业之外的所有产业，三次产业部门彼此互通有无，协调发展。

9.1.2　海洋经济与国民经济发展比较分析

近年来，我国经济增长速度向中高速调整，经济结构发生了由"二三一"到"三二一"的转变，第三产业逐渐成为促进经济发展的主要推动力。同时我国是世界上人口最多的海洋大国，随着国家对海洋工作的日益重视，我国海洋经济发展面临的机遇也越来越多。

我国是海洋大国，海岸线长 18 000 多千米，海域管辖面积约 3 540 000 平方千米，约占陆地疆域的 37%，共有大小岛屿 7600 多个，海域资源丰富，在经济体系中发挥着重要作用。2008～2017 年，GDP 从 2.9 万亿元增长到 7.8 万亿元，约增加了 1.7 倍，并且 2011～2016 年保持 7.5% 的年均增速，占 GDP 的 10%，到 2020 年有望达到 10 万亿元，到 2035 年占 GDP 比重可达 15%。由此可见，海洋经济发展迅速，潜力巨大。接下来我们将对海洋经济与国民经济的发展水平进行比较分析，以便能够更加全面地了解海洋经济的发展。

1. 海洋经济和国民经济概况

如图 9-1 所示，2007～2017 年我国人口逐年递增，由 132 129 万人增长到 139 008 万人，2007～2011 年人口自然增长率呈缓慢下降趋势，2011～2017 年呈现波浪上升趋势，2010 年和 2011 年人口自然增长率最低，为 4.79‰，2016 年达到 5.86‰，且人口老龄化严重。人口的快速增长不利于缓解海洋经济发展与海洋环境之间的矛盾，因此控制人口过快增长对改善海洋生态具有重要意义。

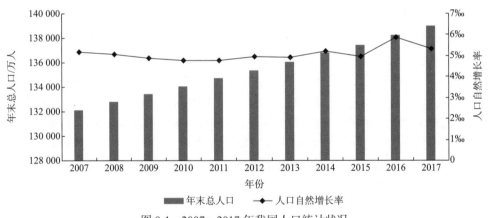

图 9-1　2007～2017 年我国人口统计状况

资料来源：国家统计局

"十二五"规划时期，我国海洋经济发展迅速，一直保持良好的发展态势，对生态文明建设及动力转换更加注重，在保持经济稳定增长中发挥了积极的作用。在"十二五"期间，我国海洋经济保持平稳发展，2011～2015 年 GOP 分别达到 45 580 亿元、50 173 亿元、54 949 亿元、59 936 亿元和 64 669 亿元，分别占 GDP 的 9.7%、9.4%、9.4%、9.3% 和 9.4%。从表 9-1 及图 9-2 可以看出，我国 GOP 呈现逐年增加的趋势，从 2001 年的 9518.4 亿元增加到 2017 年的 77 611 亿元（按当年价格计算）。从表 9-1 可以看出，2010～2017 年总体来讲 GOP 的增速略高于 GDP 的增速（按不变价格计算）。GOP 占 GDP 的比重呈现震荡攀升的趋势。从图 9-2 可以看出，GOP 占比在 2003～2006 年呈现上升的趋势，2007～2013 年 7 年的时间里总体呈现震荡下降的趋势，从 2014 年开始缓慢回升。

表 9-1 2010～2017 年我国 GDP 与 GOP 增速

项目	2010 年	2011 年	2012 年	2013 年	2014 年	2015 年	2016 年	2017 年
GDP 增速	10.6%	9.5%	7.9%	7.8%	7.3%	6.9%	6.7%	6.9%
GOP 增速	12.8%	10.4%	7.9%	7.6%	7.7%	7.0%	6.8%	6.9%

资料来源：国家统计局、国家海洋局

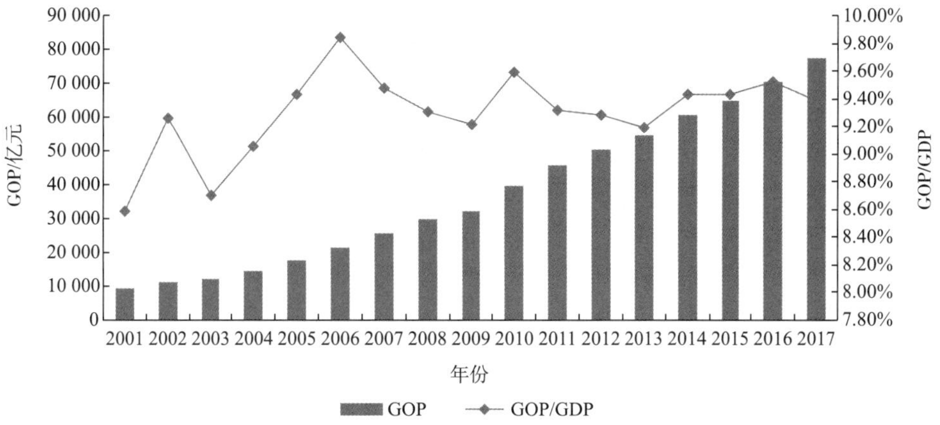

图 9-2 2001～2017 年 GOP 及其占 GDP 的比重

资料来源：国家统计局、国家海洋局

2. 海洋经济和国民经济产业结构演变比较分析

1）国民经济产业结构

根据初步核算，2017 年 GDP 为 827 122 亿元，比 2016 年增长 6.9%，人均 GDP 为 59 660 元，比 2016 年增长 6.3%。如表 9-2 所示，2017 年第一产业增加值为 65 468 亿元，第二产业增加值为 334 623 亿元，第三产业增加值为 427 032 亿元，三次产业增加值占 GDP 比重分别为 7.9%、40.5%、51.6%，第三产业在三次产业中所占比重居于首位，与上年相比，第一产业比重下降 0.7 个百分点，第二产业比重提高 0.5 个百分点，第三产业比重与上年大致持平。由图 9-3 可以看出，2000～2017 年第一产业比重不断下降。第二、第三产业比重变化状况分为三个阶段：2000～2006 年，第二产业所占比重高于第三产业，并且第二产业的优势不断扩大，2006 年第二产业比重达到峰值，高达 47.6%；2007～2012 年，第二产业比重仍然高于第三产业，但是第二产业优势逐渐弱化，第三产业与第二产业的差距逐渐缩小，2012 年达到相对平衡的状态；2013～2017 年第三产业增加值逐步超越第二产业。相比于 2007 年，2016 年三次产业结构发生了重大变化，三次产业比重由"二三一"阶段调整为"三二一"阶段。总体来说，经济结构正继续深化，社会经济保持着平稳、健康的发展态势。

表 9-2　2001～2017 年我国三次产业结构情况

年份	第一产业	第二产业	第三产业
2001	14.0%	44.8%	41.2%
2002	13.3%	44.5%	42.2%
2003	12.3%	45.6%	42.0%
2004	12.9%	45.9%	41.2%
2005	11.6%	47.0%	41.3%
2006	10.6%	47.6%	41.8%
2007	10.3%	46.9%	42.9%
2008	10.3%	46.9%	42.8%
2009	9.8%	45.9%	44.3%
2010	9.5%	46.4%	44.1%
2011	9.4%	46.4%	44.2%
2012	9.4%	45.3%	45.3%
2013	9.3%	44.0%	46.7%
2014	9.1%	43.1%	47.8%
2015	8.9%	40.9%	50.2%
2016	8.6%	40.0%	51.8%
2017	7.9%	40.5%	51.6%

注：小计比例之和可能不等于100%，是因为有些数据进行过舍入修约

资料来源：国家统计局

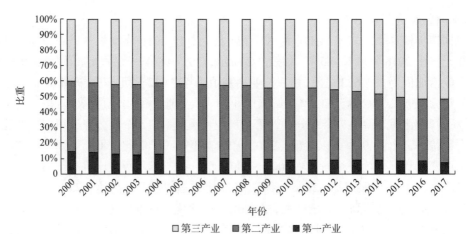

图 9-3　2000～2017 年我国三次产业结构变化情况

资料来源：国家统计局、国家海洋局

2）海洋经济产业结构

国家发展和改革委员会与国家海洋局联合发布的《中国海洋经济发展报告 2016》提到，在"十二五"规划的最后一年即 2015 年里，从海洋产业发展的角度来看，我国海洋产业积极进行结构调整，持续、快速地淘汰落后产业、低效率产能，并加速推进高技术产业化。2015 年海洋第一、第二、第三产业的增加值占 GOP 的比重分别为 5.1%、42.5% 和 52.4%，其中海洋第一产业比重与上年持平，受制造业整体的影响和牵动，海洋第二产业比重下降 1.4 个百分点，由于新兴服务业市场需求增加，海洋第三产业比重相比上年上升了 1.4 个百分点，并且产业结构在进一步优化当中。再从区域发展的角度来看，我国北部、东部、南部三大沿海地区的海洋生产总值分别占 GOP 的 36.2%、28.5%、35.2%，具体产值分别为 23 437 亿元、18 439 亿元、22 793 亿元。

而《中国海洋经济发展报告 2017》显示，在 2016 年里，我国海洋经济运行总体依旧十分平稳，GOP 增长 6.8%，为 70 507 亿元。从海洋产业发展的角度来看，在 2016 年里，海洋第一、第二、第三产业增加值分别为 3566 亿元、28 488 亿元、38 453 亿元，海洋第一产业增加值与上年持平，海洋第二产业增加值降低 1.8%，海洋第三产业增加值提高了 1.8%。三大产业增加值占 GOP 的比重分别为 5.1%、40.4% 和 54.5%。海洋产业还包括渔业、油气业、矿业、盐业、化工业、生物医药业、电力业、海水利用业、船舶工业、工程建筑业、海洋交通运输业和滨海旅游业，总值分别为 4641 亿元、869 亿元、69 亿元、39 亿元、1017 亿元、336 亿元、126 亿元、15 亿元、1312 亿元、2172 亿元、6004 亿元、12 047 亿元，同比增速分别为 3.8%、−7.3%、7.7%、0.4%、8.5%、13.2%、10.7%、6.8%、−1.9%、5.8%、7.8%、9.9%。海洋科研教育管理服务业总值为 14 637 亿元，增速为 12.8%。

"十三五"规划将海洋经济纳入区域发展规划中，强调陆海统筹。2016 年是"十三五"规划的第一年，各地区积极加快海洋资源开发，建立协调的海陆管理体制，抓住"一带一路"的机遇，促进了海洋经济又好又快发展。2017 年海洋第一产业增加值为 3600 亿元，海洋第二产业增加值为 30 092 亿元，海洋第三产业增加值为 43 919 亿元，分别占 GOP 的 4.6%、38.8%、56.6%。

由表 9-3、图 9-4 可以看出，总体上，海洋第三产业优势由强到弱再到强，海洋第二产业比重呈现先上升后下降的趋势，海洋第一产业保持相对稳定状态，海洋经济结构继续深化。2001～2017 年，海洋第一产业所占比重呈现先上升后下降的趋势，由 2001 年的 6.8% 下降到 2017 年的 4.6%，下降了 2.2 个百分点。由此可以看出，以海洋渔业为主的第一产业发展潜力不断变弱。海洋第二产业所占比重呈现先上升后下降的趋势，从 2001～2009 年，海洋第二产业所占比重一直比海洋第三产业所占比重低（2006 年除外），但是差距逐渐缩小，海洋第二产业加速发展，所占比重不断上升，由 2001 年的 43.6% 上升到 2009 年的 46.4%，并在 2010 年超过了海洋第三产业，达到了 47.8%，之后又开始下降，与海洋第三产业的差距逐渐拉大，2017 年海洋第二产业比重下降为 38.8%。海洋第三产业比重的变化趋势和海洋第二产业正好相反，呈现出先下降后上升的趋势。从图 9-4 可以看出，2002 年海洋第三产业比重超过 50%，之后开始下降，2011 年仅占 47.2%，从 2012 年又开始逐渐上升，一直到 2017 年比重达到 56.6%。

表 9-3　2001～2017 年我国海洋三次产业结构情况

年份	海洋第一产业	海洋第二产业	海洋第三产业
2001	6.8%	43.6%	49.6%
2002	6.5%	43.2%	50.3%
2003	6.4%	44.9%	48.7%
2004	5.8%	45.4%	48.8%
2005	5.7%	45.6%	48.7%
2006	5.7%	47.3%	47.0%
2007	5.4%	46.9%	47.7%
2008	5.7%	46.2%	48.1%
2009	5.8%	46.4%	47.8%
2010	5.1%	47.8%	47.2%
2011	5.2%	47.5%	47.2%
2012	5.3%	46.7%	47.9%
2013	5.6%	45.0%	49.5%
2014	5.1%	43.9%	51.0%
2015	5.1%	42.5%	52.4%
2016	5.1%	40.4%	54.5%
2017	4.6%	38.8%	56.6%

注：小计比例之和可能不等于 100%，是因为有些数据进行过舍入修约

资料来源：《中国海洋统计年鉴》

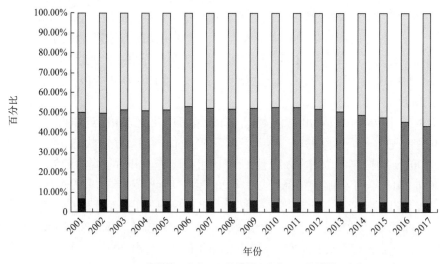

图 9-4　2001～2017 年我国海洋三次产业结构变化情况

资料来源：《中国海洋统计年鉴》

　　目前，我国已经形成了海洋渔业、盐业、油气业、旅游业、化工业、矿业、船舶工业、工程建筑业等多种产业共同发展的海洋产业体系。2017 年我国海洋产业保持稳步增长，

主要产业增加值构成如图 9-5 所示。滨海旅游业比重最高，为 46.1%，增加值为 14 636 亿元，比 2016 年增长了 16.5%，旅游发展规模持续扩大，前景广阔；海洋交通运输业是第二大产业，增加值占比 19.9%，港口生产总体保持良好态势；海洋渔业结构调整步伐加快，海水养殖产量逐年增长；海洋船舶工业和海洋盐业因受市场需求影响，产值分别下降 4.4%、12.7%。此外，海洋油气业、海洋化工业和海洋矿业与上年相比，均呈现下降状态，其他产业均呈现上升状态。

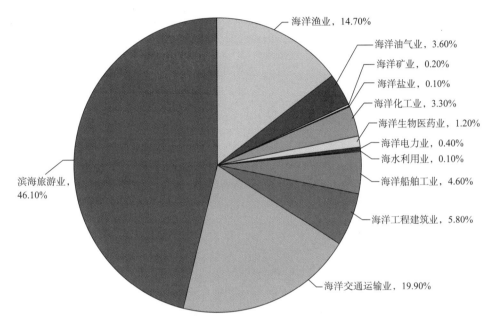

图 9-5　2017 年我国海洋主要产业增加值占比

资料来源：《中国海洋统计年鉴》

作为一个海洋生物多样性丰富的国家，我国生态系统功能较为完善、海洋资源丰富，海洋资源的开发为海洋经济的发展提供了良好的资源条件。海洋及相关产业、临海经济对国民经济和社会发展的作用不断加大，我国沿海区域用全国 13% 的土地，养育了 40% 的人口，创造了 60% 的产值。2017 年 GOP 达到 7.8 万亿元，占 GDP 的 9.3%。但是，海洋资源对人类经济社会的贡献依赖于人类对其合理的开发利用，如果人类不合理甚至过度开发海洋资源，会造成海洋资源的严重浪费，并且加剧环境与人类发展的矛盾，使得可持续发展难以实现。

通过上述分析可以看出，虽然海洋经济和国民经济的三次产业结构都发生了变化，但是发展步伐并不相同，国民经济中第二产业所占比重在 2006 年便达到峰值，而海洋经济第二产业所占比重的拐点出现在 2010 年，滞后了 4 年。

3. 三次产业对海洋经济和国民经济的贡献率比较分析

1）我国三次产业贡献率

2017 年 GDP 为 827 122 亿元，比 2016 年增长 6.9%，三次产业贡献率分别为 4.9%、

36.3%和 58.8%，分别拉动经济增长 0.4 个百分点、2.5 个百分点和 4 个百分点。第三产业对经济增长的贡献率比第二产业高 22.5 个百分点。从表 9-4、图 9-6 可以看出，2001～2017年我国第一产业贡献率一直处于最低的状态，拉动效应较低；2002～2014 年，第二产业贡献率一直高于第三产业贡献率，并且变化趋势与第三产业相反；2014 年以后，第三产业贡献率超过第二产业，并且差距逐渐拉大，第三产业成为经济发展的主要动能。

表 9-4　2001～2017 年我国三次产业贡献率（不变价格）

年份	第一产业	第二产业	第三产业
2001	4.6%	46.4%	49.0%
2002	4.1%	49.4%	46.5%
2003	3.1%	57.9%	39.0%
2004	7.3%	51.8%	40.8%
2005	5.2%	50.5%	44.3%
2006	4.4%	49.7%	45.9%
2007	2.7%	50.1%	47.3%
2008	5.2%	48.6%	46.2%
2009	4.0%	52.3%	43.7%
2010	3.6%	57.4%	39.0%
2011	4.2%	52.0%	43.8%
2012	5.2%	49.9%	44.9%
2013	4.3%	48.5%	47.2%
2014	4.7%	47.8%	47.5%
2015	4.6%	41.6%	53.7%
2016	4.4%	37.4%	58.2%
2017	4.9%	36.3%	58.8%

注：小计比例之和可能不等于 100%，是因为有些数据进行过舍入修约
资料来源：根据《中国海洋统计年鉴》数据计算

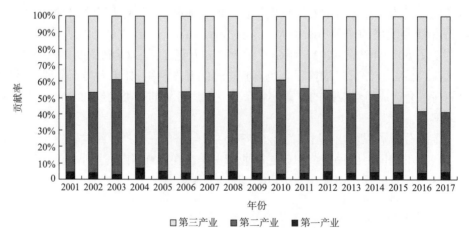

图 9-6　2001～2017 年我国三次产业贡献率变化情况（不变价格）

资料来源：根据《中国海洋统计年鉴》数据计算

2）海洋三次产业贡献率

根据《中国海洋统计年鉴》数据，以当期价格计算，2017 年海洋三次产业的贡献率分别为 0.48%、22.58% 和 76.94%。从图 9-7 可以看出，海洋第一产业贡献率始终处于较低水平；2002～2011 年海洋第二产业贡献率和海洋第三产业贡献率波动比较大。

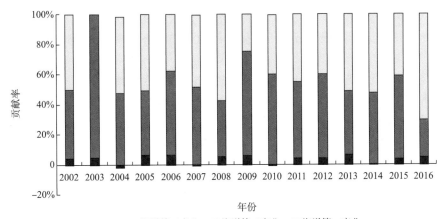

图 9-7　2002～2016 年我国海洋三次产业贡献率（不变价格）

资料来源：根据《中国海洋统计年鉴》数据计算

根据《中国海洋统计年鉴》公布数据，计算得出不变价格下的海洋三次产业贡献率。可以得出，以海洋渔业为主的第一产业对海洋经济的贡献率最小，对海洋经济的拉动效果不明显。由此可见，仅依赖海洋渔业资源来发展海洋经济是不可持续的，发展过程中所面临的资源瓶颈与压力不容忽视。与海洋第一产业相比，海洋第二、第三产业对海洋经济的拉动效应非常明显。从海洋第二、第三产业的贡献率可以看出，海洋第二、第三产业可交替推动海洋产业发展。

9.1.3　海洋经济政策支持

中华人民共和国成立以来，历代领导人都十分重视海洋及其经济发展、环境保护，并鼓励积极开发并高效利用海洋资源，由此开始，我国海洋经济的发展步伐开始加快并大步前行，海洋经济得到飞速发展，海洋事业蓬勃展开。

中华人民共和国成立之初，面对着美国和日本等国家的挑战，毛泽东意识到建设海洋强军的重要性，提出"近岸防御"，正是毛泽东关于海洋建设的论断促使我国海军迅速发展壮大，从而为海洋事业的稳步发展，为"海洋强国"理论的提出奠定了坚实的基础。党的十一届三中全会上，邓小平做出改革开放的伟大决策，在海洋资源的问题上，邓小平同样坚持开放的理念，积极设立沿海经济特区、沿海开放城市，充分发挥海洋资源的作用，使海洋经济得以蓬勃发展。有关海洋资源的争夺问题，邓小平创新地提出了海洋资源共享、共同开发的想法，与各国在海洋经济层面上进行合作，实现海洋经济利益的最大化。

邓小平的这种海洋发展观使得我国海洋经济以一日千里的速度飞速发展，1984 年 5 月我国将大连、秦皇岛、天津、烟台、青岛、连云港、南通、上海、宁波、温州、福州、广州、湛江、北海等 14 个城市定为我国首批沿海开放城市，此后又将长江三角洲、珠江三角洲和闽南厦漳泉三角地区及辽东半岛、胶东半岛定为沿海经济开放区。沿海开放城市和沿海经济开放区交通较为便利，基础设施较为齐全且工业基础好，科技水平较高，有着对外贸易的经验，所以设立沿海开放城市和沿海经济开放区有利于我国实施对外开放，从而更好地吸收他国的资金、知识和技术等，促进我国海洋经济发展，进而带动内地经济的整体提升。

20 世纪 90 年代全球经济一体化，江泽民提出开发和利用海洋资源有利于我国的长远发展，并将其提升到战略的高度，逐渐增强全民族的海洋观念。于是，国务院首次将"海洋强国"的战略纳入 2003 年的海洋经济规划中，海洋经济的发展、海洋资源的开发逐渐在战略层面上得到重视。在中国海军 60 周年庆典上，胡锦涛强调要推动建设和谐海洋，从而对全世界表明了我国的海洋立场。

从首次提出建设"海洋强国"，到十六大提出"海洋开发"，"十一五"规划中的"保护海洋生态、开发海洋资源，促进海洋经济发展"，再到十七大的"发展海洋产业"，相继出台的各项政策、规划等都为促进海洋资源的开发、利用，大力发展海洋经济，建设海洋强国提供了制度保障，同时表明了我国建设海洋强国的坚定决心。

我国海洋经济总量持续增长，海洋基础建设进展不断加快，海洋新兴产业稳步兴起，海洋经济的发展已经进入一个全新的历史阶段。"十二五"时期我国海洋经济发展的行动纲领——《全国海洋经济发展"十二五"规划》提出海洋经济发展的规划期为 2011～2015年，该规划要求发展海洋经济必须遵循陆海统筹、联动发展的原则，陆地和海洋共同布局，加大综合开发力度，提高资源利用效率。加强海洋生态的保护和海洋产业的清洁生产，使得循环经济得以发展。大力培育海洋科技研究人才，提高海洋科技竞争力并改革和完善海洋管理体制。最后，该文件要求从国际视角出发，实施"走出去"发展战略，扩大双边经贸合作，从而使得海洋经济的开放能力有所提升。

建设"海洋强国"的重大战略在党的十八大上正式提出，并对发展海洋经济做出重大部署。2013 年，党中央、国务院做出推进"21 世纪海上丝绸之路"的重大决策，沿海各省区市积极响应，加快推进海洋经济结构调整，积极转变海洋经济发展方式。

在《中华人民共和国国民经济和社会发展第十三个五年规划纲要》中，将海洋经济作为单独的一章，足以表明海洋经济发展得到了足够的重视。随之，中央和地方纷纷出台各种加强海洋环境保护的规划，如表 9-5 所示。

表 9-5　海洋环境保护规划

时期	规划
2016～2020 年	《中华人民共和国国民经济和社会发展第十三个五年规划纲要》
2016～2020 年	《全国海洋经济发展"十三五"规划》

时期	规划
2016～2020 年	《全国海水利用"十三五"规划》
2016～2020 年	《海洋可再生能源发展"十三五"规划》
2016～2020 年	《全国渔业发展第十三个五年规划》
2016 年 6 月 12 日	《中国制造 2025—能源装备实施方案》
2015～2020 年	《山东省"海上粮仓"建设规划（2015—2020 年）》
2016 年 8 月 1 日	《上海市推进国际航运中心建设条例》
2016～2018 年	《河北省促进休闲渔业持续健康发展的实施意见》
2015～2020 年	《浙江省节能环保产业发展规划（2015—2020 年）》

在"十三五"期间中央和地方制订了各项有关海洋的规划，由"扩宽蓝色经济空间"的提出，到确定我国海洋经济发展的原则、任务、目标，再到最终提高我国海洋经济的竞争力，实现海洋新兴产业的发展、海洋关键技术的突破和海水利用规模化的应用。各项规划的实施在促进海洋资源开发的同时也强调了合理开发，降低了各种鱼类、贝类的捕捞量，从而有利于海洋资源的长期可持续利用。各项规划积极鼓励和支持海洋传统产业和新兴产业协同发展，促进海洋经济的繁荣发展。同时，中央和地方为发展海洋经济不仅在政策上大力扶持，沿海各地区的各种金融渠道也为大力发展海洋经济添加助力。多个沿海省区市纷纷为推动海洋经济发展设立各类投资基金。例如，山东省设立了 3.2 亿元的粮食投资基金；浙江省设立了首期金额为 100 亿元，主要用于建设海洋基础设施港口的发展基金；福建省为海洋经济发展提供金融支持，专门设立了 100 亿元的专项基金。海洋经济在中央和地方的各种扶持下，得到了飞速发展，各地的金融产品逐渐出现并迅速增多，有利于扩展海洋经济发展的融资渠道。大连市积极实施了在海水中养殖的政策性保险，莆田平海湾海上风电项目贷款被金砖国家新开发银行批准通过，取得贷款金额 20 亿元。

9.2　环境保护与经济发展关系的理论分析

9.2.1　海洋环境与海洋经济

数量庞大的海洋资源储存于宽广浩瀚的海洋之中，只有将丰富的海洋资源从海洋环境中开发出来，并充分利用，才能使得海洋资源呈现出其自身的价值，进而有效地促进海洋经济发展。而海洋环境是海洋经济增长和发展的前提条件。海洋环境会改变海洋经济的发展状态、发展速度，海洋经济发展依赖海洋环境，海洋环境的优化，对海洋经济的壮大起着至关重要的作用，越优良的海洋环境越能为海洋经济的增长提供强有力的保证；反之，海洋环境的恶化将束缚海洋经济的进一步发展。我国海洋经济不断发展，海洋环境却逐步恶化，在开发海洋资源、发展海洋经济的过程中出现了一些问题，如海洋污染加剧、生态环境遭到破坏等，根据 2018 全国海洋工作会议可知，全国有陆源入海污染源 9600 多个，入海排污口环境质量状况较差，2011～2016 年 78%以上的排污口邻近海域水质等级为第四类以下，增加了海洋环境的负担。《2016 年中国海洋环境状况公报》显示，我国四个海区中辽东湾、渤海湾、莱州湾、长江口、江苏沿岸、杭州湾、浙江沿岸等是水质主要污染区域。近十年以来，围海造田、海岸工程等建设严重影响了海洋生态环境，部分地区海洋资源环境承载力处于超负荷状态。海水质量下降，海洋污染严重，海洋灾害频繁，海洋中物种逐渐减少，生态多样性下降等一系列海洋环境问题，阻碍了海洋经济的进一步发展壮大。当海洋环境已经被严重破坏，再用取得的海洋经济效益去改善海洋环境，这种发展路线并不可取，用污染环境为代价得到的经济效益虽然在一定程度上能对改善环境起到作用，但是并不能在将来及时、有效地改善已经被污染的环境。

大力发展海洋经济，充分开发、利用海洋资源，发展海洋渔业、海洋盐业等传统产业，并与时代接轨进一步发展海洋新兴高科技产业，不仅可以繁荣海洋经济，还能推动总体国民经济的发展，进而缓解我国在人口、资源、环境方面的压力。但是，海洋经济的大力发展有可能导致海洋环境的破坏，海洋资源开采越迅速、开发力度越大、沿海各种破坏性开发越多，则海洋经济发展与海洋环境保护间的矛盾就越大，冲突就越激烈。各种过度、破坏性的开发不仅迅速攫取了大量海洋资源，而且污染了海水，降低了海水质量，使海洋灾害频繁发生，海洋生物大量减少。一系列为发展海洋经济而从事的不理性活动，对海洋环境产生了深刻的负面影响。

海洋经济的发展需要高度依赖海洋环境和海洋资源，海洋资源给予了海洋经济能够发展的基本条件，而良好的海洋环境是海洋经济充分发展的基础动力，并决定了其再发展的力度、强度和速度。大力、迅速地发展海洋经济不应该仅局限于夺取海洋资源，获取经济效益，还应该注重海洋环境和海洋生态的保护。只有在发展海洋经济的过程中重视海洋环境保护，海洋经济才能与海洋环境协调发展。海洋环境影响其经济发展，而海洋经济得到发展后也会对环境保护给予一定的财力、技术等方面的支持，只有二者相辅相成，互相统一、互相促进，才能使得海洋经济和海洋环境实现良性循环。

9.2.2　海洋经济发展与环境保护的矛盾所在

我国在大力发展海洋经济的同时，环境逐渐被破坏，但是究竟什么原因导致了两者无法共存，矛盾如此尖锐呢？

首先，针对传统的海洋产业与新兴的海洋产业来说，无论是海洋产业还是我国的其他产业都存在这样一个普遍的问题，那就是产业结构不合理，传统产业和新兴产业间的配比不均衡。对于海洋产业也是一样，传统的海洋产业总值占比较高，像海洋渔业、海洋交通运输业等主要传统海洋产业总值占比高达 70%以上。新兴的海洋产业总值占比非常低，新兴的海洋产业总值仅占海洋生产总值的 20%以上，世界上新兴的海洋产业总值占比平均值为 30%，我国这一占比与世界平均值差距较大。即使是在新兴的海洋产业中，也仅有海洋油气和海洋化工业在保持增长趋势，但其比重仍旧较低，其他新兴的海洋产业增长速度缓慢，占比更小。总而言之，我国海洋产业结构不合理，结构层次偏低，仍处在高耗能的资源消耗阶段。占比较大的传统海洋产业，对海洋资源的依赖性更大，而且消耗的资源更多，对海洋环境的破坏性更大，导致的污染也更为严重。不合理的海洋产业结构，不仅造成了资源的过度开发、使用、浪费，更对海洋环境的污染起了助推作用，同时阻碍了海洋经济的进一步发展。我国海洋产业不仅存在传统的海洋产业与新兴的海洋产业间配比不合理的问题，也存在着海洋产业间分工不明确的现象。我国各沿海省区市发展时，很少与其他沿海省区市沟通、协调，而海洋本就是一个综合体，各个沿海省区市的单独发展，不利于其整体发展。各沿海省区市在发展海洋产业时若不提前相互沟通，实现互利共赢，必定会导致总体的海洋产业发展不平衡、不合理，从而制约我国海洋经济的整体增长。同时，在海洋经济发展的过程中，各沿海省区市经济发展也不平衡，各沿海省区市有关职能部门责任划分模糊，从而导致发展经济的结构混乱，进而造成海洋环境污染和生态破坏的责任划分不明。在责任不明，无法律约束的情况下，为大力发展海洋经济，部分沿海省区市便盲目开发资源，消耗资源，污染环境，破坏生态。

其次，为大力发展海洋经济而大量开发海洋资源，在资源开发的过程中，生产、生活垃圾的倾倒，导致海洋环境被逐渐破坏。海洋的环境和生态比大陆脆弱，而且一旦被破坏将很难被修复。在资源开发的过程中，必定伴随着环境的污染和破坏。例如，我国海洋蕴含大量的石油资源，不断发展的石油探测技术、工具，加之人为地将含油污染物倒入海中，破坏了我国的海洋环境。海洋石油开发需要将生产、生活过程中产生的油类污染物排入海洋中，在海洋石油开发时还会发生意外漏油、喷井等事故，从而对海洋环境产生损害。石油一旦进入海洋中，不仅会污染海水，还会对海洋生物有着十分恶劣的影响。进入海中的石油会不断地吸收海洋中的溶解氧，从而在海面上形成黏膜。而这层黏膜会分离海洋和空气，从而导致海洋中众多生物因为缺氧而死亡。同时，石油入海之后，被石油污染的鱼卵和幼鱼鱼体可能会发生扭曲，油类黏膜同样会使得很多鱼卵和幼鱼死亡。即使是成年鱼类和贝类，生活在被石油污染的海水中，身体也可能吸收到各类有害物质，被人类食用后必定损害人类健康。日本水俣病便是人类食用了体内含汞的鱼类所导致的。开采海洋资源及人们生产、生活过程中将污染物排放入海，污染了海洋环境，破坏了海洋生态。

我国是海洋大国，也是人口大国，沿海地区环境适宜，人口较为集中，而且海滨风光会吸引众多游客。密集的人口会产生更多废弃物和各种有害物质，最终排入海洋中，会污染海洋环境，导致海洋环境问题的出现。废弃物的胡乱丢弃与国民的受教育程度也有关。公民环保意识不强会进一步加剧海洋环境污染问题。

再次，我国海洋科研力度不够，科研人员较少。在美国，海洋领域的研发人员占总研发人员的 3/5，而我国海洋领域的研发人员与此相差较大。海洋研发人才比重失调，首先是分类比例上表现失调，其次是地区比例上的失调。海洋研发人才主要集中在北京、上海、广州地区，而河北、广西等地的海洋研发人才较少。长此发展下去，会导致经济增长失调，地区差异加剧，从而使得海洋经济发展不能长久持续。同时，我国主要海洋产业技术比较落后，深海采矿等方面还有很长的道路要走。我国在海洋监测、海洋预报等方面仍有欠缺，同时不能创新性地利用各种海洋资源。目前，我国海洋经济仍然以传统的海洋产业为主，科研发展缓慢且科研水平较弱。加之研发经费和科研人才的缺乏加重了技术开发的难度，无法做到积极、及时创新，且产业化低下，从而进一步导致我国在大力发展海洋经济时仍需重点依赖海洋资源的供给，从而进一步约束了我国海洋经济与海洋环境的协调发展。

同时，我国海洋管理体制分散，无法统筹管理、统筹执法。虽然 2013 年，国家海洋局得以重建，完善了海洋管理、降低了执法成本，但是海洋问题复杂多变，我国仍有部分海域的开发缺乏相关指导，且部分沿海地区从自身利益最大化出发，忽略了国家整体利益，且无妥善的管理体系约束，从而导致在海洋经济发展迅速，城市化、工业化加快的同时，海水被污染、海洋环境被破坏、海洋灾难频发，加重了海洋经济发展问题。

最后，我国海洋立法不足，没有建立综合性的海洋法律体系。近年来，我国实施"海洋强国"发展战略，逐步完善海洋方面的法律法规和相关条例，虽然相关法律法规逐渐增多，但多数是针对环境保护的相关规定，并没有综合其他方面来解决有关海洋污染、海洋环境破坏的问题。与此同时，我国海洋立法较为滞后，相比其他发达国家，我国海洋法的制定缺少明确的标准，不能做到海洋法的制定与海洋科学相结合，使海洋法具有预知性和前瞻性。在立法方面，我国法律没有明确海洋执法的主体，由此容易导致同一个海洋问题中出现多个执法主体或没有执法主体，这使得海洋问题无法解决或者解决效率低下。部门与部门之间相互推诿，各种拖延，责任划分不明，海洋问题得不到解决，海洋经济发展滞后。如果有人利用我国海洋立法漏洞，趁机过度采集海洋资源，从而导致生态系统被破坏，长此以往，必定会加重海洋灾害，也会导致海洋经济发展与海洋环境保护失去平衡，从而使得海洋经济停滞不前，海洋环境破坏严重。

9.2.3　海洋环境保护对我国海洋强国发展战略的重大意义

《全国海洋经济发展规划纲要》提到要建设海洋强国。在 2012 年的党的十八大上指出，在大力发展海洋经济的同时需要保护海洋环境，从而将海洋强国这一概念上升到了国家战略的层面。值得关注的是"建设海洋强国"这一内容的所在位置，将其放入"生态文明"中说明在建设海洋强国的过程中，我国把保护海洋环境、减少海洋污染、维护海洋生态平衡等海洋环境、海洋生态问题放到了重要地位上，体现了发展海洋经济的同时注重保护海洋环境。

从陆地上获取的资源是有限的，因此必须向海洋拓展，以获取更多的资源，在开发海洋资源的过程中，必须提出适合我国发展规律、适用于海洋资源充分发挥其作用的创新发展战略。而海洋强国的建设，不仅包括海洋经济的发展、海军实力的强大、海洋技术的先进，更应该包括生态环境的美丽。党的十八大提出了保护海洋生态环境的问题，这意味着海洋环境对我国海洋强国战略的实施、全国经济的总体发展有着重大意义。

首先，保护海洋环境能够使我国国民经济持续、快速发展，海洋产业、海洋经济、国民经济三者之间的关系逐层递进、密不可分。而海洋环境的破坏由最容易被影响的海洋产业开始，并逐层影响到海洋经济，进而影响到整体的国民经济。一旦破坏了海洋环境，将最终抑制整个国民经济的发展。所以说，海洋环境的破坏是阻碍海洋经济发展的枷锁，我国海洋强国的目标实现也会被海洋环境污染所阻碍。海洋环境污染、海洋资源的过度开采、鱼类和贝类的捕捞导致海洋中的生物多样性迅速降低。海洋污染导致的食用经济鱼类被污染，鱼卵、幼鱼受到污染后纷纷死亡，长此以往，将对我国的海洋渔业产生恶劣影响。如果在将来，我们无法捕捞到干净、卫生的鱼类，那么自然也就没有鱼类可吃，渔业也将消失，而靠打渔为生的劳动者可能将无法养活自己。海洋渔业的消失、大量劳动者的失业必定会严重阻碍我国经济的发展。海洋渔业对我国经济发展有着重要作用，过度捕捞将导致海洋中再无鱼类可捕，因此适当的捕捞有利于海洋渔业和海洋经济的可持续发展，从而保证海洋强国战略的实现。同时，海洋污染严重抑制了海洋渔业的发展，会导致海水质量下降，海洋生态环境的破坏和生物多样性的降低。生产、生活废水入海，大量的石油、汞等污染物使得海水失去了自我净化能力，海水污染严重会滋生细菌，导致鱼类死亡，海洋灾害频发。海洋污染影响着我国海洋相关产业的发展，制约着经济的发展壮大。只有从源头上保护海洋环境、防止环境污染，才能减少治理污染和预防灾害的成本。海洋灾害造成的直接经济损失巨大，随着海洋经济的不断发展，海洋开发活动的大力进行，我国海洋灾害的发生次数逐渐增加，治理污染和灾害的费用是一笔数量巨大的支出，如果将这笔支出用于支持其他产业发展，会给整个国家带来更大的经济利益。如果从最初开发、利用海洋资源时，就有保护海洋环境的观念和意识，减少生产、生活污水和污染物排放，那么不仅可以减少海洋环境污染和生态环境破坏，还能减少海洋灾害的发生，减少直接经济损失。

其次，保护海洋环境最终可以保障人类自身的生存、发展。海洋是除大陆外人类仅有的生存、发展场所，尤其是对沿海地区的人们来说，一旦海洋环境被严重破坏，以海洋渔业为生的人们将失去生活来源。海洋灾害频发，对沿海地区人们生存也构成了威胁。为了人们的长期生存和发展，在发展海洋经济的同时，保护海洋环境势在必行。由于海洋开发的层次越来越高，海洋污染逐渐加剧，对海洋生物的影响也日渐突出，海洋灾害频发。我国是人口大国，海洋渔业又是沿海地区人们世世代代的主要产业，海产品在人们的生活中，更是不可或缺的。而一旦食用了重金属超标的鱼类、贝类等，国民的身体素质将会下降，如果国民身体素质出现问题，我国经济发展将难以持续。所以说，从另一角度来讲，更好地保护海洋环境也是在为我国国民的身体健康着想，减少污染也是保护国民身体健康的一种方式，只有无污染、少污染的海洋环境才是国民生存、发展和经济繁荣的保证。

保护海洋资源有利于保障我国的国家安全。我国海洋面积巨大，海洋物产丰富、资源充足，海洋是人类最后的发展空间，世界各国为了各自海洋经济的壮大，争先恐后地抢夺海洋资源。当海洋环境、生态系统逐渐被破坏后，海水的自我净化能力也将逐渐减弱，甚至消失，进而引发海洋灾害。于是各大国纷纷希望将自己的海洋生态圈扩展到其他各国，以便淡化其国的海洋污染和生态破坏问题。有些国家本身海洋资源缺乏，因此不惜抢夺别国的海洋资源甚至顺带破坏别国的海洋环境，行为极其恶劣。我国海洋经济的发展壮大自然离不开丰富的海洋资源作为后盾，如果无节制地开发、利用海洋资源并不加以保护，那么即使我国海洋资源十分丰富也会被迅速地消耗掉，不利于我国海洋经济长远、可持续发展。因此，为了我国海洋经济的可持续发展，进而实现我国海洋强国的发展目标，保证国家安全，并提高国际地位，我国仍需加大海洋环境的保护力度，从而减少自然灾难，保护、珍惜海洋资源，促进其再生，使其得以永续利用。

最后，保护海洋环境有利于中国海洋文化的发展。海洋经济和海洋文化息息相关，海洋文化以海洋经济为基础，海洋经济又被海洋文化影响着。海洋文化的落后会制约其经济的发展。另外，发达的海洋经济匹配上强大的海上军事力量，才能使本国的海洋文化得以发展。海洋强国的建设，不能把重心都放在经济方面，也应该加快精神层面的建设。通过加大海洋保护力度，营造出合理开发、利用海洋资源，积极保护海洋环境的氛围，有利于提高我国公民的海洋保护意识，最终创造属于我国的海洋文明。海洋经济能促进海洋文化发展，而海洋文化可以影响海洋经济，宣传、发展本国特有的、先进的海洋文化，可以促进我国海洋强国目标的实现和海洋经济的持续、蓬勃发展。

9.2.4　国内外的海洋环境保护规划及其管理

海洋环境影响海洋经济，保护好环境才能使得经济长期、稳定发展，于是，世界各国都将保护海洋环境加入海洋战略的考虑范围内，而我国领导人也逐渐意识到保护海洋环境的重要性和必要性。我国海洋经济发展过程十分曲折，海洋环境随着海洋经济的发展被污染、被破坏，海洋生态系统变得脆弱，海洋生物多样性减少，诸多问题的出现加快了我国进行海洋环境保护的进程。有些国家的海洋环境保护意识开始较早，至今为止，已经形成了许多成熟理论并取得了一定的成果，其中以美国、加拿大、澳大利亚、日本和韩国五国为主，通过介绍其在海洋环境保护方面的规划和努力，从中学习其海洋环境保护的精华，并吸取海洋环境保护过程中的经验教训，从而为我国海洋环境保护规划的补充、完善提供借鉴。

1. 国外海洋环境保护规划借鉴

首先是美国，众所周知，美国是同我国一样的海洋大国，海洋资源丰富。最初美国在大力发展经济的时候同样忽视了对海洋环境的保护工作，大量污染物排入海中，海水污染严重，大量海洋生物灭绝。1962 年《寂静的春天》横空出世，引起了人们对环境问题的反思。同时，美国政府意识到环境保护的重要性，开始采取措施，保护海洋环境。

20 世纪 50 年代美国开始了对海洋的研究工作，1969 年制定的《国家环境保护策略法案》中就提到了海域和海岸环境的保护问题，并在 1969 年出台的《国家环境政策法》中规定了关于海洋环境保护、海洋环境管理的若干问题。1972 年颁布的《海洋哺乳动物保护法案》将海洋中的哺乳动物纳入国家保护范围之内。而《渔业保护和管理法》对美国的海洋捕捞业和捕捞活动等问题进行了讨论，并最终做出了保护美国渔业持续、稳定发展的决定。此外，美国在海洋环境保护方面重视海水污染、海洋带管理和海洋生物保护等问题，于是相继出台了 1972 年的《海岸带管理法》、1978 年的《港口与油轮安全法》、1987年的《海洋塑料污染研究和控制法》、1990 年的《石油污染法》等。美国主要负责海洋环境保护的执法机构为美国国家海洋与大气管理局，主要管理与海洋资源相关的事务，主要负责海洋资源保护、保护区管理、海上溢油和污染物入海控制等工作。美国国家环境保护局主要对制定并实施海洋环保有关的法律负责，同时兼顾海洋环境有关的科研工作。有关海洋运输、海上废气排放等工作则由美国海事管理局负责。美国海岸警备队主要负责海洋国土、海洋资源、海洋环境保护等方面的工作，与其他海洋事务的执法、处理也都息息相关。

相比于中国，美国现在已经拥有了一个庞大、完善、全面的海洋环境保护立法、执法系统。而这主要得益于其海洋保护工作起步较早，且得到了足够的重视，在发展中积累了经验，并随着社会发展而逐渐演化、完善。美国在海洋环境保护方面有着独特的经验，海洋环境保护成绩突出，非常值得我国学习和借鉴。

第二个重点介绍的是加拿大，加拿大同我国、美国一样有着广阔的海洋、丰富的海洋资源，其三面环海，是世界上海岸线最长的国家，海洋与加拿大人的生产、生活息息相关。进入海洋时代以后，加拿大人就开始完善本国海洋环境保护的法律、法规，积极建设综合性的海洋环境保护体系。

加拿大有至少 1/4 领土位于海洋生态环境脆弱的北极圈内，于是为防止北极圈海洋污染事故的发生，1970 年加拿大制定了《北极水域污染防治法》，禁止以直接方式或者间接方式随意向北极圈内水域排放污染物。2009 年加拿大对 1985 年颁布的《加拿大渔业法》进行了修订，禁止船只向海中排放有害于各种海洋生物的污染物、废弃物，并进一步规定了海洋捕捞条件。在 1997 年颁布的《加拿大海洋法》使加拿大成为全世界第一个颁布具有综合性特点海洋法律的国家，其将加拿大的海洋环境保护和管理工作与全球海洋保护的形式进行了密切结合，从而保障了加拿大海洋发展的可持续性。1999 年《加拿大环境保护法》提出从大气、内陆和海洋等方面全方位地进行环境治理工作。2001 年《加拿大海运法》建立的海洋污染应急机制，不仅有利于海洋航运业的可持续发展，也可以有效地保护海洋环境。除此之外，加拿大还出台了 1973 年的《防止油类污染法》、1999 年的《加拿大环境评价法》、2002 年的《濒危野生动物保护法》等，各方面环境保护法律的出台，使得加拿大的海洋环保法律体系不断健全、完善和综合。加拿大为保护海洋环境设立的执法机构包括海岸警备队，其既要负责海洋环境研究，又要对海洋环境加以保护，其主要职责是进行海水免受污染的紧急、应急处理，并保障海洋环境安全。加拿大环境部主要负责海洋环境保护政策的制定，与联邦政府合作，保护海洋中的矿产资源、生物资源等，并实时监督海洋环境变化，从而实现对海洋环境的保护。加拿大交通运输部，主要负责监督船只和船上人员是否遵守海洋环境保护政策，并管理海上危险品运输。与此同时，加拿大还成立了海洋事务机构委员会，负责协调各项法律法规在各部门的执行。

加拿大的海洋环境保护工作从多个部门、多个角度出发，集结力量，并真正地从海洋生态系统的健康发展出发，改善海洋环境，减少海水污染，而且通过多年努力，成效显著。

澳大利亚是四周环海的国家，海岸线长 3.7 万千米，海洋优势非常明显。澳大利亚良好的海洋环境和健康的生态体系与澳大利亚政府对海洋环境的保护有着密切关系。澳大利亚通过区域性海洋规划实施海洋政策，将海洋划分为 12 个基本区域，通过区域性海洋规划使得海洋得以保持良好的环境，海洋经济与海洋环境保护得以协调发展。澳大利亚使用有效的海洋政策促进经济增长，并兼顾海洋环境保护。

澳大利亚对海洋立法十分重视，其基本的海洋法已经完备，针对各种海洋资源开发等活动也都有相关的海洋法律依据，如《渔业法》《海洋公园法》等。通过统计得知，澳大利亚制定的与海洋有关的法律多达 600 多部，设计范围极广，包括海洋环境、海洋生态的各个方面，内容很详细。澳大利亚会制定专门的法律法规对特殊海洋区域进行保护。同时，澳大利亚参照宪法对海洋环境进行管理，海洋管理采用分工协作、各司其职的机制，联邦与州分别对管理内容、管理范围等做出划分，避免职责混淆。与海关、国防等相关的海洋事务由联邦政府和地方政府分工管理。海岸线向海内、外三海里分别由地方政府和联邦政府分开负责。如果发生了有关部门无法妥善解决的海洋问题，则由领导各地区的州长、专家等统一处理，并最终经由理事会做出决议。

明确的分工、区域性的海洋规划促使澳大利亚的海洋保护事业在各国中脱颖而出，其海洋保护成效全世界有目共睹。澳大利亚的环境保护规划对我国的海洋环境保护工作有着非常大的借鉴意义。

日本是一个四面环海的岛国，这种特殊地理位置使得日本格外重视海洋问题。日本一直积极制定各种关于海洋的法律法规，以构建完善的海洋体系，促进海洋经济发展，从而保持国民经济持续稳定增长。

日本在很早的时候就开始进行海洋规划，初期制定的有代表性的规划有 1968 年制定的《深海钻探计划》、1979 年制定的《日本海洋开发远景规划的基本设想及推进措施》、1985 年的《大洋钻探计划》等。在这一时期，日本迅速探索、掌握、运用各类海洋科学技术，为之后海洋经济的繁荣做好了前期准备。到 20 世纪 90 年代，日本又制定了《海洋走廊计划》《海洋高技术产业发展规划》《日本海洋开发规划》等有关海洋的规划和计划，这些规划与计划对日本海洋环境的保护起了重要的作用。进入 21 世纪，日本在 2000 年推出了主题为合理开发、有效利用海洋资源，保护海洋环境，促进海洋可持续发展的《海洋开发推进计划》，该计划将海洋的社会效益、经济效益和生态效益有机结合起来。日本从法制和管理两个角度为海洋环保与资源利用做出了努力。日本涉及海洋环境保护的法律达到了一百多项，同时，关于海洋环境管理，日本也有着严格、标准的管理体系。

日本的海洋规划种类众多，包括各类海洋综合规划和海洋产业规划等，并且覆盖面极广。日本对海洋环境保护的规划目的明确，涉及海洋开发、填海造地、海洋资源保护等。各类规划的实用性极强，可以很快见到其成效。规划以海洋经济可持续发展为目的，重点发展海洋科学技术，大力推进填海造地，重点强调海洋空间的重要意义。同时，规划强调日本政府、学术界、媒体等各方都应该积极加入保护海洋环境的活动中，各方为减少海洋污染、保护海洋生态环境贡献自己的力量，并充分重视海洋发展战略。

韩国是一个三面环海的国家，海洋资源丰富，海洋产业发达，基于此，韩国依赖于海洋经济的发展，于是非常重视海洋资源的开发、环境的保护，并努力建立健全相应的法律法规体系，向良好、无污染的海洋环境迈进。

早在 1961 年，韩国为了减少陆地产生的污染物流入海洋，制定了《公共水面管理法》。1977 年的《海洋污染防治法》中提到了海上溢油等污染事件的追责、治理等问题，并对此做出了相关规定。这是韩国历史上第一部有关海洋环境保护的法律，使用范围极广。1992 年，韩国制定了《油类污染损害赔偿保障法》，为其海洋环境保护提供保障。以法律的形式分配韩国海岸带资源的《海岸带管理法》和将湿地管理归为海洋水产部的

《湿地保护法》都是在 1999 年颁布的。20 世纪 90 年代，通过一系列的海洋环境调查，韩国开始制订并实施了海洋水产发展基本规划。此后，政府继续实施各类海洋环境保护政策。2000 年制订的《海洋开发基本规划》把发展海洋强国作为蓝图进行规划，并在 2001 年投资 4 兆 5000 亿元进行海洋环境保护综合规划。2007 年韩国出台了《海洋环境管理法》进一步对海洋环境保护事宜进行管理。韩国的海洋环境保护工作主要由海洋水产部、国土海洋部和海洋警察厅负责。其中，海洋水产部在 1996 年增设了两个科室，一个是负责海洋环境保护规划和标准的制定、贯彻实施相关法律、实时监督海洋环境并收集海洋环境数据的海洋环境科；另一个是保护滩涂、处理废弃物、运行海洋生态数据库和信息网的海洋保护科。2008 年成立的国土海洋部，在海洋环境保护方面主要负责合理开发海洋生物资源、矿产资源和水资源等，并积极促进沿岸港口建设，减少海水污染，保护生态环境与海洋环境，努力创造良好、健康的海洋环境。海洋警察厅主要负责预防可能发生的海洋污染事件并紧急处理已经发生的海上溢油等海洋污染事件，并积极同他国进行合作，共同创造良好的海洋环境。

　　韩国在海洋环境保护、海洋环境管理等方面所做的工作都是在已有法律法规的基础上进行的，做到了有法可依、有迹可循，并系统地进行了规划、管理和保护，韩国在海洋环保方面表现出的决心和做出的努力对我国环保工作的进行，实现海洋经济与海洋环境保护协调发展，最终实现海洋强国的伟大战略具有较强的借鉴作用。

2. 国内海洋环境保护规划

　　我国是海洋大国，广阔的海洋有着丰富的海洋资源，但是一直以来，以粗放式的发展方式在发展海洋经济的同时，严重破坏了海洋环境，使得海水被污染、海洋资源被过度开发、海洋生物减少、海洋生态系统被破坏，由此造成了海洋灾害的发生，威胁着我国人民的生命和财产安全，也阻碍了我国的经济发展。因此，加大海洋环境保护力度势在必行。要进行科学、合理的海洋环境保护规划，并积极采取措施改善当前状况。我国海洋环境保护至今已经有较为完善和系统的体系，但仍然存在诸多问题。

　　我国最早颁布的关于海洋环境保护的法律是 1974 年的《中华人民共和国防止沿海水域污染暂行规定》，此后，我国针对海洋环境的各种法律、规划便日益增多。由此也可以看出，我国对海洋环境保护的逐渐重视。1982 年相继出台了《中华人民共和国海水水质标准》《中华人民共和国海洋环境保护法》，第二年仍有两部关于海洋资源开发和环境保护的法律颁布，即《中华人民共和国海洋石油勘探开发环境保护管理条例》《中华人民共和国防止船舶污染海域管理条例》。1984 年和 1985 年分别出台了《中华人民共和国水污染防治法》《中华人民共和国海洋倾废管理条例》。之后，《中华人民共和国防治陆源污染物污染损害海洋环境管理条例》《海洋行政处罚实施办法》等有关海洋环境保护的立法逐渐出现、逐渐增多。

　　我国海洋环境保护立法虽然起步较晚，但是经历了从无到有和一段时间的发展，逐渐形成了较全面、完善的体系，从而保证了我国海洋环境保护工作的稳步进行。但是我国在海洋环境保护方面所做的工作与很多发达国家相比还是存在差距的，相关法律法规需要进一步建立健全，从而更好地满足海洋环境保护工作的要求。而我国在海洋环境保护的管理机制上仍存在较多问题。首先，从纵向上来看，我国海洋环保工作由中央向各地方逐级划分，分配任务时，自然也是由中央向下逐级划分，但是有时根本找不到相应的任务执行主体，使得国家无从知晓规划在地方是否得到有效实施，同时，地方向中央传递信息时也容易出现遗漏。从横向上来看，我国对海洋事务进行管理的部门有国家海洋局、交通运输部海事局、生态环境部等多个部门。多个部门可以对我国海洋事务进行全方位的管理，但是各个部门关于利益、权限等方面的矛盾冲突严重，互相之间不衔接、不协调等使得各个部门彼此之间缺乏沟通、交流，很难协作处理海洋事务。各个部门缺乏协作沟通，增加了信息共享难度，较为分散的执法结构对海洋环境保护管理造成了阻碍。与此同时，我国海洋环境保护管理工作中的信息共享机制、紧急事故处理机制、海陆污染统一治理机制等均不健全。

关于海洋环境保护工作，不管是其立法方面的再完善，还是其管理机制的再发展，都是我国现阶段大力发展海洋经济，建设海洋强国必须要做出努力的方面。海洋环境保护的立法和管理问题，影响着我国海洋环境保护的工作效率，亟须改善。

9.3　海洋经济与海洋环境保护的系统动力学分析

一系列政策的出台都是为了更好地开发、利用海洋资源，同时又要兼顾海洋环境保护。要实现海洋经济发展和海洋环境保护之间的协调发展，必须考虑到在大力发展海洋经济时，要兼顾海洋资源环境承载力问题，要综合考虑经济、科技、资源和环境等各个方面，从而实现海洋经济和海洋环境的和谐共赢。于是，本节通过构造海洋资源环境承载力的科技、能源、经济和环境（technology，energy，economic and environment，TEEE）模型和简单的系统动力学因果图来展示海洋经济发展与海洋环境保护间的物质、信息等流动关系，为实现海洋经济与海洋环境的协调发展提供一种新的思路、新的探索。

9.3.1　构建综合的 TEEE 模型

在考虑海洋经济与海洋环境保护的协调发展时，要将海洋资源环境承载力考虑在内，在海洋能够承载的范围内，做到海洋资源的合理配置、海洋经济的迅速发展和海洋环境的妥善保护，从而最终实现在海洋范围内的科技、能源、经济、环境协调发展。基于海洋承载力的考虑，本小节将海洋整体划分为科技（T）、能源（E）、经济（E）和环境（E）四个子系统，这四个子系统之间具体如何协调、配合，如图 9-8 所示。能源、经济、科技和环境分别是四个单独的子系统，各个子系统有单独的投入和产出过程。能源子系统本身可以产出各种能源，而这些能源产出又是经济、环境和科技等各个子系统的投入。在经济子系统中，能源作为一种投入，结合经济子系统本身的劳动力、资本投入，可以进行经济生产，经济得到发展的同时会产生污染物。科技子系统作为向其他三个子系统提供技术支持的系统，所投入的是能源子系统提供的能源、经济子系统提供的研发经费和本系统中的科研人员。而向能源子系统提供有效开发利用的开采型技术，可以提高能源的生产效率；向经济子系统提供使得生产更有效率的生产型技术，可以使得生产过程更加清洁、有效；向环境子系统提供减少能源消耗、减少污染物排放的节能减排型技术，可以减少污染物排放的同时加快已经排放的污染物得到有效、清洁处理。环境子系统吸收各个系统的污染物，投入即为这些污染物、经济子系统的资本输出支持、能源子系统的能源支持，经过清洁工厂，最终得到清洁产物。如上所述，只有科技、经济、能源和环境四个子系统和谐发展，才能实现海洋经济发展与海洋环境保护的协调。

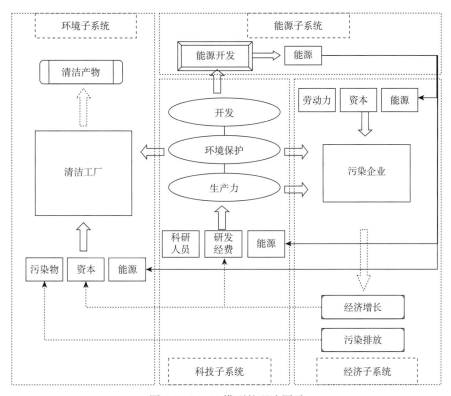

图 9-8　TEEE 模型的理论图示

实线空箭头表示投入；虚线空箭头表示产出；实线单箭头表示同一物质，即能源指向能源；
虚线单箭头表示需要经过一定的转化，如经济增长会产生资金，同时可以加大研发投入

　　科技、能源、经济和环境四个子系统涉及了很多变量，无法用运筹学、计量经济学等进行分析，因此本书尝试用系统动力学（system dynamics，SD）方法进行研究。系统动力学方法能够根据各个影响因素和系统的整体动态行为及其真实系统的变化，对整体不断地进行调整，通过调整使得各变量达到真实的状态，从而观察整体系统的改变。而本小节给出了 TEEE 系统动力学流图（图 9-9），表明了各个变量间的能量、物质转换关系。

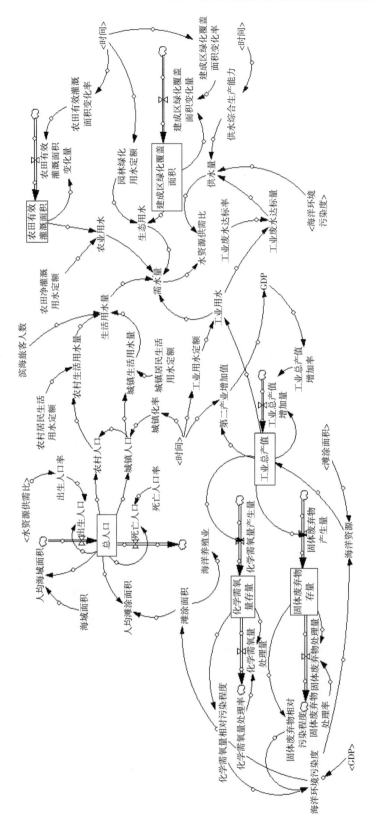

图 9-9 TEEE 系统动力学流图

9.3.2　TEEE 模型在系统动力学中子系统模型的构建

1. 能源子系统

粮食是能源子系统中最重要的组成部分,而粮食是由种植得到的,我们将农田有效灌溉面积作为能源子系统中的核心变量,农田有效灌溉面积和农田净灌溉用水定额共同决定了农业用水量,农业用水量是水资源需求量的重要组成部分。而且,农田可为整个系统提供能源能量。

2. 经济子系统

在经济子系统中,本书将工业总产值作为核心变量。就工业层面来说,丰富的海洋资源为海洋工业经济的发展提供了物质条件,海洋资源开发、利用得越多,海洋工业总产值就越高,海洋经济发展得就越好,用水量就越大,并最终影响水资源供需比。而且,国家经济越发达,越有能力和经济实力对海洋环境污染进行治理和防御。

3. 科技子系统

在海洋资源开发、利用的整个过程中,人口的多少将直接影响海洋科技水平的高低,因此在科技子系统中,用人口代替科技指标。将总人口作为核心变量,总人口又分为城镇人口和农村人口。假定城镇、农村居民生活用水量为定值,城镇人口数量和农村人口数量将共同决定总的生活用水量,从而影响整个系统中的需水量和水资源供需比。同时,受到海洋环境的影响,随着滩涂总面积和总人口的不断变化,人均滩涂面积也在不断变化,由滩涂面积影响的海洋养殖业等也会受到影响,而滩涂本身也蕴藏着大量海洋资源。

4. 环境子系统

在环境子系统中,就环境污染方面,本节将对水污染和固体废弃物污染进行重点分析,核心变量分别是代表水污染程度的化学需氧量存量、代表固体废弃物污染的固体废弃物存量。工业总产值会直接影响这两种污染物的排放量,而污染物排放量增多会严重污染海洋环境,由此海洋环境的污染度又会进一步影响水资源的供应等。生态环境方面的核心变量是建成区绿化覆盖面积。园林绿化用水定额随着时间的推移会发生变化,建成区绿化覆盖面积和园林绿化用水定额的变化共同改变着生态需水量,也改变着需水总量和水资源供需比。

具体的 TEEE 系统动力学流图如图 9-9 所示,开发、利用的海洋资源可以用来发展海洋经济,从而促进国民经济的整体增长。但是在海洋经济的发展过程中,各种污染物随之产生并最终排放到海洋中,污染海洋环境、破坏生态系统,被破坏的海洋环境限制了海洋资源的开发和利用,同时影响着整个系统中水资源的供应。海洋环境污染度也会影响我国的滩涂进而间接影响我国海洋资源的利用和海洋经济发展。我国人口众多,城镇人口和农村人口进行生产、生活产生的废弃物会随着人口变化而变化,两者呈现正相关,废弃物不能被合理回收便会流向海洋，从而污染海洋环境。在粮食的生产过程中，需要化肥、农药等，也需要用水灌溉，残留的化肥、农药等污染物随着水流入海，日本的水俣病便是由氮肥入海，其中的汞被鱼类食用，人类再食用含汞的鱼类导致的，所以说，农药污染物的随意入海，对海洋环境造成恶劣影响的同时可能会进一步危及人类的健康。统筹陆海两方面的环境保护，在大力发展海洋经济重视海洋环境保护的同时，也要兼顾陆地及大气环境，绿化覆盖是人们为保护环境而做出的努力，最终也将有利于海洋环境的保护。

9.4　协调海洋经济发展与海洋环境保护

海洋经济与海洋环境保护协调发展，关系到经济、环境、能源、科技等各个子系统，需要从总体上把握，才能做好海洋经济与海洋环境保护的协调发展。我国在海洋经济发展与海洋环境保护两方面的协调工作仍有很多需要改进的地方。本节针对我国海洋经济发展与海洋环境保护如何协调发展提出以下建议。

1. 建立健全海洋生态保护体系

根据环境库兹涅茨曲线，当经济发展水平较低的时候，随着经济的进一步发展，环境污染加剧，而当经济发展到一个拐点后，再进一步发展经济，则随着经济的发展，环境污染将逐渐得到改善，污染程度呈现下降趋势，这就是著名的倒"U"形经济增长与环境污染模型。该模型或许也适用于海洋环境。政府可以通过改变粗放型的经济发展方式，或通过提高海洋科技能力等改变海洋产业结构，使得海洋经济发展与环境保护迅速通过拐点，实现二者稳定、协调发展，从而达到优化的目的。在海洋环境保护方面，加拿大始终坚持预防性原则，即使在海洋产业结构等发展协调时，也十分注重预防海洋环境的恶化。加拿大将预防工作贯穿到平时的海洋环境保护中，海洋监测和预防工作做得十分到位，不会当海洋环境恶化后再进行治理、改善，而是从源头处减少海洋污染事故发生，减少为治理海洋环境耗费的总人力、物力等，这种预防性的海洋环境保护工作非常值得我国学习借鉴。

在建立健全海洋生态保护体系方面，可以借鉴加拿大、韩国等建立海洋生态保护区，保护生物的种类及数量，防止海洋生态系统被破坏，从而改善我国海洋环境。积极保护海洋鱼类资源，实行严格的捕捞条例，加大捕捞监督力度，打击非法捕捞。加强海洋监测，扩展海洋监测对象的范围，加强监测力度尤其是对一些重点海岸和港口的监测，全面加强海洋监测，有利于海洋经济与海洋环境的协调发展。海洋防护林的建设可以推动海洋系统的整体建设，从而为后续的海洋经济发展做好充足的铺垫，因此应该巩固之前的海洋防护工程并进一步做好海洋防护林建设。与此同时，我国还应该积极参加国际性的海洋环境保护活动，呼应国际号召，加强各国间的合作，积极履行在国际社会中保护海洋环境的义务，与各国成为海洋环境保护的合作伙伴。

2. 合理优化、配置海上资源

我国政府在保证传统的海洋产业持续、稳定发展的同时，应大力提高海洋科技研发和创新能力，努力与发达国家的海洋创新技术看齐，鼓励、推动创新。同时，政府应该积极保护创新成果，促使知识转化为经济增长的动力，从而使海洋产业总体结构得以优化，通过创新，提高高新技术产业的比重，在不破坏海洋环境的同时，找到新的海洋经济增长点。尽管我国是海洋大国，海上资源十分丰富，但是仍需遵循可持续发展的战略，对我国的海洋资源进行合理的分配、优化，使得海洋资源在创造出巨大的经济效益的同时能够得到保护。因此，需要对海洋资源的开发、利用进行合理、严格的分类，并结合海洋经济活动进行统筹规划，使得海洋资源能够被更加合理、有效地利用，结束高耗能、高污染、低效率的发展模式。与此同时，兼顾海洋捕捞业和滨海旅游业的发展，使得海洋资源的开发、利用能够创造最大的经济效益，造成最小的环境污染和生态破坏。

3. 严格把控海洋环境污染

政府应该加大海洋船舶废弃物排放的检查力度，相关部门要严格监督排放到海洋中的污染物是否合格，并严格检查危险品，严格控制海上的排污量。在海上溢油事故的处理方面，美国的处理方式值得我们学习借鉴。美国的海岸警备队通过与国际社会合作，可以在海上溢油事故中及时做出反应，并迅速地采取相应的补救措施。同时，美国的海洋伙伴计划对过往船只和人员进行保护海洋环境、保持海水清洁、减少船舶污染的教育活动。另外，美国设立了海上溢油响应基金，用以自然资源的修复和溢油事故的应急、个人损失的补偿等，一旦出现海水溢油事件，则立刻启动该基金，为溢油事件的迅速、妥善处理提供资金上的支持。这样的海上溢油事故的预防、事发和事后措施，减少了美国海上溢油事故的发生，有利于美国所辖海域的海水清洁。我国在借鉴美国经验的基础上，还可以要求在开采石油等资源时，安装油类排污装置，从源头上控制油类等污染。海洋环境保护的视角不仅要集中在海洋上，制定相关法律，监督海洋养殖业等减少海洋污染，还要看到陆地对海洋环境的污染，应从根本上控制农业生产的污染源，减少化肥、农药中的污染物排入海中。

4. 健全管理体制，实施科教兴海

我国海洋环境保护规划中，海洋环境保护的管理体制不健全，部分地区权责不明，不利于海洋紧急事故的处理和海洋经济与海洋环境的进一步发展。而沿海地区在海洋环境保护方面应做到权责分明，重点发展各自的海洋支柱产业。例如，上海作为国际性的大都市，可以大力发展国际贸易和航运等，而青岛则可以主要促进造船业和水产品加工业的发展，从而使得各地区没有利益矛盾冲突，积极同心协力地共同营造良好的海洋发展环境。与此同时，完善海洋环境保护的管理体制也是促进经济蓬勃发展的一个重要方面。科教兴国战略要进一步向科教兴海战略推进，政府就必须加大海洋研发技术的资金支持，并鼓励银行等金融机构对海洋研发活动提供贷款。与此同时，还应扩大海洋事务的教育投资，培养海洋科技人才，从而提高海洋的科技能力，促进海洋经济持续增长。

5. 加快海洋综合立法进度

澳大利亚等较早进行海洋开发的国家都基本建立了较为综合、全面的法律体系，我国实施海洋强国战略、大力发展海洋经济的起步较晚，可以向海洋环境保护法律体系完善的

国家学习，再根据我国实际国情进行调整，建立健全符合我国特色、适合我国国情的海洋环境保护体系，加大打击力度，严格约束破坏海洋环境的行为。完善海洋法律的同时，将立法和执法相结合，最终保证我国海洋经济发展与海洋环境保护的协调一致。相关税务部门应该调整税费标准、结构，为鼓励新兴产业发展而应适当降低其税费。另外，要对海洋环境造成严重污染和破坏的企业施以严厉惩罚，使海洋产业税收制度与海洋经济发展速度和海洋环境保护程度相适应。

6. 发展海洋信息服务

海洋信息服务贯穿于海洋经济和海洋环境的各个方面，在海洋经济发展方面，海洋探测、海洋监察等对海洋经济的发展有着重要意义，政府积极发展海洋信息服务，有利于海洋经济的发展。在海洋环境保护方面，只有通过对海洋的实时观察、监督，才能及时发现海洋事故，进而迅速、有效地采取补救措施，减少海洋污染，保护海洋生态环境，因此海洋信息服务有利于更好地保护海洋环境。发展海洋信息服务，海洋经济发展和海洋环境保护都可以受益，从而促进其协调发展。

第10章 山东省海洋资源开发与利用的基本情况

10.1 山东省海洋资源与经济现状

10.1.1 山东省海洋资源开发、利用现状

山东省是海洋大省，其海洋资源不仅类型丰富，而且储量大。山东省拥有 3000 多千米的海岸线，约占全国的 1/10；拥有 200 多处海湾，其中有 3 个过亿吨的港口。根据海洋资源的内在属性，可以把山东省的海洋资源分为五类：海洋生物资源、海洋矿产资源、海洋可再生能源资源、海洋化学资源及海洋空间资源。

1. 海洋生物资源

山东省拥有 1500 多种近海海洋生物，其中海洋底栖生物 400 多种；潮间带生物近 510 种；海洋鱼虾类 260 多种，经济价值较高的鱼类有 28 种，经济虾蟹类近 20 种；浅海滩涂贝类百种以上，对虾、扇贝、鲍、刺参、海胆等海珍品的产量均居全国前列；哺乳动物 15 种；浮游动物 77 种；浮游植物更是多达 120 种，其中海带、石花菜、鹿角菜、裙带菜等具有非常大的经济价值。另外，具有经济价值的虾、蟹、贝、鱼类有 80 种之多。

如图 10-1 所示，2016 年山东省水产品总产量 950.19 万吨，其中海水产品产量 794.95 万吨，约占水产品总量的 84%，其中天然生产海水产品 282.17 万吨，约占水产品总量的 36%。2007~2016 年以来，山东省海水产品产量一直占水产品总产量的 80% 以上，海水产品产量呈现逐年增长趋势，由 2007 年的 598.07 万吨上升到 2016 年 794.95 万吨（图 10-2）。天然生产海水产品呈现稳定增长的趋势。由此可以发现，水产的发展离不开海洋生物资源的供给。

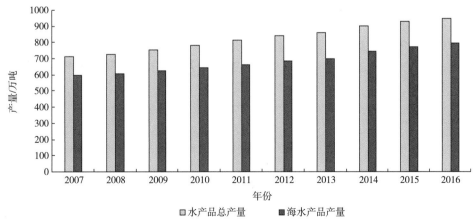

图 10-1　2007~2016 年山东省水产品及海水产品产量

资料来源：《中国海洋统计年鉴》

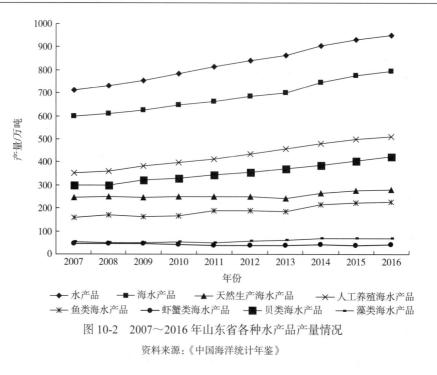

图 10-2　2007～2016 年山东省各种水产品产量情况

资料来源：《中国海洋统计年鉴》

2. 海洋矿产资源

山东省已发现的具有工业价值的海洋矿产资源有 20 余种，其中石油、煤、天然气、滨海砂矿、黄金、菱镁矿等在全国海洋资源中占有重要地位。石油资源总量约为 20 亿吨，主要分布在渤海湾到莱州湾的海滩和浅海地区。砂金矿主要分布在莱州湾东部和流入海口附近，其储量与产量均位于全国之首。山东半岛沿岸储藏了丰富的石英砂、沙金、锆石等矿产资源。

3. 海洋可再生能源资源

海洋能源主要指海水运动过程中产生的潮汐能和波浪能。据统计，山东省海洋能理论蕴藏量为 0.14 亿千瓦。中华人民共和国成立以来，山东省建立了蛎口潮汐发电站、白沙口潮汐电站。其中，白沙口潮汐电站是当时全国最大的潮汐电站，其装机容量达到 960 千瓦。波浪能蕴含的总能量约 400 万千瓦，主要集中在北隍城海区和黄海成山角、千里岩、小麦岛和渤海龙口湾。

4. 海洋化学资源

山东省的近海水域中含有 80 多种化学元素，其中食盐、镁、溴、钾已经形成开采规模。另外，海岸线向内 10～20 千米的范围内贮藏了丰富的卤水资源。山东省 60% 的原盐产量来自地下卤水。

5. 海洋空间资源

海洋空间资源包括海洋运输、港口建设和滨海旅游等。山东省拥有 200 多个港湾，其中条件优良的港湾多达 70 个，包括胶州湾、芝罘湾、龙口湾、威海湾等。基于丰富的港口资源，山东省已经形成了较发达的港口群，共拥有 244 个泊位，其中 69 个泊位达到万吨级。

旅游资源已成为山东省越来越重要的一种资源。目前青岛、烟台、威海和东营已经形成了规模性的滨海旅游项目。目前青岛的滨海旅游资源暂居首位，青岛啤酒节享誉海内外，其围绕栈桥、八大关等著名景点，推出了海滨度假旅游、海上观光游等项目，更是发扬了帆船文化，推出了帆船体验项目，形成了多层次、多方式的旅游体系；烟台重点向外推出了"海滨历史和海洋生态旅游"等项目，并围绕蓬莱阁、长岛、八仙过海、海洋极地世界、烟台山景区进行建设，还推出了一系列滨海旅游项目；威海则以民俗风情、历史文化等为主线；东营的旅游特色为胜利油田和湿地生态景观。

10.1.2　山东省海洋经济现状

山东半岛是全国重要的对外开放窗口，1990 年末，中华人民共和国成立以来第一次大规模的海洋工作会议在北京召开，山东省首次提出建设"海上山东"。随后山东以国际市场为导向，大力发展海洋科技，发展海洋第二、第三产业，在科学进行海洋捕捞的同时着力建设海洋交通运输系统、海洋化工、海洋机械制造、海洋生物、海洋医药等学科，力图建立相互协调与促进的海洋产业体系。20 年来，"海上山东"建设取得了重大成就。2008 年全山东省海洋生产总值 5346.25 亿元，比上年增长 20.6%，占山东省地区生产总值的 17.2%。海产品总产量为 609.48 万吨，相比 1988 年的 122.05 万吨增长 499.37%。2008 年的海水养殖面积为 639.33 万亩，相比 1988 年的 104.27 万亩增长 613.15%。这些发展当然离不开海洋技术的长足进步与海洋产业结构的调整。

2011 年国务院对《山东半岛蓝色经济区发展规划》进行了批复，正式将山东半岛蓝色经济区纳入国家的整体战略之中。山东半岛蓝色经济区是全国第一个以海洋经济为主题的经济发展区，其以沿海城市的发展带动区域经济的整体发展，共囊括海陆域面积约 22.35 万平方千米，山东省的所有海域和青岛、烟台、潍坊、威海、淄博、无棣、沾化等 8 个所辖地区被纳入其中，这可以说是国家践行"海洋发展战略""区域协调发展战略""海陆统筹战略"的重要一步。山东省抓住发展契机，大力建设以"海洋"为主题，海洋第一、第二、第三产业齐头并进的复合型经济区，其发展过程中的有益尝试为我国其他地区海洋经济的发展做了示范。海洋重大科技持续突破和海洋科技交流平台的建立对我国其他地区带来了溢出效应；海洋环境保护区的建立、海洋环境污染问题的治理及其他平衡经济发展与生态保护的举措为全国其他地区提供了示范。2008～2017 年山东省海洋生产总值如图 10-3 所示，2015 年全省海洋生产总值排名全国第二，为 1.1 万亿元，仅次于广东省。山东省海洋经济对全省经济增长的贡献度不断提高，占全省地区生产总值的 19.4%；山东省海洋生产总值占 GOP 的比重也不断提高，2015 年达到 18%。2017 年全省海洋生产总值

14 000 亿元，比上年增长 8%，占山东省地区生产总值的 19.9%。海产品总量为 924 万吨，渔业总产值超过 4000 亿元，全省渔民人均收入超过 2 万元。

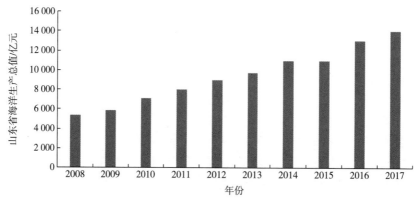

图 10-3　2008～2017 年山东省海洋生产总值

资料来源：《中国海洋统计年鉴》

山东省在建设"海上山东"和山东半岛蓝色经济区的过程中，存在海洋开发技术水平低、规划不科学、法律制度不健全等问题，主要体现为海洋污染（由人类的海岸活动，如港口工程建设、废弃物倾倒、海上石油泄漏等导致）和海洋生态破坏（由围海造陆、过度捕捞、海洋资源开采等导致）。随着山东省沿海地区经济的高速增长，对海洋资源的需求不断增大，海洋开发的深度不断拓展，范围不断拓宽，海洋资源消耗巨大，海洋资源日益短缺，海洋承载的负荷加重。海洋经济及其与资源环境之间不相协调的问题日益影响到海洋经济的健康、持续发展，直接或间接扰乱了海洋经济甚至国民经济的正常发展秩序。从整体上看，山东省海洋经济与环境在发展过程中面临以下几个问题。

1. 海洋产业结构不合理，海洋经济增速慢

根据《国民经济行业分类》（国家标准）和《海洋经济统计分类与代码》（海洋行业标准），海洋产业可以划分为海洋第一产业、海洋第二产业、海洋第三产业。海洋第一产业包括海洋渔业和海洋农业；海洋第二产业包括海洋油气业、海洋盐业、海洋生物医药业、海滨砂矿业、海洋化工业、海洋电力业、海洋船舶工业、海洋工程建筑业等；海洋第三产业包括所有为海洋开发、利用等提供社会服务的部门，包括海洋交通运输业、滨海旅游业、涉海金融业、海洋科学研究、教育业等，其具有连续性、广泛性和国际性。

山东半岛既临渤海又邻黄海，渔业资源丰富。同时山东省与日本、韩国等国距离近，是全国渔业的重要对外开放窗口之一，与周边国家和地区的渔业市场联系紧密，拥有巨大的外向渔业发展潜力。山东省的渔业产值为全国第一，但是海洋第二、第三产业的发展距离位列第一的广东省仍然存在一些差距。山东省海洋渔业的经济附加值低、发展空间小、市场竞争力不足，海洋产品深加工档次低，海洋技术研究成果转化率低，导致山东省海洋经济增速慢，海洋经济增速仅为全国第三。另外，山东省海洋经济的生态、社会、文化等

功能挖掘不充分。

2. 海洋科研成果转化效率低，资源开发利用技术不发达

山东省的海洋科研优势明显，富集了全国很多优秀的海洋科研人员。自然资源部第一海洋研究所、中国海洋大学、中国水产科学研究院黄海水产研究所等 50 多个海洋教学和研究机构都位于山东省，拥有全国 40% 以上的海洋科技研究人员，科研成果位列亚洲首位。但是山东省科研成果转化率较低，主要存在以下问题：海洋资源开发以粗放开发为主；水产品深加工技术应用率低；水产品冷链流通率远低于欧美等发达国家水平；盐化产品种类少，新产品开发缓慢；修船、造船能力低，船舶陈旧；远洋渔业作业空间受限、风险大、技术水平不过关；渔业良种体系尚不健全，良种培育的效率较低、速度较慢；水产品冷冻技术没有大的突破，冷库能耗大，资源利用率低；水产品质量体系、水生生物疫病防控体系尚不完善。

3. 海洋生态环境压力较大，发展空间受到挤压

山东省近海捕捞产量很长时间都定格在 240 万吨左右，传统渔业资源的再生速度远小于捕捞速度，导致渔业资源持续衰退，生物资源的低龄化、小型化趋势逐渐加强，生物多样性受到了不可逆转的危害。带鱼、小黄鱼、乌贼等多个鱼种已不能形成鱼汛。近年来莱州湾、胶州湾等海岸生态系统的生态环境情况日益恶化，人与自然的矛盾越来越突出。水生生物栖息环境和繁殖场受到不同程度的污染与破坏，城市建设、工业发展、港口物流建设等人类活动的扩张加剧了用海的需求，给有限的渔业滩涂和水域资源带来了巨大的压力。到 2002 年，渤海湾近海滩涂面积已经减少了大约 80%，渔民"失海""失水"问题凸显。沿海地区向海排放的工农业生产废水、城市生活污水，以及近海油田开发时的漏油、溢油事故造成了海水污染。气候变化导致的、频繁发生的海洋灾害也是山东省沿海海洋生态环境恶化的主要原因。海洋生态环境恶化不仅导致浅海养殖环境恶化，而且加重了赤潮灾害的发生频率，对海洋产业的发展产生了严重的影响。1989 年渤海沿岸发生了大面积赤潮，潍坊和烟台为主要受灾地区，造成的经济损失约 8500 万元。1998 年胜利油田的 CB6A-5 油井发生倒塌，造成大面积原油泄漏，其污染中心区面积达 250 平方千米，造成直接经济损失约 355 万元，间接经济损失约 750 万元。

4. 海洋综合管理能力低，法律法规不健全

山东省的水产品质量安全、渔业生产安全、涉外渔业安全、水域生态环境安全、海洋产权等方面的管理体系未完全建立。海洋灾难预报体系和海洋紧急救援体系仍然不完善，对渔业人员的生命财产安全保障不到位。同时，渔业尚未被纳入政策性保险范畴，针对渔业的商业性保险并不多，绝大多数的渔业生产处于无保险覆盖的状态。这对渔民在受灾后的生产恢复带来了极大的难度。

10.1.3　山东省对海洋的开发、利用与保护

随着海洋生态环境与海洋经济的发展矛盾日益凸显，为了深入贯彻落实习近平总书记视察山东时的重要讲话，山东省坚持创新、协调、绿色、开放、共享的发展理念，优化海洋产业结构，加快实现海洋产业转型升级：积极修建修缮港口和船舶；开展海洋牧场、休闲渔业等一系列项目；实施创业驱动战略，引入国际国内人才，建设人才中心；加强国际合作，积极融入海上丝绸之路建设，与俄罗斯、韩国、日本进行科研合作；加强生态文明建设，对滩涂、湿地进行集中修护，实施"放鱼养水"工程等；大力推进以海洋生态系统为基础的综合管理，打造人海和谐、海陆并进的发展格局，努力在海洋强国的建设中走在前列。山东省对海洋的开发、利用和保护主要通过以下途径实现。

1. "海上粮仓"建设

"海上粮仓"建设，就是对海洋和内陆水域中可利用的动植物资源采用现代技术对其进行捕捞、养殖或增殖、深加工、贮藏和流通，从而增加水产品的产出，并实现其持续、有效的供给，为人们提供安全、优质、丰富多样的海洋食品。其目标是逐步建成集生产、加工、储藏、运输、贸易于一体的现代渔业食物供给保障体系，为缓解国家粮食安全压力做出贡献。

2. 现代渔业园区建设工程

现代渔业园区是集中连片、设施配套且具有规模化和标准化的健康生态养殖园区，包括陆基工厂化循环水养殖、浅海滩涂生态养殖、标准化生态养殖池塘养殖、深远海网箱养殖。2007 年山东启动大规模标准化鱼塘整理工程，对老旧养殖池塘改造升级，并新建 150 万亩高标准池塘。2009 年东营市着手建设 30 万亩现代渔业示范区，园区内全部通过梯次养殖的方式进行养殖，既实现了渔业的高效养殖，又保护了当地的原有生态。园区内所有养殖池塘通过进、排分离，把经过沉淀后的海水依次供海参、鱼、虾、蟹的养殖使用，最终的养殖尾水沿着设计好的排水渠排入盐场晒盐，将养殖与晒盐相结合，既解决了养殖的污染问题，又解决了养殖成本问题。2010 年德州、无棣、禹城、临沂、潍坊、垦利、寿光、惠民、东营等纷纷筹备现代渔业园区的建设。

2012 年 12 月，寿光市总规划面积 1000 亩的现代健康渔业示范园区动工建设。该项目以"科学规划、高端起步、高科技投入"为理念，力争打造"场区园林化、品种高端化、养殖规模化、生产标准化、人员专业化、产品品牌化、经营组织化"的全国一流的现代健康渔业示范园区。截至 2015 年，有超过 30 个市、县、区建设了现代渔业园区。2017 年为了解决渔民一家一户的粗放养殖带来的废水污染问题，山东省鼓励渔民转变养殖方式，改善养殖环境，并得到了渔民的支持。2018 年山东省海洋与渔业工作会议提出，"把绿色生态作为渔区振兴的产业发展方向，把现代渔业园区和渔港经济区作为渔区振兴的重要载体，把渔民增收和精准脱贫作为渔区振兴的根本目标"。山东省鼓励废物利用，力图实现在废弃游轮和海洋工程设施上建立养殖平台。

近年来，山东省政府以实现渔业现代化为目标，将渔业作为农村经济的基础产业、蓝色经济区的主导产业和海洋战略性产业来培育，大力推进渔业转型升级，繁荣了农村经济、增加了农民收入、推动了"蓝黄"两区建设，并且为保障粮食安全、改善生态环境、维护海洋权益做出了积极贡献。《全省"海上粮仓"建设政策汇编》提出："至 2020 年，集中打造 30 处省级现代渔业精品园区，建设 300 万亩浅海优势水产品基地和 300 万平方米优质海水鱼工厂化养殖基地，加快建设 200 万亩黄河三角洲国家生态渔业基地，抓好 57 个国家级、省级渔业原良种场建设，培育 20 家'育繁推'一体化的龙头企业。"

3. 立体养殖生态方

在养殖方法上，山东省实现了从岸基、滩涂和浅海向深海及远海的拓展，研究出大型抗风浪网箱养殖，打造出了立体化、综合性的设施养殖生态方，推动了离岸自然养殖。针对不同海域环境、水动力变化等，推广藻、贝（鱼）、参（鲍）生态立体养殖，上层实行贝藻兼养，中层是基于生态鱼礁的鱼虾混养，底层则基于藻场、增殖礁开展底播养殖。另外，发展深水网箱和养殖工船综合养殖，实现养殖产业生态化、自动化、高效化。《全省"海上粮仓"建设政策汇编》提出："至 2020 年，建设生态方 100 万亩。在东营、滨州、潍坊等黄河三角洲区域发展以贝类为主的浅海筏式养殖生态方 10 处，养殖面积 50 万亩，主要种类为牡蛎、扇贝等；在烟台、威海、青岛、日照重点发展贝藻养殖生态方 10 处，养殖面积 50 万亩，主要种类为扇贝、海带和刺参等。在莱州、长岛、荣成、东港等海域发展大型深水抗风浪养殖网箱 2000 个，主要养殖种类为鲑鳟鱼类、大泷六线鱼、七带石斑等名贵鱼类。"

4. 海洋牧场建设工程

海洋牧场是海上粮仓的建设核心区，以人工鱼礁、增殖放流和海藻场建设为主要内容，人为控制生长环境可使海洋生物在牧场中能够自我摄食、自由繁殖，同时具有经济效益与生态效益。此外，山东省致力于打造海底和海面"可视、可测、可控"的"透明海洋牧场"，构建全省海洋牧场观测网。

早在 2009 年之前，青岛、长岛、潍坊、荣成就开始启动海洋牧场建设，2010 年长岛海洋牧场建设情况被作为典型在《经济日报》上报道。长岛海洋牧场通过海区改造、合理密植、贝藻兼养、立体化养殖等方法，改善海域生态条件，推行健康生态养殖模式。2010年底，全县海底造林面积和生态养殖面积分别达到 49 万亩、71 万亩，并提出要建设 100 万亩海底森林和 100 万亩生态养殖基地及打造国家级生态渔业示范区的奋斗目标。2011年，《大众日报》专访了青岛海洋牧场建设，报道称，截至 2011 年，青岛已经启动 5 处海洋牧场建设工程，到 2017 年，建成了 8 处海洋牧场。随后，荣成、莱州、东港、烟台、无棣、寿光、威海、乳山、日照等十多个地区纷纷落地海洋牧场建设工程。2013 年青岛启动建设北方首个"公益海洋牧场"——崂山湾公益性海洋牧场，以解决由过度捕捞和环境污染导致的近海海洋渔业资源逐渐衰退、多数鱼虾繁衍生息的场所遭到破坏、海洋生态环境日益恶化等海洋环境问题，以满足传统的粗放渔业生产模式逐渐向生态型、休闲观光型和集约化高效型渔业发展方式转变的需求。

近几年，山东省海洋牧场建设在注重经济效益的同时，对海洋牧场的生态效益的关注逐渐增加。"十二五"期间山东省对 1.8 万公顷的海域投放礁体 1100 万空方，建设了大型人工鱼礁 240 多处。2017 年，"黄河口-垦利号"海洋牧场综合平台签约仪式在龙口举行；乳山市海洋牧场示范区建设开始启动；牟平区再增 1 处国家级海洋牧场示范；山东省经济资产管理中心吸引大企业参与海洋牧场建设；"海洋牧场构建与发展论坛"在烟台成功举办。截至 2017 年，有超过 20 个市、区、县加入到了海洋牧场建设中，中央电视台对山东的海洋牧场工程进行了三次集中报道，海洋牧场已经成为山东省海洋建设的独特符号。2018 年 2 月，鲁信集团与山东省海洋与渔业厅对接了海洋牧场投资建设，鲁信集团表示将抓住海洋产业发展新机遇，设立海洋投资基金，参与海洋产业投融资。

据业内测算，建设一亩海底森林，需要投放石块 1000 多立方米，鲍鱼苗、海参苗 3 万多粒，再加上运输、养护、采捕等成本，一亩海底森林的造价约为 30 万元，但其带来的回报十分丰厚，这也是海洋牧场吸引了很多集团投资的原因之一。山东省提出，截至 2020 年，要重点建设 50 个海洋牧场，创建莱州湾中东部、烟威近海、荣成东部、海州湾北部等 30 处海底藻场示范区，在示范区新建经济型人工鱼礁 0.5 万公顷以上，投放礁体规模为 150 万空方；新建生态型人工鱼礁 2.5 万公顷以上，投放礁体规模为 250 万空方；种植移植鼠尾藻、大叶藻、海带、裙带菜等海藻（草）2.5 亿株，放流许氏平鲉、大泷六线鱼等恋礁型鱼类 0.5 亿尾。

5. 浅海底渔业开发工程

浅海底（6～30 米）是我国刺参、鲍鱼、魁蚶、栉孔扇贝、大竹蛏、栉江珧等高附加值经济生物的主要栖息地。但是由于海水污染和海洋空间被挤占，这些生物的产量日益下降。据统计，这些高附加值生物的养殖面积还不到蛤、牡蛎等低附加值水产品的 20%。为了拓展渔业发展思路、落实"海上粮仓"建设、优化海洋经济空间布局，2011 年山东省渔业增殖工作座谈会召开，提出"扎实稳妥推进海底渔业，大力拓展增殖的生态、文化和社会功能"。

2012 年即墨市编制了《即墨市海底渔业开发可行性研究报告》，积极组织开展网箱养参、围网圈养海参等试验，为海底渔业的开发描绘了蓝图，2014 年山东省决定实施 8810 平方千米的海底渔业开发工程，包括沿黄海部分碱涝洼地、湖库区和近海水深 50 米以内的部分海域，同时稳定现有的海水淡水养殖面积，从而为人们提供更丰富、健康的蓝色食品。

山东省致力于发挥底播增殖示范区的示范引导作用，建立高值贝类增殖区、大宗贝类增殖区、海珍品增殖区、鲆鲽鱼类增殖区、蟹类增殖区五大重点特色开发示范区域，全面扩大海底渔业的开发规模。在半岛东北部和南部地区建立以魁蚶、栉孔扇贝、大竹蛏、栉江珧、西施舌等为主的高值贝类增殖区，计划总面积为 800 平方千米；在莱州湾与黄河三角洲区域建立以菲律宾蛤仔、长牡蛎、毛蚶、文蛤等为主的大宗贝类增殖区，计划总面积 400 平方千米；在庙岛群岛、莱州湾东北部和山东半岛北部区域建立以刺参、皱纹盘鲍等为主的海珍品增殖区，计划总面积达 300 平方千米；在渤海湾区域建设鲆鲽鱼类增殖区，重点开发半滑舌鳎、牙鲆等种类，计划总面积 200 平方千米；在莱州湾东部、中部建立蟹类增殖区，着力开展三疣梭子蟹等蟹类的增殖，计划总面积 100 平方千米。以上增殖区计划在 2020 年底前完工。

6. 水产品精深加工工程

水产品精深加工是提高水产品经济效益、拓宽海产品销售方式的重要步骤，也是保证食品安全的关键环节。2005 年山东省水产品精深加工已位列全国首位，精深加工比例高达 60%。2006 年威海市以宇王集团有限公司为龙头，培植了北海水产开发有限公司、三源水产有限公司、陵川食品有限公司等一批富有特色的中小型水产品加工企业，并鼓励企业加大技术开发力度，完善基础配套设施，建设了水产品加工园区。2006 年 1～9 月，水产品出口量持续增长，水产品加工园区共加工出口水产品 20 万吨，出口创汇 9000 万美元，同比分别增长 10% 和 11.8%。2009 年，受国际金融危机影响，加工水产品出口受阻，环翠区加速推进水产品精深加工，以提高产品的国际竞争力：一是重点扶植一批海洋食品加工企业，以带动整个山东省的水产品加工园区建设；二是注重发挥龙头企业的带动作用，助力其研发适销对路的小包装、旅游性、即食性的食品；三是注重加强技术合作，推动企业研发新产品。2009 年 1～6 月，水产品加工园区的水产品加工总量实现逆势突破，较同期增长 7.2%，总产值达到 5.6 亿元。

2010 年 3 月，潍坊市海洋发展和渔业局携手山东潍坊龙威实业有限公司，致力于打造"黄河三角洲高效生态经济区"贝类净化、水产品精深加工、技术研发基地。山东潍坊龙威实业有限公司将着力提高企业管理与产品研发生产能力，丰富产品种类，建立健全产品质量保障体系，提高产品质量，力争把该公司打造成为"黄河三角洲高效生态经济区"水产品精深加工龙头企业。2015 年 3 月，由山东省发展和改革委员会区域办倡议发起的"山东半岛蓝色经济区海洋水产品精深加工产业联盟"成立大会在日照举行，山东美佳集团有限公司、山东荣信水产食品集团股份有限公司等骨干企业自愿加入联盟，联盟还吸引了一大批科研机构，主要有中国科学院海洋研究所、中国海洋大学、日照职业技术学院海洋工程学院等科研院所等。联盟以整合海洋产业研发力量、抓住"一带一路"倡议机遇、推动山东省水产品精深加工整体实力发展、促进企业共同拓宽国际市场、打造行业国际品牌为目标。

山东省注重建设技术含量高、带动力强、外向度高的现代化水产品加工园区，重点扶持水产品加工龙头企业的冷库、加工车间、研发平台等配套基础设施建设；助力山东省十大渔业品牌产品的发展，支持一系列渔业产品的加工建设项目；积极发展海洋食品、海洋保健品、海洋调味品、冷冻食品等精深加工业，打造海洋产品加工产业集群；加强海洋生物技术研发与成果转化，建设海洋功能性食品、药品及海藻肥、海洋生物新材料等海洋生物产业基地。截至 2015 年底，山东省水产品精深加工能力不断增强，全省共拥有水产品加工企业 1800 多家，总产值高达 921 亿元。在水产品加工方面，山东省年加工总量达到674 万吨，水产品加工增加值达 294 亿元。涌现了一批特色突出的现代水产品加工业新集群，胶东半岛地区已成为全国最重要的水产品来进料加工区域。

7. 水产品冷链物流工程

水产品冷链物流工程是指水产品在生产、贮藏、运输、销售，以及到消费前的各个环节中始终保持适合水产品保存的温度，以此来保证水产品质量安全、减少食品损坏的物流工程。水产品冷链物流以制冷技术为手段，且对于冷链物流各个环节的协调性要求高，因此其成本较高。

山东省在加强对重点渔港、水产品加工园区建设的基础上，积极促进企业大型冷冻仓储设施建设，加快建设冷链物流基地。2011 年潍坊投资 40 亿元，建设占地约 1000 亩的大型冷链物流工程，该工程转变了传统水产市场配套模式，升级了氧气、海水、冷水三大系统，实现了智能调节冷库温度并能够适应不同产品的要求。该工程包括建设冷链物流中心 7 万平方米、冷库 48 万平方米、商务中心 33 万平方米和配套服务区 15 万平方米。建成后的系统将具有耗能小、无噪音和使用寿命长等优点，不仅能够减少经营者的成本，而且能够解决各大酒店的养鱼难题。2013 年 6 月中国北方（青岛）国际水产品交易中心和冷链物流基地落户青岛。该基地建设了包括水产品交易及集散中心、码头、水产品加工和冷冻冷藏基地、行政区、休闲区在内的功能齐全的综合产业园。2016 年 11 月该项目正式完工，共投资 260 亿余元，年交易量超过 300 万吨，带动就业数万人。2014 年，为了鼓励水产品精深加工和冷链物流工程的发展，促进渔业转型升级，山东省海洋与渔业厅在全省组织开展了评选"山东省远洋渔业产品精深加工及冷链物流基地"活动。同年 12 月，山东省中鲁远洋（烟台）食品有限公司、好当家集团有限公司、青岛鲁海丰食品集团有限公司等 10 家单位荣获该称号。2015 年山东省实现水产品出口量 115.5 万吨，出口额 48 亿美元，超低温储存能力超过 6 万吨，占全国 75% 以上。截至 2018 年，山东省共有上百个水产品加工系列产品，主要有腌制食品、干制食品、罐头、烟熏的调味休闲食品、海洋保健食品等，形成了体系巨大、种类丰富的水产品加工体系。

2016 年 3 月，山东省农业厅、省海洋与渔业厅牵头在济南召开了《山东省农产品冷链物流体系建设实施方案（征求意见稿）》论证会，加快推进山东省果蔬产品冷链物流体系建设。近年来山东省积极搭建了大型水产网络交易平台，紧跟电子商务发展的步伐，积极发展水产品电子商务，推动水产品营销方式的多元化发展。同时山东省注重品牌建设，努力打造山东省的渔业品牌，扩大渔业的影响力和知名度。

《山东省"海上粮仓"建设规划（2015—2020 年）》提出，至 2020 年，在胶东半岛北部、胶东半岛东端、青岛西海岸和鲁南经济带出海口打造 4 个远洋渔业产品精深加工和冷链物流集群，培育 10 处远洋渔业产品精深加工和冷链物流基地。建设中国北方（青岛）国际水产品交易中心和冷链物流基地，做大中国（烟台）金枪鱼交易中心、天泽冷链物流园区、中国国际远洋渔业产品展示交易中心和威海海洋商品国际交易中心，打造 20 处全国重要的水产品物流集散基地，带动实现年销售收入 1000 亿元。全省水产品冷链流通率达到 70% 以上，冷藏运输率提高到 80% 以上，流通环节产品腐损率降至 5% 以下。

8. 远洋渔业建设

近海渔业资源日益枯竭，远洋渔业建设刻不容缓。但是，公海渔业的管理和限制入渔的准入政策越来越严苛。同时山东省渔业发展较早，又未重视渔船的转型升级，所以现在的老旧渔船占比很大，船龄在 10 年以上的占比为 58.6%。另外，大多数的渔船装备简陋，限制了远洋渔业的拓展，给渔民的生命财产安全带来了较大的威胁。总体来说，远洋渔业作业不仅成本高，风险也更大，加之空间受限，发展起来难度较大。因此近年来，山东省在远洋渔业建设方面加大投入，加速海洋装备的升级、推广捕捞技术，控制近海捕捞、发展远洋捕捞，加快捕捞业的转型升级。总体来说，山东省的远洋渔业建设可总结为以下三点。

（1）实现海洋捕捞装备和技术现代化，提高捕捞质量和效率。对渔具和鱼机进行标准化改造；推广刺网、钓鱼等新型作业方式，限制损伤性作业方式如陷阱、拖网和耙刺等；实施渔船更新改造工程，淘汰小型、老旧渔船，积极推广节能、环保型的玻璃钢渔船和大型冷冻渔船的应用。

（2）参与开发新的国际渔业资源。积极融入 21 世纪海上丝绸之路的建设中，加强渔业开发的国际合作，建设海外渔业基地，从而扩展远洋渔业发展空间，增强远洋渔业服务保障能力。注重开发大洋性渔业，对太平洋和印度洋的金枪鱼、东南太平洋的鱿鱼和西北太平洋的秋刀鱼等进行有序开发；开拓过洋性渔业，与东南亚、南太平洋国家，以及中南美洲等国家加强渔业合作；涉足南极渔业开发，山东省以南极磷虾为重点开发对象，筹备渔船等设备的购置和改造，努力实现南极磷虾商业性开发利用。

（3）实行"船队+基地"发展模式。山东省在企业主要集中作业海域的沿岸国家和地区建设码头、冷库、加工车间及渔船修造厂等远洋渔业海外综合性基地，以此来增强保障服务能力。除此之外，加快推进建设山东省远洋渔业研究中心和服务中心，继续落实中日韩自由贸易区的推广，加快建设"日韩渔货贸易区"。

2010 年 3 月，山东省远洋渔业分会 2009 年度总结交流会议在青岛召开，在这次会议上，企业与政府部门总结了 2009 年山东省远洋渔业的总体情况，荣成市远洋渔业有限公司和荣成市荣远渔业有限公司分别就远洋探测捕捞的实施情况进行了交流。会议还就远洋渔业基地建设和山东省远洋渔业的发展方向做了交流与讨论。2011 年山东省发展和改革委员会实施"两区"建设专项基金计划，共有 5 项远洋渔业重点项目获得了 2820 万元的贷款贴息和财政补助。"两区"建设专项基金大力扶持了山东省的远洋渔业基地建设、专业远洋渔船建设和远洋渔业产品冷链建设，也推动了远洋渔业的产业升级，促进了远洋渔业的发展。黄岛区从 2011 年开始大力推进远洋渔业发展，依托青岛鲁海丰集团有限公司的资金、技术优势，大力修建远洋渔船。"十二五"期间，黄岛区进一步建设规模化远洋渔业船队，修建了 2000 马力鱿钓船、1000 马力大型收购辅助船、450 马力中型渔船等。同时，着手修建海外远洋渔业服务基地，提升参与国际渔业资源开发与竞争的整体实力和保障能力。2014 年，山东省水产品总产量达 900 多万吨，其中远洋渔业产量 37.5 万吨，比上年增长 232%，山东省将继续做大做强远洋渔业。

《山东省"海上粮仓"建设规划（2015—2020 年）》提出，至 2020 年，山东省建成 500 艘现代化、专业化的远洋渔船，还要培育 10 家大型远洋渔业龙头企业；在印度尼西亚、斯里兰卡、加纳、乌拉圭、斐济等国家和地区建成 5 处远洋渔业海外综合性基地，每处基地年可为 200 艘以上渔船提供服务保障；依托青岛海洋技师学院、烟台海洋技术学校、威海海洋职业学院、滨州职业学院建设 4 处远洋渔业船员培训基地，培训能力达到 6000 人/年。该文件指出，山东省要积极参与国家海洋科技援外项目和中国—东盟海上合作基金项目建设，加强在海洋资源开发、海产品养殖加工、海洋装备制造、海洋研发平台和海洋科技园区建设等方面的合作，争当参与"21 世纪海上丝绸之路"建设的排头兵。

9. 休闲垂钓基地建设工程

休闲渔业于 20 世纪 60 年代首次出现在加勒比海，查南冕和戴明华（2001）指出："休闲渔业是把游钓业、旅游观光、水族观赏等休闲活动与现代渔业方式有机结合起来，实现第一产业与第三产业的结合配置，以提高渔民收入、发展渔区经济为最终目的的一种新型渔业。"休闲垂钓基地建设就是依托休闲渔业的发展建设规模性、功能性的基地，拓宽渔业发展途径的一种模式。休闲垂钓基地是渔业与休闲、旅游的结合，它的好处有很多（如投入少），能够为预存剩余劳动力提供收入来源，加速渔业产业结构调整，且有利于发展成为特色旅游，提高当地旅游业收入。

山东省建立了"海上采摘"基地，积极促进海洋牧场与休闲渔业的结合，大力发展休闲垂钓。山东省通过投放生态型人工鱼礁和恋礁鱼类，积极扶持建设休闲垂钓基地，并努力打造渔业和旅游的综合体，培养专业海钓团队。2010 年，临沂兰山区的年产值达 2000 余万元，兰山区率先建成具备一定规模的休闲垂钓基地，先后建成集休闲、餐饮和垂钓于一体的大型渔业基地 3 处，总投资 500 万元，建成钓饵加工厂 1 处，总投资 200 万元，不断提高垂钓的档次。该区还积极推动渔业和旅游业结合，铁山水库投资 400 多万元，建成了集旅游、餐饮、垂钓为一体的休闲度假村。同时，还利用沂蒙湖万亩水面，发展了画舫餐饮、驾船游钓等项目。近郊农民还推出了撒网捕鱼、体验渔民生活的风情游，吸引了众多游客。安丘市、齐河县、东营市、垦利区、禹城市、无棣县等 20 多个市、区、县也大力发展休闲垂钓业。

2012 年 9 月，山东省为顺应社会垂钓爱好者寻求垂钓好去处的现实需求，公开推介了一批优质的垂钓目的地，从而促进了海陆垂钓业有序、良性发展。山东省海洋与渔业厅会同省文化和旅游厅就编制和发布《齐鲁休闲垂钓地图》向公众征求意见，标志着休闲垂钓业逐渐发展成为推动海洋经济发展的重要一环，受到省政府的重视。2013 年 6 月 30 日，山东省渔业协会休闲垂钓分会正式成立，这标志着山东省休闲垂钓业发展、管理与服务进入了一个新的阶段。截至 2013 年，山东省休闲渔业示范点达 6000 余处，水面 60 多万亩，年接待游客 2000 万人，从业人员达 10 万人，每年增加渔业产值 30 亿元，成为渔业发展新亮点。2014 年 5 月，山东省厅召开内陆休闲垂钓视频会议，决定创建内陆休闲垂钓示范基地，对今后休闲渔业的发展起到了示范作用。

《山东省"海上粮仓"建设规划（2015—2020 年）》指出，至 2020 年，在青岛、烟台、威海、日照等地建成省级休闲海钓示范基地 20 处，年投放生态型人工鱼礁 30 万空方，年定向放流恋礁鱼类 5000 万尾。在沿黄、湖库区等选划建设高标准内陆休闲垂钓基地 10 处。将"渔夫垂钓"打造成知名休闲渔业旅游品牌，拉动休闲垂钓旅游消费。

10.2　推动科研发展，提高创新能力

10.2.1　建设科研创新平台

山东省以海洋生物研究院、海洋资源与环境研究院、海洋化工科学研究院、山东省科学院海洋仪器仪表研究所四大研究中心为核心，积极建设科研创新平台，集国家级和省级的海洋科技创新平台于一体，探索产学研协同创新。截至 2015 年，山东省建设了重点实验室、工程技术研究中心等省部级以上创新平台 155 个。山东省重点搭建渔业资源、健康养殖、底栖渔业、人工鱼礁、海洋牧场、远洋渔业、大洋生物、营养与饲料、水产品精深加工、海洋装备制造等海洋高技术研发平台，积极引进海洋科研人才，对渔业、海洋生物医药、海洋机械、海洋地质等学科和产业的发展提供全方位的支持。

2006 年，山东省海洋水产研究所申报组建的山东省海水渔用饲料工程技术研究中心被批复，建设期内，承担省级以上科研项目 15 项，自选科研项目 6 项；验收鉴定 7 项。该中心还建设了试验车间 2200 平方米，开发出海水鱼、海参、鲍鱼、虾蟹等系列产品百余种，新增生产能力 7000 吨。建成了省级标准化饲料示范基地，通过了 ISO9001-2000 质量管理和 ISO22000-2006（HACCP）食品安全管理双体系认证，且产品已经在山东、辽宁、广东、福建等地区大面积推广，不仅带动了行业技术进步，而且提升了渔业产品质量和水产品安全水平，经济、社会、生态效益显著。同年，天源大菱鲆工程技术研究中心和山东省高岛海珍品无公害养殖工程技术研究中心也落户山东。2010 年，东营市开始建设国内经济动物引育种繁育基地。2011 年 2 月，国家海产贝类工程技术研究中心在荣成落户，在建设期内，该中心在贝类良种培育和改良、贝类精深加工技术上取得了重大突破，同时该中心拟出了贝类产业操作规范，培养了一批高素质人才。该中心还在新品种和新技术推广方面展开工程化研究与示范，并带动了整个贝类产业养殖加工技术和经济效益的提高。2012 年，山东省黄河三角洲海洋渔业科研推广中心启用，该中心先后投入 3000 余万元进行规划建设，基地占地面积 1000 余亩，拥有海参、鱼类、贝类、虾蟹类、头足类等实验区 7 个，拥有 4000 平方米综合实验楼一幢，内设养殖、普通生物学、分子生物学、营养水质分析、仪器分析等 6 个实验室，拥有先进的仪器设备，具备检验检测水质、营养、药物残留、污染物等能力，目前已经成为黄河三角洲地区海洋渔业科技创新和成果转化示范推广的重要平台。

青岛国家海洋科学研究中心集中国海洋大学、中国科学院海洋研究所等知名研究所的研究力量，积极进行种苗产业化基地建设，探索渔业种苗的培育与市场化生产。经过长时间的努力，"黄海 1 号"中国对虾、大西洋牙鲆、斑点鳟鲑等 17 个新品种进入国人餐桌。该基地还拥有"大菱鲆的引种和苗种生产技术研究及养殖专有技术""条斑星鲽引种及人工繁育技术的研究"等 13 项科技成果，是海洋渔业技术推广的重要力量。随着青岛国家海洋科学研究中心的发展，一些国家海洋领域的重点问题由该中心承载研究。国家优良海水养殖种苗高技术产业化示范工程、国家海水养殖遗传育种中心、教育部国家工程技术研

究中心、国家太平洋牡蛎原良种场、中国对虾良种场相继落户。

2011 年，基地内建设的黄渤海渔业资源环境野外科学观测试验站主体建设已完成，主要承担我国黄海、渤海水域生态系统的生物资源及其环境的长期监测，对渔业资源和生态环境现状、变化及其发展趋势进行评价，为维护我国水生生物的生态安全和可持续发展提供研究平台，为国家海洋渔业的科学管理、生态环境的保护和基于生态系统的海洋综合管理提供科学依据。2012 年山东省海水健康养殖工程技术研究中心、山大蓝色研究中心落户山东，为中国蓝色经济引智试验区建设助力。随后几年，山东省海岸带地质研究中心、青岛市大型海藻工程技术研究中心、寿光-北京大学海洋生物工程技术研究中心等纷纷建立，为山东省海洋经济的发展、海洋环境的保护提供了重要的支撑。2014 年远洋渔业研究中心成立，该中心以开发利用新资源及新源场、渔情鱼汛预报、高效节能生态利用与远洋渔业发展战略等四个领域的综合利用技术研究为重点，加快科技成果的转化，以实现山东省远洋渔业捕捞技术水平的跨越式提高。中心下设渔业资源评估实验室、远洋遥感与地理信息系统实验室、渔情及渔场预报中心、渔捞日志分析及数据处理中心实验室、海外政策法律研究室。为了进一步聚集创新资源，山东省建立了一系列产业技术创新战略联盟，涉及现代海水养殖、卤水精细化工、水产品高值化利用等产业。

近几年来，山东省重点支持海洋牧场生态系统构建试验、入海径流生态极限值试验、"测水配方"试验、深水网箱与养殖工船研发试验、海水经济鱼类新种质资源挖掘及规模化繁育技术研究、大宗海洋生物资源冷链物流及生物转化工程技术和装备研发等。

《山东省"海上粮仓"建设规划（2015—2020 年）》提出，要加强"海上粮仓"关键共性技术研发，重点在基于大数据的远洋渔业综合信息服务及资源开发利用技术、海洋牧场建设关键技术、离岸型精准化养殖技术及装备研发、近岸底栖渔业资源增殖技术、"互联网+渔业"应用支撑系统、渔业环境监测与健康评估技术、黄海冷水团空间应用、水产品品质控制及高值化利用技术、绿色船舶及主要增养殖品种的机械化收获装备等方面。未来，山东省极有可能建立以"互联网+渔业""冷水团空间应用"为主体的研究基地或研究中心。

10.2.2　建设人才高地

进入 21 世纪以来，资源能源危机频发，在世界范围内兴起了蓝色圈地运动。开发和利用海洋成为世界各国的共识。为了实现海洋的可持续发展，传统的、低效的开发海洋的方式已不被接受，而以海洋人才为核心、以海洋科学技术为手段的开发方式决定了一个地区的海洋核心竞争力。山东省自 21 世纪初就看到了这一点，开始大力推行海洋人才引进计划，建设人才高地，为有效、高效地开发和利用海洋提供人才与科技保障。

2008 年 5 月，山东省为进一步提高海洋和渔业专业人才的创新能力与整体素质，开始实施农业专业技术人才知识更新工程（"653 工程"）。决定从 2007~2010 年，结合海洋经济发展的实际需要，以提高自主创新能力为核心，在全省海洋与渔业系统开展大规模的专业技术人才继续教育活动，重点培养紧跟科技发展前沿、创新能力强的高级专业技术人才，健全和完善海洋与渔业继续教育工作体系，建设人才高地。2009 年 8 月，山东半岛蓝色经济区人才论坛在济南开幕,探讨了如何为蓝色经济区建设提供高质量人才的问题,并对广大专家、学者发出号召,邀请其为山东半岛蓝色经济区建设助力,以更好、更快地实现山东省向海洋强省的转变。2013 年 4 月,山东省在广州、深圳和厦门三地举办了山东半岛蓝色经济区高端人才招聘会,共有 160 余家大中型企事业单位参会,1029 名人才与企业达成初步就业意向,其中硕士、博士约占 80%。2013 年 5 月,山东省正式实施"泰山学者蓝色产业领军人才团队支撑计划"。该计划是山东省首个人才、科技、资金、项目、产业五位一体的示范工程,是山东省委、省政府实施创新驱动战略,助推蓝色经济区建设的重要举措。该计划规定,对于满足要求的团队,山东省级财政给予每个团队 500 万~800万元经费资助。"蓝黄"两区建设省级财政专项资金将给予每个团队 1000 万~3000 万元蓝色经济区产业人才项目经费资助,并计划将蓝色产业计划领军人才与团队的核心成员纳入泰山学者服务保障体系。该计划用了 5 年的时间,向国内外、省内外引进领军人才,研发了一批具有核心竞争力的产品,促进了山东省海洋产业新优势的形成。2015 年山东省启动了七个领军人才工程,并计划到 2020 年,每年面向海外遴选 15 名左右高效生态农业领域的人才,为山东省农业的跨越式发展提供有力的人才和科技支撑。2015 年 6 月,财政部又拨 1.514 亿元"泰山学者蓝色产业领军人才团队支撑计划"专项资金,重点支持海洋装备制造、海洋渔业及海产品精加工、海洋生物医疗、海洋化工及海水利用等 15 个海洋产业项目。2017 年 6 月,青岛成功举办了"海外院士青岛行"活动,吸引海外高层次人才入青并给予每个团队以科研、实验和成果转化的基地与经费支持,以促进青岛海洋医药、海洋生物、海洋食品等特色产业的发展。2017 年 11 月,山东省政府、东北亚地区地方政府联合会海洋与渔业专门委员会在烟台成功举办海洋经济创新发展示范论坛。论坛突出"新产品、新技术、新应用"主题,充分展示近年来山东省及东北亚地区在海洋牧场、海洋装备、海洋国家合作等领域取得的成效。2008~2017 年,青岛、荣成、威海、垦利、东营等地积极开展引进人才计划和人才继续培养计划。

10.2.3　加快科研成果转化

1. 实施渔技推广

渔业始终是山东省海洋重点产业,虽然其产值占比较低,但是其涉及山东省千千万万个渔村渔民的生活和就业。实施渔技推广有利于提高渔业效率,加速渔业科研成果转化,提高渔民的收入和生活水平。

2005 年山东省正式启动渔业科技入户工程。2008 年禹城市和滨城区开展了渔技推广工作,通过电视、市报、科技下乡、巡回指导、举办培训班等多种形式广泛宣传渔业致富典型和渔业科技。根据农时季节,把握技术要点,广泛宣传推广先进和实用的养殖技术。2010 年 4 月,山东省海洋与渔业厅召开了全省渔业科技入户暨渔技推广工作会议,树立了提高渔民科技素质的目标,随后,山东省由试点地区不断向外拓展,向渔民推广生态、健康的养殖模式,建设现代水产养殖业。2010 年 10 月,禹城市水产局组织"渔业技术专家志愿者服务队"前往各渔业重点乡镇开展渔技推广活动,着重为养殖户在微孔增氧技术、微生态制剂应用技术和草鱼免疫防疫技术等方面提供咨询。2008～2013 年，渔技推广工作在方法和体系上经历了极大的发展与完善，逐步建立了以高等院校、科研院所为依托，以基层渔技推广机构为主体的渔技推广体系。将近 40 个县、市、区都有序开展了渔技推广工程，极大地提高了科研技术转化率。

截至 2015 年，山东省已经在 82 个渔业重点县（市、区）实现了基层渔技推广体系改革，并推出了建设补助项目，共培育了 1.3 万户渔业科技示范户，辐射带动 6 万养殖户。

2. 建立渔业重大科技示范工程

2007～2018 年，山东省致力于打造渔业重大科技示范区，以青岛、烟台、威海等地的海洋高技术产业基地为核心，对基地建设予以资金鼓励与支持，以此加速科研成果转化，带动海洋新兴产业集聚发展。

1）渔业科技入户示范工程

早在 2005 年，山东省就建设了渔业科技入户示范工程，充分发挥龙头企业的示范带头作用。各县（市、区）结合实际情况，建设各具特色、效果显著的渔业科技入户示范工程。德州市德城区德丰罗非鱼养殖专业合作社正式成立，该合作社以渔业科技入户核心示范基地——德州市德惠淡水鱼养殖有限公司为主，针对罗非鱼养殖提供信息传递、苗种供应、饲料配送、技术指导、产品销售、渔药供给等六大服务，探索了促进现代化渔业发展的有效管理模式，加快推进了渔业科技入户示范工程的开展。昌邑市通过改造核心示范区及周围 1 万亩旧池塘，较大地提高了核心示范区的养殖产量和影响力，真正起到了核心示范的作用；构建了贴近基层、贴近渔民的新型技术推广体系，使广大渔民得到了实惠。东港区巧借外力，依托渔业高等院校及科研院所，取得了技术支持，从而进一步加大了技术投入力度，有力地推动了全区渔业科技入户示范工程的顺利开展。2016 年 9 月，山东省渔业技术推广站召开了渔业推广示范区建设研讨交流会，进一步推进全省渔业转方式、调结构进程，充分发挥推广体系示范带动的作用。

2）"海上粮仓"示范区建设

从山东省启动"海上粮仓"项目开始，就同时启动了"海上粮仓"相关技术示范区建设，以加快实用技术的示范转化。根据区域特色和优势，开展了海缘南美白对虾养殖综合标准化示范、海洋减灾综合示范、海洋牧场示范、海洋生态文明示范、绿色水产品质量安全先行示范、绿色高效生产关键技术与发展模式创新示范、浅海底栖与大洋性渔业资源开发利用技术集成与示范、基于大数据的远洋渔业综合服务技术集成与示范等，并打造了一批科技与产业融合的重大科技创新示范工程。

截至 2017 年底，全国共有 43 处国家级海洋牧场示范区，其中山东省拥有 13 处，占比 30.2%，《国家级海洋牧场示范区建设规划（2017—2025 年）》提出，到 2025 年全国规划建设 178 个国家级海洋牧场示范区（包括 2015～2016 年已建的 42 个），山东省威海市将新建 12 个国家级海洋牧场示范区。届时，威海市将拥有 17 个"国字号"海洋牧场示范区，数量将居全国地级市首位。

10.2.4　促进海洋经济、科研开放合作

1. 加强远洋渔业建设

山东半岛是全国重要的对外开放窗口，同时山东省毗邻日本、韩国等国，与周边国家和地区的渔业市场联系紧密，拥有巨大的外向渔业发展潜力。山东省应充分利用这个优势，积极与韩国、日本、东北亚、西非等国家和地区加强远洋渔业合作。山东省同时拓展了远洋渔业作业空间，与印度尼西亚、斯里兰卡等海外渔业基地建设取得实质性进展。2010年威海的斐济渔洋渔业基地项目获得积极推进，截至 2010 年 7 月，共组织 336 艘渔船、5000 多名渔民赴朝鲜东部海域拖网作业，开辟了作业渔场。2011 年 11 月，山东省发展和改革委员会为省内中西太平洋金枪鱼延绳钓船建设项目、中国远洋金枪鱼基地项目、山东俚岛海洋科技股份有限公司的远洋渔业基地项目等 5 项远洋渔业重点项目提供了 2820 万元资金支持。2011 年 4 月和 7 月，黄岛区和青岛市也纷纷开始建设远洋渔业基地。2014年 9 月，"海峡两岸渔业合作交流示范基地"在蓬莱落地，推动山东和台湾在装备技术、资源开发与远洋渔船建造等方面开展深度合作，以实现互利共赢，造福两岸渔民。截至2015 年底，山东省共有专业远洋渔船 419 艘，拥有农业部批准的远洋渔业资格的企业 34家。2016 年 4 月，山东省获得农业部批复，开始建设集渔船修造、远洋渔货回运、精深加工、冷链物流、进出口渔货贸易集散等功能于一体的综合性远洋渔业基地——"荣成沙窝岛国家远洋渔业基地"，这一基地的建成大大促进了荣成远洋渔业产业的发展，促进了渔业的转型升级。

2. 积极建立国际合作平台

1995 年 5 月，中韩海洋科学共同研究中心成立。该中心以推动中韩两国海洋领域的交流与合作为宗旨，联合突破海洋科学技术的重大难题，共同促进两国海洋管理水平的提高，并在如何保护海洋环境及促进海洋资源的可持续利用等方面积极进行交流研究。2007年 12 月墨西哥国家水产养殖和渔业委员会邀请山东省海水养殖研究科技人员深入开展合作与交流，培养近海增殖的合作意向，并进一步探讨在海洋鱼类、虾蟹类、藻类等领域开展海水增养殖技术等方面的合作。2009 年 11 月，东北亚地区地方政府联合会在青岛成立了下属部门海洋与渔业专门委员会，该委员会有利于山东省与东北亚地区扩大渔业合作、增进交流、促进互惠共赢，也有利于山东省发挥海洋突出优势，实施区域带动战略，继续扩大对外开放，构建区域和谐的海洋新秩序。2011 年 1 月，山东省海洋资源与环境研究院与俄罗斯远东科学院海洋生物研究所共建的中俄海洋生物联合实验室被批准组建，实验室主要合作研究领域为海底生物生态、海洋生物工程与科学、大陆架生物的再生产及合理利用、资源与生态修复技术、种质保全与遗传改良、海洋食品安全等。该平台积极引进高水平项目和高层次人才，实现务实高效的科技交流与合作，同时有利于进行科技人员互访、学术交流和研究生培养工作。2014 年 1 月青岛市政府请示申报建设东亚海洋合作平台，以促进山东省与东亚各国的海洋经济交流，推进机构合作。2015 年 10 月"东北亚渔业经

贸合作峰会暨中国海参产业高峰论坛"在威海举行。此次会议介绍了山东省渔业区域发展模式、保护修复渔业资源和生态环境的政策、打造全产业链全价值链产业体系的措施，要抓住中国海上丝绸之路、中韩自贸区、东亚海洋合作平台等难得机遇，并提出加强渔业经贸往来、密切海洋交流合作、联手保护生态环境等倡议。截至 2015 年，山东省先后搭建了十多个海洋渔业科研平台，以加强渔业科技研究的交流合作，助力渔业转型升级。2017 年 11 月，山东省政府、东北亚地区地方政府联合会海洋与渔业专门委员联合举办海洋经济创新发展示范论坛，展示与交流近几年山东省及东北亚地区的海洋装备、海洋国家合作及海洋牧场建设所取得的成果，吸引了东北亚地区的 17 家高校、科研院所，以及近 200 家涉海企业、金融企业参与。

3. 建设开放型海洋特色园区

2012 年 1 月，以基础设施建设为突破口，山东半岛蓝色经济区各类园区发展日新月异，产业集聚发展的承载力明显提升。目前，山东半岛蓝色经济区内有省级以上各类园区 68 个，其中国家级 16 个。山东省着力加快青岛西海岸、潍坊滨海海洋经济新区、威海南海海洋经济新区、青岛中德生态园、日照国际海洋城、潍坊滨海产业园中外合作园区等"三区三园"建设。目前，青岛西海岸、潍坊滨海海洋经济新区已完成规划，项目正在有序进展；威海南海海洋经济新区已经粗具规模，引进了 90 多个"亿元项目"；日照国际海洋城已完成产业规划和概念性规划，青岛中德生态园、潍坊滨海产业园正在编制发展规划。

（1）青岛中德生态园。青岛中德生态园位于胶州湾西海岸的经济技术开发区，是一座科学谋划、高点定位，力争在 2020 年前建设完毕的国际一流生态智能区和生态文明示范区。它以"开拓创新、生态优先、产业对接、集约建设、合作共赢"为原则，是山东与德国开展的一次经济与技术发展合作。2011 年，注册资本为 5 亿元的中德生态园联合发展有限公司入驻青岛中德生态园，并获得了国家开发银行的 200 亿元的授信合约。该公司为生态园引进了 20 多个特色新兴产业项目。2015 年底，青岛中德生态园的发展和建设布局已经完成，基本建设也已经完善，吸引了大量的企业入驻，现已初具规模，建区以来，青岛中德生态园共吸引投资 100 多亿美元，引进了 67 个世界 500 强项目，初步形成港口、石化、汽车、海洋工程、造修船、家电电子六大产业集群。

（2）日照国际海洋城。日照国际海洋城是一个将产业布局和生态建设有机结合，集海洋工程装备、海洋生物、海洋服务、海水综合利用、临海高端制造业和海洋生态环保这六大产业于一体的中国第一个以海洋经济为主题的中外合作项目。通过有效利用陆海资源和创新引导，将产业布局和生态建设有机结合，它是有效利用海陆资源，通过创新探索未来蓝色经济发展模式的有益实践。2010 年 1 月，日照国际海洋城推介会召开，通过宣传日照国际海洋城的规划与功能吸引国内外的集团合作。为加快打造海洋产业园这一蓝色产业聚集地，日照国际海洋城从用地、税收、服务等多方面扶持招商引资和项目建设推行部门联合网上审批，提高工作效率；投资 5 亿元完善海洋产业园硬件设施，进一步细化园区规划，同步推进污水、供水、燃气、供热等配套设施，为项目落地投产提供基础设施保障。截至 2014 年 7 月，日照国际海洋城海洋产业园落地项目 7 个，总投资愈 16 亿元。2015 年，日照国际海洋城基本完成建设，极大地加快了日照蓝色经济区和海洋特色新兴城市建设的步伐。

（3）潍坊滨海产业园。潍坊滨海产业园以蓝色制造业为主，主要由海洋装备制造业产业园、海港物流园、生态海洋化工产业园、绿色能源产业园四个园区组成。海洋装备制造业产业园占地 160 平方千米，主要发展新型材料等高新技术、机械电子和先进制造业项目；海港物流园占地 80 平方千米，主要依托港口提供加工配送、仓储等配套服务；生态海洋化工产业园约 70 平方千米，主打循环经济型海洋化工和石油化工等项目；绿色能源产业园约 50 平方千米，主要进行绿色能源的发展与研究，如风电、光伏太阳能发电等，几大发展板块吸引了马来西亚森达美集团、美国铝业公司、美国哥伦比亚化学公司等前来投资。2009 年，投资在建的 5000 万元以上项目达到 141 个，总投资超过 800 亿元，项目聚集效应已经显现，是较早建设完毕并投入使用的中外合作蓝色制造业发展主战场。随后，潍坊滨海产业园又开始建设居住休闲区域，并且专门画出了科教创新区，吸引职业技术学院，为园区建设提供人才保障。

（4）中韩产业园。中韩产业园是以烟台的资源条件和产业布局为基础，在高端装备制造、新能源与节能环保、海洋工程及海洋技术、物流、商贸、检验检测认证、金融保险、电子商务、文化创意、健康服务、养生养老等现代服务业方面与韩国企业开展合作、贸易的经济园区。

烟台和韩国的经济贸易早已密不可分。烟台是环渤海经济圈南翼中心城市，是中国连接韩国的门户，与韩国一衣带水，隔海相望，每周有 100 多次航班往返于韩国仁川、釜山机场。同时每周也有大量船舶往返于韩国仁川、平泽、釜山等重要的港口城市。烟台与韩国的经济早已密不可分。2012 年 5 月，中国对韩国启动"中韩自由贸易区"谈判。2014 年，烟台对韩贸易突破百亿美元大关，占中韩贸易总额的 1/27。韩国累计对烟台投资了 3550 多个项目，投资额占韩国企业对华总投资的 1/12，约 53 亿美元。烟台已与韩国群山、仁川等 5 个城市缔结了友好城市关系，欢迎两地区人民加强交流与合作。2014 年，烟台和韩国双方旅游观光人数达到 32 万人次，共有 5 万韩国人住在烟台，3 万烟台人在韩国学习工作。2015 年末，《中国商务部与韩国产业通商资源部关于在自贸区框架下开展产业园合作的谅解备忘录》正式签署，决定两国将在中国的山东烟台及其他三地建设中韩产业园区。2017 年 12 月，《国务院关于同意设立中韩产业园的批复》出台，正式冠名烟台中韩合作区为"国字号"中韩产业园，要求烟台中韩产业园要"充分发挥对韩合作综合优势，打造中韩地方经济合作和高端产业合作的新高地"，建设成为"深化供给侧结构性改革，推动形成全面开放新格局的示范区，中韩对接发展战略、共建'一带一路'、深化贸易和投资合作的先行区"。

10.3　保障设施建设

10.3.1　港口渔港建设

山东省的港口建设主要集中在 2010 年之前。山东省政府高度重视港口建设，2004～

2007 年，山东省开工建设 104 个港口，完成投资 200 亿元。2007 年完成吞吐量 5.5 亿吨、集装箱 1100 万标箱，分别居全国第四位、第三位。2007 年底，莱州港扩建投资初具成效，投资金额达到 13 亿元，港口泊位增加了一倍，吞吐能力达到 2000 万吨，比 2003 年的吞吐能力增长了五倍。2007 年滨州港开始启动 3 万吨散杂货码头工程建设项目，其中包括 2 个 3 万吨级散杂货码头，年吞吐能力 500 万吨，项目建设期两年，总投资 70 553 万元。2009 年青岛港集装箱吞吐量达到 1000 万标准箱，总吞吐量为 3.15 亿吨，同比增长 5%。日照港也积极筹措基金建设 30 万吨级的原油码头，吞吐量有了很大的提升，达到 1.8 亿吨，同比增长 20%，增幅居全国亿吨港口首位，仅 2009 年 1～10 月，山东港口建设累计完成投资 66.20 亿元，较 2008 年同期增长 12.01%。2009 年 6 月，青岛董家口港区开发建设启动仪式举行，董家口港规划面积 60.2 平方千米，码头岸线长约 35.3 千米，泊位数 112 个，航道水深 20 米，设计总吞吐量达 3.7 亿吨，相当于再造一个青岛港。现在的董家口港区已经发展成为国家重要能源储运基地和交易市场。"十二五"期间，山东省有序推进港口建设和港口扩建升级，到 2015 年末，山东省共有商业港口 24 处、渔港 312 处，是中国北方唯一拥有 3 个亿吨大港的省份。

10.3.2　渔船装备技术改造升级工程

为了更好地对海洋渔业资源进行开发和利用，提高渔业资源的开发效率，山东省实施标准化更新改造工程，加大资金投入与政策扶持，淘汰老旧渔船，对渔船装备、渔机和渔具进行升级改造，从而提高海洋捕捞的质量和效能。同时，山东省加速建设渔船信息动态管理和电子标识系统，为渔船配备安全救助、定位避险等设备，提高渔船的安全水平。

2010 年，威海市大规模地开展渔船升级改造工程。为了提高渔船的自救互救能力，威海市为 6000 多艘渔船配备了 CDMA（code division multiple access）通信终端设备，为 400 艘渔船配备了气胀式救生筏，为近 2000 艘渔船配备了自动识别防碰撞系统。同时，威海市加紧进行渔港建设，投资近 10 亿元，建设了石岛、远遥两个中心渔港。改善了渔船避风锚泊条件，巩固了渔业安全生产基础，极大地提高了渔船安全救助通信保障能力，有效地减少了渔船与商船碰撞事故的发生。2010 年潍坊市以寿光市为重点，加快对大马力、多功能渔船的更新改造，不仅健全了渔业安全生产体系，而且为渔民的生命财产安全提供了保障。山东省于 2008 年实施了平安渔业工程，为海洋捕捞渔船配备救生筏、CDMA、超短波等救助定位设备、自动识别的渔船避险设备等。

2011 年山东省投入财政资金 1000 万元，继续对全省依法纳入管理的海洋捕捞渔船配备自动识别的船舶碰撞预警设备、渔船进出港智能化识别设备等，为渔政、渔港管理机构和执法船艇及主要渔港配套安装渔船智能化识别读取设备，升级改造自动识别的传输接收基站，进一步完善全省渔业安全通信定位系统平台。2013 年日照市渔业通讯管理站分别对 7 个重点渔业村的短波岸台和市中心渔港、西潘渔港 9 艘不同型号渔船的短波船台进行了天线升级改造试验并获得成功，解决了短波电台通信不畅通的问题，随后在管理范围内的船只中大量推行。2015 年为解决海洋渔业船舶驾驶室脏、乱、差现象，减少安全隐患的发生，日照市渔业通讯管理站通过随渔船出海实地调研、走访修造船厂、征询渔船长建议等渠道，联系集中驾控台研发厂家对鲁岚渔 61181、61182 钢质渔船驾驶室驾控台进行试点改造，将航行信号灯控制系统、通用报警系统、电笛扩音系统、交直流配电系统等整合于驾驶室集中驾控台，通信导航设备采取镶嵌式安装，使各类设备相对集中和美观大方，便于集中操作与管理，对渔船建造规范、升级改造推广工作具有指导意义。

随着山东省海运航线的发展，海运航线与传统作业渔场的重叠越来越多，因此渔船和商船碰撞的事故时有发生。为了解决此类问题，山东省通过科研创新，实现了近距离船只之间的直接通信。同时，山东省还改进了渔船的报警系统，在系统中录入高风险水域的信息，为进入渔船提供预警信息，使渔民出渔更安全。另外，山东省还积极完善安全信息化管理，助力渔业生产平安启航。

10.3.3　海洋预报体系和海上救援系统

海洋预报体系和救援系统涉及渔民和海洋工程技术人员的生命安全，建立健全海洋预报体系和救援系统对于山东省对海洋的开发和利用具有重要的意义。

1. 建立健全海洋预报体系

为规避与预防风暴潮等自然灾害带来的危害，确保北部沿海开发安全顺利，2006 年 7 月潍坊市政府与国家海洋局北海分局签订了潍坊市海洋预报台共建协议，由国家、地方、企业共同投资建设。2007 年 7 月，潍坊市海洋预报台建设工作进展顺利，开始发挥服务功能。2010 年 6 月东营市海洋与渔业局在东营港渔港和刁口渔港开展海洋预报科普宣传活动，对广大渔民科普东营港附近海域布放的波浪浮标，让广大渔民了解波浪浮标的位置、外观、作用，明确该浮标的布放是海洋预报的重要组成部分，对东营市的海上安全生产具有十分重要的作用，引导渔民重视并参与保护。2012 年 11 月，山东省海洋与渔业厅召开了海洋预报减灾工作重点任务部署培训视频会议，对海平面变化影响调查工作、警戒潮位核定工作、省级重点保障目标的精细化预报服务、全省海洋渔业生产安全环境保障服务系统建设、海洋灾害视频监视系统的整合等工作进行了培训。2014 年 7 月，威海电视台海洋频道正式开播，《海洋气象》栏目同日亮相屏幕，为威海市海洋预报信息发布增加了新平台。2015 年 1 月 1 日，东营市《海洋预报》正式播报，为东营市的海上油气开发、海洋工程建设、海上交通、海洋渔业、海洋旅游等海上活动提供海洋环境气象预报服务，提高海洋防灾减灾水平，保障人民的生命财产安全。2015 年 8 月，滨州市政府与国家海洋局北海分局协议共建滨州市海洋预报台；滨州市海洋发展和渔业局与国家海洋局烟台海洋环境监测中心站共同承办相关业务工作。

2016 年 1 月起，滨州市海洋预报工作开始业务化运行，2017 年 11 月，烟台市《海洋预报》也正式开播。2015 年 6 月，山东省全面启动海洋预报减灾体系建设，计划三年内建立省、市、县三级分工明确、协作有序、运行规范的海洋预报减灾体制机制，使海洋预报减灾能力明显提升，满足海洋经济产业快速发展、海洋防灾减灾工作不断突出的需求。

近几年，山东省成立了山东省海洋预报减灾中心和海洋预警报会商中心，在沿海地市、县（市、区）海洋主管部门分别设立海洋减灾中心；同时，加快山东省海洋减灾业务平台和预报信息库的建设；全覆盖的动态观测监控平台也基本建立，海洋站、浮标、雷达、志愿船、应急观测系统等都已配备齐全并形成体系；同时致力于建设山东省海洋减灾业务平台和预报信息综合数据库，开展海洋灾害和环境突发事件应急响应工作，制作和发布海洋灾情分析产品，实施重大海洋灾害调查评估建设。《山东省海洋预报减灾体系建设方案》提出，到 2017 年年底前，建设改造 20 个海洋观测站，布放 18 个浮标，基本覆盖警戒潮位岸段和近海海域。在东营港和埕岛油田、潍坊港、滨州港、石岛湾建设 5 部中程地波雷达。在现有的 3 套无人机、12 艘执法船上安装搭载海冰观测、风暴潮灾害调查设备和海洋气象观测设备。

2. 建立健全海上救援系统

海上交通应急和搜救工作是保障海上工作人员生命和财产安全的最后一道防线。2011年 1 月，烟台市成立了全国第一支红十字海上救援队。救援人员由 21 名海监、渔政执法人员组成，他们听从命令，服从指挥，以“据市委、市政府的统一部署开展海上自然灾害和突发事件现场救援、救护和救助工作，并可参与国际人道主义救援”作为自己的职责。

山东省还出台了《山东省海洋与渔业应急救援志愿船管理办法（试行）》，规定沿海各市要建立应急救援志愿船，保证应急救援志愿船占本地总船数的 10%。2013 年 9 月山东海事局与山东省海洋与渔业厅在济南签署《山东海事局与山东省海洋与渔业厅水上安全管理合作备忘录》，该备忘录将有利于双方进一步加强海上合作，以更好地实现优势互补、行动协调、信息互通，有效整合海上通信资源和海上救援资源。山东省各市、县注意从实处落实应急救援建设，从 2014 年起纷纷开展应急救援演练活动。2014 年 6 月利津县在利津县刁口渔港开展了海上应急救援演练，进一步提高抢险救援队伍快速反应和协调配合能力。垦利、威海、荣成、广饶、黄岛、乳山、寿光等地也组织了多次演练活动。2016 年 8月东营市为市海洋发展和渔业局 113 名职工及家属办理了中国渔业互保协会执法人员团体意外伤害险，为其生命与健康提供保障以增强执法人员的抗风险能力。

10.4　加强海洋生态文明建设

山东省对海洋资源的开发和利用的深度及广度的增强，必然会导致与原来生态系统的矛盾。党的十八大提出将生态文明建设纳入“五位一体”的总体布局，贯彻“创新、协调、绿色、开发、共享”的生态理念，并将它们写入党章，党章中还强调“绿水青山就是金山银山”，突出了环境保护的重要性。2015 年 5 月，经过两年的拟定和修正，《中共中央国务院关于加快推进生态文明建设的意见》正式出台，对生态文明建设进行了全面部署。2015年 7 月，国家海洋局印发《国家海洋局海洋生态文明建设实施方案》，详细规定了 2015～2020 年的海洋生态建设规划，要求以“问题导向、需求牵引”“海陆统筹、区域联动”为原则，以保护海洋生态环境和节约利用资源为主线，以重大工程和项目为抓手，通过五年的努力，建设海洋综合管理体系，推动海洋生态文明建设。海洋生态文明建设战略意义重大，是保持海洋生态平衡，推进海洋经济可持续发展的重要力量。近年来，山东省认真贯彻落实国家的政策要求和部署，不断推进海洋生态文明建设，山东省加大对海洋生态环境的保护力度，在全国率先创建省级海洋生态文明示范区，积极开展生态修复行动，建设山东海洋蓝色屏障。

10.4.1　加强海洋保护区建设

2009 年威海刘公岛国家级海洋生态特别保护区批准建立，总面积 1187.79 公顷，范围包括刘公岛周边海域和临近的大泓岛、小泓岛、黑岛、黄岛、青岛、连林岛、牙石岛等海岛。同年，青岛新建立了胶州湾滨海湿地省级海洋特别保护区，加强对胶州湾滨海湿地资源的保护，并对大公岛岛屿生态系统自然保护区、文昌鱼水生野生动物市级自然保护区的自然资源环境状况、功能分区等主要情况进行深入调研。2011 年，威海小石岛国家级海洋生态特别保护区批准建立，总面积 3069 公顷，主要保护对象为刺参原种、砂质岸滩、岛礁生态和陆海森林等资源。2012 年 10 月国务院批复了《山东省海洋功能区划（2011-2020年）》，将山东省省域内海洋划分为 8 个一级功能区，其中海洋保护区成为全国首批获批实施的省级海洋功能区划，海洋保护区共涉及 59 个，总面积 5223.36 平方千米，海洋保护区面积占到 11% 以上。文件还要求"合理控制围填海规模，10 年内建设用围填海规模控制在 34 500 公顷以内，同时保留海域后备空间资源，近岸海域保留区面积比例不低于 10%，大陆自然岸线保有率不低于 40%"。2013 年，寿光推进国家海洋功能保护区申报工作，组织专家对寿光市羊口镇小清河北寿光国家级海洋公园和寿光滨海湿地海洋特别保护区进行实地调研并完成申报。2014 年，威海市海西头国家级海洋公园被批复建设国家级海洋特别保护区，总规划面积 1274.33 公顷，其中陆域面积为 287.78 公顷，海域面积为 986.55公顷，主要保护滨海湿地、野生刺身与皱纹盘鲍等海珍品，既保护了海洋环境又有利于旅游业的发展。2015 年 12 月，针对山东省海洋保护区内普遍存在的"重建轻管、建而不管"的现象，山东省印发了《山东省海洋保护区分类管理实施意见》，该文件表示，海洋保护区对于保护特定区域的海洋生态环境与资源具有重要作用，是推进海洋生态文明建设的重要载体和平台。该文件还对国家级、省级海洋自然保护区和海洋特别保护区划分一类、二类、三类，分别规定了管理办法并要求相关部门严格执行。

经过将近十年的建设，山东省的国家级、省级海洋自然保护区、海洋特别保护区的建设稳步推进，海洋生态环境得到了越来越多的关注，海洋保护区面积逐渐扩大。截至 2008年底，全省已建立各类海洋保护区共 22 处，其中，国家级保护区 6 处，省级保护区 12处，市级保护区 4 处，海洋保护区总面积达 68.4515 万公顷。截至 2016 年，全省已建立各类省级以上海洋保护区 68 处，全省初步建成保护区网络和体系，其中，海洋自然保护区 12 处，海洋特别保护区 22 处，海洋公园 9 处，种质资源保护区 25 处，海洋保护区总面积约 83 万公顷，占全国海洋保护区总面积的 62.96%，海洋生态保护体系基本完善，海洋生态系统、珍稀动物和稀有地貌得到了较为完善的保护。

10.4.2　开展生态保护、修复项目

　　针对近海渔业资源枯竭，山东省大力实施渔业资源修复行动计划。自 2005 年以来，山东省累计投入增殖放流资金 12.3 亿元，水产苗种增殖约 415 亿单位，对虾、梭子蟹、海蜇等放流品种重新形成了稳定的秋季鱼汛。增殖放流不仅可以修复渔业资源，也承载了"环保行动、民生工程、公益事业、向善之举"的社会文化。为解决渔业水域养殖污染，山东省在海上全面清理在近岸海域城市核心区的筏式养殖，实施"海上厕所革命"，为省级以上海洋牧场均按国际标准配备海上生态卫生间，努力使海洋牧场水质达标率达到100%。山东省加强了对海湾的修复，对莱州湾、芝罘湾、威海湾、石岛湾和胶州湾五大海湾进行重点整治，美化人工岸线，对珍稀物种加强保护，进一步提升海湾环境承载能力和服务功能。另外，山东省大力实施特色工程——"放鱼养水"，利用滤食性鱼类来吸收污染水源中的有机物和过量的浮游生物，以开发渔业的生态功能，保护水源地的生态环境，为解决饮用水源不足和生物多样性破坏提供了开拓性的解决方法。2010 年山东省海洋生态修复重点实验室等 11 个重点实验室获准建设，山东省在实施蓝黄发展战略中进一步加大了对海洋生态环境的科技投入。2011 年山东三市的 5 个海岛出现在国家海洋局公布的"可开发利用无居民海岛名录"中，山东省对此五岛群实施"开发保护"政策，在开发的过程中注重对海岛生态的保护。从 2010～2015 年，山东省实施"东亚海"计划、"大黄海"等 50 余个生态保护与修复项目。在修复项目进行的过程中，山东省着力攻克了放流技术及放流容量、人工鱼礁和人工海藻（草）场建设、水域环境健康评价等重大难题，建立山东近海海域资源环境修复技术体系。2017 年山东省把海洋生态文明建设摆在突出位置，严格执行国家现有用海政策，控制围海造田增量，严格意义上禁止围海造田。2015 年山东省提出海洋生态文明建设目标："力争到 2020 年，全省海域空间开发强度和开发规模得到有效控制，自然岸线保有率不低于 40%，近海渔业捕捞强度保持零增长。"

10.4.3　建立海洋环境监测、测评体系

　　2012 年 7 月，山东省海洋环境监测中心在烟台举办了山东省海洋环境监测技术培训班，来自滨州、东营、潍坊、烟台、威海、日照、垦利、招远、蓬莱、牟平、海洋、莱阳、环翠等地海洋环境监测机构的 60 余名技术人员参加培训，培训班主要培训了海洋环境监测数据远程编报系统软件使用、上报数据、资料注意事项、实验室样品分析流程及关键点、外业采样技术等。寿光、无棣、垦利、烟台、威海等地纷纷成立项目组，对海洋环境监测重大技术进行研究和突破，加快海洋监测技术精细化发展。2014 年山东省海洋资源与环境研究院部署科研创新重点，明确提出要提升海洋渔业环境监测和预警技术水平。其负责的黄渤海重点海域贝类养殖环境安全监控体系能够自动采集和远距离无线传输海水温度、溶解氧、pH 值和盐度等水质环境参数，实现数据动态入库，以折线图形展示监测参数的时间变化趋势，并能够预警低溶解氧、低盐度和高温等不利环境，对环境变化趋势进行预判，合理规避养殖风险。2015 年 2 月山东省海洋资源与环境研究院召开会议，专题研究

全省海洋环境监测体系建设工作，做出了对于环境监测体系中配套制度、队伍建设、设备配置等具体工作的要求。之后几年，山东省一直在努力构建制度健全、标准体系完备、职责清晰、分工明确、设备配置齐全、队伍结构合理的全省海洋环境监测体系。同时《山东省"海上粮仓"建设规划（2015—2020 年）》明确提出，要在 2015～2020 年进一步完善海洋环境技术监测系统。2017 年 6 月，滨州市海洋发展和渔业局举行海洋环境监测开放日活动，邀请了 100 名学生参观海洋环境监测站、渔政指挥中心、海洋防灾减灾预报中心等在海洋预报、救援等方面起重要作用的部门，通过安排专人为学生们讲解相关知识，强化了海洋环境监测科普，提高了海洋生态文明公众参与度。

10.5　出台法律法规，加大执法力度

2006 年 9 月，《山东省渔业港口和渔业船舶管理条例》出台，规定渔业港口布局应当合理利用海岸线资源，同时应该注意将港口布局规划与防洪规划相衔接。该条例还要求从事渔业船舶设计、制造、改造、修理活动的单位，应当按照国家规定进行资格认证才能进行相关工作。2010 年 6 月，山东省财政厅、海洋与渔业厅联合制定并印发了《山东省海洋生态损害赔偿费和损失补偿费管理暂行办法》，这是我国首个海洋生态方面的补偿赔偿办法。该文件规定了海上溢油污染、未经批准的围海填海、未经批准的海洋倾废、海上热污染、高浓度盐卤污染、未按照要求进行海上施工造成的污染等海洋污染就严重程度进行损失补偿。2013 年 12 月，山东省出台了《山东省人民政府办公厅关于建立实施渤海海洋生态红线制度的意见》，严格控制各类损害海洋生态特殊保护区的活动，渤海海域划定了红线区 73 个（禁止开发区 23 个，限制开发区 50 个），总面积 6534 多平方千米。2015 年4 月，《山东省渔业船舶管理办法》开始施行，重点强调渔业船舶从业人员的合法权益保护问题和渔业船舶生产的安全问题，以促进山东渔业经济的可持续发展。该文件还对山东省行政区域和管理水域内渔业船舶的设计、制造、维修做了进一步的规范，对全省渔业船舶的航行、作业、停泊、事故应急做了新的要求，渔业船舶信用评价制度也首次被提出。同时，文件对违反海上航行条例的行为做了更加严格的处罚规定。2013 年 5 月，《山东省国有渔业养殖水域滩涂使用权补偿费和安置补助费定价办法（试行）》开始试行，保护了被提前收回水域滩涂使用权的渔业生产者的相关权益。

近年来，山东省也积极推进海洋与渔业综合执法，组建了山东省海洋与渔业监督监察总队。积极开展水产品质量安全监管、海洋伏季休渔管理、涉渔"三无"船舶整治和打击非法捕捞等专项执法行动，加大综合执法力度，强化涉渔船舶管控，加强水产品质量执法检查，查处各类违法违规案件，维护了全省渔业发展秩序。

山东省是海洋大省，近几年很多做法都有力地发展了海洋经济、保护与修护了海洋生态环境，一直走在全国海洋发展的前列。但山东省仍然面临一些亟待解决的问题。山东省粗放式的发展模式没有被根本转变；由于全国各省区市都在积极地发展海洋经济，对海洋人才需求的竞争加大；海洋科技创新资源利用率和转化率不高，大多还停留在理论层面；海洋生态环境恶化趋势没有得到根本控制，陆源污染仍然是海洋环境的主要威胁；鱼礁、

藻场建设等关键技术未能得到解决；海洋综合管理能力不高；等等。

2018 年 2 月，山东省政府印发《山东省新旧动能转换重大工程实施规划》，提出要"因地制宜、因业布局、因时施策"地系统谋划推进海陆统筹发展，创新海陆统筹管理模式，加强岸线开发利用。山东省已经决定要将现代海洋列入十强产业之一，并决定在今后进一步增强海洋开发意识，科学、绿色、立体地开发海洋，并探索人海和谐、陆海统筹、彰显特色的科学发展模式，全面提高发展质量，培育形成新动能，加快建设海洋强省。《山东省新旧动能转换重大工程实施规划》进一步明确了对海洋开发、利用和保护的目标与方向。

参 考 文 献

安然. 2016. 海洋生态损害补偿国际经验及启示. 合作经济与科技,（24）: 186, 187.

卜志国. 2010. 海洋生态环境监测系统数据集成与应用研究. 中国海洋大学博士学位论文.

杜立彬, 王军成, 孙继昌. 2009. 区域性海洋灾害监测预警系统研究进展. 山东科学, 22（3）: 1-6.

高乐华, 高强. 2012. 海洋生态经济系统交互胁迫关系验证及其协调度测算. 资源科学, 34（1）: 173-184.

宫小伟. 2013. 海洋生态补偿理论与管理政策研究. 中国海洋大学博士学位论文.

龚虹波, 冯佰香. 2017. 海洋生态损害补偿研究综述. 浙江社会科学,（3）: 18-26, 155, 156.

何帆. 2015. 21 世纪海上丝绸之路建设的金融支持. 广东社会科学,（5）: 27-33.

胡曼菲. 2010. 金融支持与海洋产业结构优化升级的关联机制分析——基于辽宁省的实证研究. 海洋开发与管理, 27（9）: 87-90.

黄备, 魏娜, 孟伟杰, 等. 2016. 基于压力–状态–响应模型的辽宁省长海海域海洋生物多样性评价. 生物多样性, 24（1）: 48-54.

蒋甜甜, 周兆立. 2011. 蓝色金融——山东半岛蓝色经济区发展的助推器. 现代商业,（11）: 58-60.

李华, 高强. 2017. 科技进步、海洋经济发展与生态环境变化. 华东经济管理, 31（12）: 100-107.

李敏. 2013. 海洋经济监测预警系统方法应用研究. 暨南大学硕士学位论文.

李素娟. 2011. 山东半岛蓝色经济与蓝色金融冲突的理论初探. 经济论坛,（11）: 52-54.

连娉婷, 陈伟琪. 2010. 海洋生态补偿类型及其标准确定探讨. 中国环境科学学会年会论文集: 2270-2273.

刘东民, 何帆, 张春宇, 等. 2015. 海洋金融发展与中国的海洋经济战略. 国际经济评论,（5）: 43-56, 5.

刘祖惠, 王启玲, 袁恒涌, 等. 1983. 南海海域布格重力异常图及莫霍面等深图. 热带海洋,（2）: 85-92.

孟庆国, 张玉新, 侯世昌, 等. 2001. 面向可持续发展的技术创新及其价值实现. 中国软科学,（2）: 54-57, 120.

苗丽娟, 王玉广, 张永华, 等. 2006. 海洋生态环境承载力评价指标体系研究. 海洋环境科学,（3）: 75-77.

倪国江. 2010. 基于海洋可持续发展的中国海洋科技创新战略研究. 中国海洋大学博士学位论文.

曲修齐, 刘淼, 李春林, 等. 2019. 生态承载力评估方法研究进展. 气象与环境学报, 35（4）: 113-119.

施雅风, 曲耀. 1992. 乌鲁木齐河流域水资源承载力及其合理利用. 北京: 科学出版社.

宋正海. 1995. 东方蓝色文化——中国海洋文化传统. 广州: 广东教育出版社.

王家骥, 姚小红, 李京荣, 等. 2000. 黑河流域生态承载力估测. 环境科学研究, 13（2）: 44-48.

王萌. 2016. 我国沿海地区海洋资源环境承载力与海洋经济发展潜力耦合关系研究. 辽宁师范大学硕士学位论文.

王乃明. 2005. 论科技创新的内涵——兼论科技创新与技术创新的异同. 青海师范大学学报（哲学社会科学版）,（5）: 15-19.

王自强. 2010. 海洋经济监测预警模型研究. 中国海洋大学硕士学位论文.

武靖州. 2013. 发展海洋经济亟需金融政策支持. 浙江金融,（2）: 15-19.

熊彼特. 2012. 熊彼特: 经济发展理论. 邹建平译. 北京: 中国画报出版社.

叶文, 张玉钧. 2018. 中国生态旅游发展报告. 北京: 科学出版社.

查南冕, 戴明华. 2001. 我的休闲渔业. 水产科技情报,（2）: 85-87.

赵昕, 袁顺. 2014. 海洋新兴产业与股票市场共生研究. 中国渔业经济, 32（2）: 45-49.

周瑜瑛. 2012. 浙江省海洋经济监测预警系统研究. 浙江财经学院硕士学位论文.

2018 年全国海洋工作会议. http://www.mnr.gov.cn/zt/hy/2018hygzhy/[2018-01-22].

Aghion P, Dechezleprêtre A, Hémous D, et al. 2012. Carbon taxes, path dependency and directed technical change: evidence from the auto industry. Journal of Political Economy, 124（1）: 1-51.

Arrow K J. 1962. The economic implication of learning by doing. Review of Economic Studies, 29（3）: 131-149.

Asbjorn K. 2005. The dynamics of regional specialization and cluster formation: dividing trajectories of maritime industries in two

Norwegian regions. Entrepreneurship & Regional Development，17（5）：313-338.

Chen J D，Wang Y，Song M，et al. 2017. Analyzing the decoupling relationship between marine economic growth and marine pollution in China. Ocean Engineering，137（137）：1-12.

de Lucio J，Herce J A，Goicolea A. 2002. The effects of externalities on productivity growth in Spanish industry. Regional Science and Urban Economics，32（2）：241-258.

Doloreux D，Melançon Y. 2008. On the dynamics of innovation in Quebec's coastal maritime industry. Technovation, 28(4)：231-243.

Doloreux D，Shearmur R，Figueiredo D. 2016. Québec′ coastal maritime cluster：its impact on regional economic development，2001–2011. Marine Policy，71：201-209.

Galliano D，Magrini M B，Triboulet P. 2015. Marshall's versus Jacobs' externalities in firm innovation performance：the case of French industry. Regional Studies，49（11）：1840-1858.

Glaeser E L，Kallal H，Scheinkman J，et al. 1991. Growth in cities. Journal of Political Economy，100（6）：1126-1152.

Grossman G，Krueger A. 1995. Economic growth and the environment. Quarterly Journal of Economics，110（2）：353-377.

Henderson J V，Kuncoro A，Turner M. 1992. Industrial development in cities. Journal of Political Economy，103（5）：1067-1090.

Jacobs J. 1969. The Economy of Cities. New York：Vintage Books USA.

Lu Y，Ni J，Tao Z G，et al. 2013. City-industry growth in China. China Economic Review，27：135-147.

Malizia E，Ke S. 1993. The influence of economic diversity on unemployment and stability. Journal of Regional Science, 33(2)：221-235.

Marshall A. 1920. Principles of Economics. London：Macmillan and Co Ltd.

Monteiro P，de Noronha T，Neto P. 2013. A differentiation framework for maritime clusters：comparisons across Europe. Sustainability，5（9）：4076-4105.

Morrissey K，Cummins V. 2016. Measuring relatedness in a multisectoral cluster：an input–output approach. European Planning Studies，24（4）：629-644.

Morrissey K. 2013. Producing regional production multipliers for Irish marine sector policy：a location quotient approach. Ocean & Coastal Management，91：58-64.

Park R E，Burgess E W. 1921. Introduction to the Science of Sociology. Chicago：Chicago Press.

Pinto H，Cruz A R，Combe C. 2015. Cooperation and the emergence of maritime clusters in the Atlantic：analysis and implications of innovation and human capital for blue growth . Marine Policy，57：167-177.

Romer P M. 1990. Endogenous technological change. Journal of Political Economy，98（5）：71-102.